工程施工现场技术管理丛书

监 理 员

郝天麟 主编

中国铁道出版社
2010年·北京

内 容 提 要

本书作为工程施工现场技术管理丛书之一，内容翔实、全面，实用性强。

全书共分十章，分别为工程监理、开工前的监理工作、工程质量控制、安全生产监理工作、工程进度控制、工程投资控制、合同管理、工程质量缺陷责任期与竣工验收监理工作、工地会议、监理资料管理。

本书既可作为施工企业质量技术或管理工具书用，也可作为施工企业质量相关方面培训教材。

图书在版编目(CIP)数据

监理员/郝天麟主编．—北京：中国铁道出版社，2010.12
（工程施工现场技术管理丛书）
ISBN 978-7-113-11956-0

Ⅰ.①监… Ⅱ.①郝… Ⅲ.①建筑工程－工程施工－监督管理－基本知识　Ⅳ.①TU712

中国版本图书馆 CIP 数据核字(2010)第 184999 号

书　名：	工程施工现场技术管理丛书　监 理 员
作　者：	郝天麟
策划编辑：	江新锡　徐　艳
责任编辑：	曹艳芳　江新照　　电话：51873193
封面设计：	崔丽芳
责任校对：	张玉华
责任印制：	李　佳

出版发行：中国铁道出版社(100054，北京市宣武区右安门西街 8 号)
网　　址：http://www.tdpress.com
印　　刷：三河市兴达印务有限公司
版　　次：2010 年 12 月第 1 版　2010 年 12 月第 1 次印刷
开　　本：787mm×1092mm　1/16　印张：15.75　字数：400 千
书　　号：ISBN 978-7-113-11956-0
定　　价：33.00 元

版权所有　侵权必究

凡购买铁道版的图书，如有缺页、倒页、脱页者，请与本社读者服务部联系调换。
电　　话：市电(010)51873170，路电(021)73170(发行部)
打击盗版举报电话：市电(010)63549504，路电(021)73187

前　言

我国正处在经济和社会快速发展的历史时期，工程建设作为国家基本建设的重要部分正在蓬勃发展，铁路、公路、房屋建筑、机场、水利水电、工厂等建设项目在不断增长，国家对工程建设项目的投资巨大。随着建设规模的扩大、建设速度的加快，工程施工的质量和安全问题、工程建设效率问题、工程建设成本问题越来越为人们所重视和关注。

加强培训学习，提高工程建设队伍自身业务素质，是确保工程质量和安全的有效途径。特别是工程施工企业，一是工程建设任务重，建设速度在加快；二是新技术、新材料、新工艺、新设备、新标准不断涌现；三是建设队伍存在相当不稳定性。提高队伍整体素质不仅关系到工程项目建设，更关系到企业的生存和发展，加强职工岗位培训既存在困难，又十分迫切。工程施工领域关键岗位的管理人员，既是工程项目管理命令的执行者，又是广大建筑施工人员的领导者，他们管理能力、技术水平的高低，直接关系到建设项目能否有序、高效率、高质量地完成。

为便于学习和有效培训，我们在充分调查研究的基础上，针对目前工程施工企业的生产管理实际，就工程施工企业的关键岗位组织编写了一套《工程施工现场技术管理丛书》，以各岗位有关管理知识、专业技术知识、规章规范要求为基本内容，突出新材料、新技术、新方法、新设备、新工艺和新标准，兼顾铁路工程施工、房屋建筑工程的实际，围绕工程施工现场生产管理的需要，旨在为工程单位岗位培训和各岗位技术管理人员提供一套实用性强、较为系统且使用方便的学习材料。

丛书按施工员、监理员、机械员、造价员、测量员、试验员、资料员、材料员、合同员、质量员、安全员、领工员、项目经理十三个关键岗位，分册编写。管理知识以我国现行工程建设管理法规、规范性管理文件为主要依据，专业技术方面严格执行国家和有关行业的施工规范、技术标准和质量标准，将管理知识、工艺技术、规章规范的内容有机结合，突出实际操作，注重管理可控性。

由于时间仓促，加之缺乏经验，书中不足之处在所难免，欢迎使用单位和个人提出宝贵意见和建议。

编　者

2010 年 12 月

目 录

第一章 工程监理 (1)
 第一节 工程监理基本概念 (1)
 第二节 项目监理机构 (4)
 第三节 监理人员 (9)
 第四节 监理规划 (11)
 第五节 监理实施细则 (12)

第二章 开工前的监理工作 (14)
 第一节 总监理工程师开工前监理工作 (14)
 第二节 专业监理工程师开工前监理工作 (16)

第三章 工程质量控制 (21)
 第一节 核查承包单位质量管理体系 (21)
 第二节 进场材料、构配件和设备的质量控制 (23)
 第三节 施工过程质量控制 (28)
 第四节 工程施工质量验收 (35)
 第五节 工程地质勘察监理 (36)
 第六节 勘察常规监理 (40)
 第七节 各类工程地质勘察监理 (44)
 第八节 不良地质勘察监理 (47)
 第九节 特殊岩土勘察监理 (51)
 第十节 测量放样监理 (54)
 第十一节 路堑与路堤 (55)
 第十二节 路基监理 (62)
 第十三节 桩基础监理 (70)
 第十四节 钢筋混凝土监理 (78)
 第十五节 简支梁监理 (83)
 第十六节 安装监理 (103)
 第十七节 桥面工程监理 (110)
 第十八节 隧道工程监理 (111)
 第十九节 涵洞、明洞监理 (114)
 第二十节 铁路铺轨监理 (116)
 第二十一节 轨道安装配件的监理 (122)
 第二十二节 工程质量缺陷与工程质量事故处理 (125)

第四章 安全生产监理工作 (132)
 第一节 安全生产监理工作内容 (132)

第二节 安全生产管理工作程序 …………………………………… (133)
  第三节 施工安全 …………………………………………………… (133)
第五章 工程进度控制 …………………………………………………… (136)
  第一节 施工组织设计编制 ………………………………………… (136)
  第二节 施工进度计划 ……………………………………………… (137)
  第三节 流水施工编制 ……………………………………………… (138)
  第四节 双代号网络计划编制 ……………………………………… (142)
  第五节 施工进度控制 ……………………………………………… (148)
  第六节 工程延期控制 ……………………………………………… (156)
第六章 工程投资控制 …………………………………………………… (162)
  第一节 工程造价构成 ……………………………………………… (162)
  第二节 工程项目造价依据 ………………………………………… (162)
  第三节 工程投资控制 ……………………………………………… (184)
  第四节 竣工结算 …………………………………………………… (188)
  第五节 工程项目投资的降低 ……………………………………… (189)
  第六节 监理人员造价职责 ………………………………………… (192)
第七章 合同管理 ………………………………………………………… (195)
  第一节 建设工程合同 ……………………………………………… (195)
  第二节 合同管理 …………………………………………………… (196)
  第三节 索赔管理 …………………………………………………… (204)
  第四节 设备采购监理 ……………………………………………… (206)
  第五节 监理信息的特点、分类及构成 …………………………… (209)
  第六节 信息管理 …………………………………………………… (212)
第八章 工程质量缺陷责任期与竣工验收监理工作 …………………… (215)
  第一节 工程质量缺陷责任期 ……………………………………… (215)
  第二节 竣工验收 …………………………………………………… (215)
第九章 工地会议 ………………………………………………………… (224)
  第一节 第一次工地例会 …………………………………………… (224)
  第二节 工地例会 …………………………………………………… (225)
第十章 监理资料管理 …………………………………………………… (227)
  第一节 监理日记 …………………………………………………… (227)
  第二节 监理月报 …………………………………………………… (228)
  第三节 监理工作总结 ……………………………………………… (228)
  第四节 监理记录 …………………………………………………… (229)
  第五节 监理报告 …………………………………………………… (238)
  第六节 监理资料分类 ……………………………………………… (240)
  第七节 监理资料日常管理 ………………………………………… (241)
参考文献 …………………………………………………………………… (244)

第一章 工程监理

第一节 工程监理基本概念

一、工程监理概念

建设工程监理,是指具有相应资质的监理单位受工程项目建设单位的委托,依据国家有关工程建设的法律、法规,经建设主管部门批准的工程项目建设文件、建设工程委托监理合同及其他建设工程合同,对工程建设实施的专业化监督管理。铁路工程监理就是指对铁路工程建设实施的专业化监督管理。

监理单位对建设工程监理的活动是针对具体的工程项目展开的;是微观性质的建设工程监督管理。监理单位对建设工程参与者的行为进行监控、督导和评价,使建设行为符合国家法律、法规,制止建设行为的随意性和盲目性,使建设进度、造价、工程质量按计划实现,确保建设行为的合法性、科学性、合理性和经济性。实行建设工程监理制,目的在于提高工程建设的投资效益、社会效益。这项制度已经纳入《中华人民共和国建筑法》(简称《建筑法》)的规定范畴。

二、工程监理的依据

建设工程监理的主要依据如下:

(1)工程建设文件。包括:批准的可行性研究报告、建设项目选址意见书、建设用地规划许可证、建设工程规划许可证、批准的施工图设计文件、施工许可证等。

(2)有关的法律、法规、规章和标准规范。主要包括《建筑法》、《中华人民共和国合同法》、《中华人民共和国招标投标法》、《建设工程安全生产管理条例》、《工程监理企业资质管理规定》、《工程建设标准强制性条文》、《铁路建设工程监理规范》等以及有关的工程技术标准、规范和规程。

(3)建设工程委托监理合同和有关的建设工程合同。有关的建设工程合同包括:咨询合同、勘察合同、设计合同、施工合同以及设备采购合同等。

具体到铁路建设工程监理,主要有:

(1)国家和铁道部发布的有关工程建设的法律、法规、规章和标准。

(2)国家和铁道部对本工程项目的批复文件。

(3)设计文件和审核合同的施工图。

(4)本工程项目的委托监理合同、施工承包合同和材料设备供应合同。

(5)铁路建设工程监理工作要以事实为依据,以数据为凭证,以书面文字为准。

三、工程监理工作任务

工程监理的中心任务即对工程建设项目的目标进行有效地协调控制,包括对投资目标、进度目标和质量目标进行有效地协调控制。中心任务一般细化成各阶段的具体的监理任务。监理工作任务主要划分为设计阶段和施工阶段两部分。

1. 设计阶段的任务

(1)投资控制。包括组织方案评选、多方案优化设计、审查工程概算、管理设计合同等。

(2)进度控制。包括审定工作计划、进度协调控制、进度动态管理等。

(3)质量控制。包括设计标准规范、控制差错、设备选型、设计文件验收等。

2. 施工阶段的任务

(1)投资控制。包括工程验算、审定工程款支付、工程变更、索赔处理等。

(2)进度控制。包括进度计划、现场协调、进度动态控制、工程计量等。

(3)质量控制。包括分包确认、工程投入物质量保证、施工机械、施工方法、工程环境等。

四、专业术语

(1)项目监理机构。

监理单位派驻铁路建设工程项目负责履行委托监理合同的工作机构。

(2)监理工程师。

取得全国注册监理工程师或铁路监理工程师执业资格并经注册的监理人员。

(3)总监理工程师。

具有总监理工程师执业资格,由监理单位法定代表人书面授权,代表监理单位全面负责委托监理合同的履行、主持项目监理机构工作的监理工程师。

(4)副总监理工程师。

具有总监理工程师执业资格,由总监理工程师书面授权,代表总监理工程师行使其部分职责和权力的监理工程师。

(5)专业监理工程师。

根据项目监理机构岗位职责分工和总监理工程师的指令,负责实施某一专业或某一方面的监理工作,具有相应监理文件签发权的监理工程师。

(6)监理员。

经过监理业务培训,具有同类工程专业知识、协助专业监理工程师从事具体监理工作的监理人员。

(7)监理规划。

由总监理工程师主持编制,经监理单位技术负责人批准,指导项目监理机构全面开展监理工作的文件。

(8)监理实施细则。

根据监理规划,由专业监理工程师编写,经总监理工程师批准,针对工程项目中某一专业或某一方面监理工作的操作性文件。

(9)监理工地例会。

由项目监理机构主持,在工程实施过程中针对工程质量、投资、进度、合同管理等事宜定期召开的,由有关单位参加的会议。

(10)变更设计。

在设计单位交出施工图至工程竣工验收前,经一定程序对原设计文件所作的改变。

(11)工程计量。

根据设计文件及施工承包合同中关于工程量计算的规定,项目监理机构对承包单位申报的已完成合格工程的工程量进行核验。

(12)见证。

由监理人员在现场对某工序或作业过程完成情况进行监督活动。

(13)旁站。

监理人员在现场对关键部位或关键工序施工全过程进行监督的活动。

(14)巡视。

监理人员在现场对正在施工的部位或工序进行的定期或不定期的监督活动。

(15)平行检验。

项目监理机构在承包单位自检的基础上,利用一定的检测试验手段,按照一定的比例独立进行检测或试验的活动。

(16)设备监造。

监理单位依据委托监理合同和设备订货合同对设备制造过程进行的监督活动。

(17)费用索赔。

根据施工承包合同的约定,合同一方因另一方原因造成自身经济损失,通过项目监理机构向对方索取费用的活动。

(18)分包。

在施工承包合同约定的范围内,承包单位经建设单位同意将承包工程中的部分工程发包给具有相应资质的单位的活动。

(19)临时延期批准。

当发生非承包单位原因造成持续性影响工期的事件,总监理工程师所作出的暂时延长合同工期的批准。

(20)延期批准。

当发生非承包单位原因造成持续性影响工期的事件,总监理工程师所作出的最终延长合同工期的批准。

(21)铁路工程地质勘察。

指有关铁路工程地质调绘、钻探、原位测试、物探、遥感、室内试验、资料分析整理和评价等一系列工作的总称。

(22)铁路工程地质勘察监理。

对铁路工程地质勘察工作的全过程,或对某重点工程的工程地质勘察工作,或仅对某种勘察手段等进行的检查和监督活动。

(23)重大工程。

重大工程包括特大桥(桥长≥500m)、高桥(墩高≥50m)、长度大于3000m的隧道、多线隧道、控制线路方案的不良地质及大型路基挡护工程、大型房屋建筑工程或集中成片的房屋建筑工程等。

(24)建设工程强制监理的范围。

《建筑法》在明确规定国家推行建设工程监理制度时,还授权国务院规定了实行强制监理的建设工程的范围。2001年1月7日建设部第86号令《建设工程监理范围和规模标准规定》中作出规定,必须实行监理的建设工程范围包括以下几点:

1)国家重点建设工程。依据《国家重点建设项目管理办法》所确定的对国民经济和社会发展有重大影响的骨干项目。

2)大中型公用事业项目。指项目总投资在3000万元以上的下列工程项目：

①供水、供电、供气、供热等市政工程项目；

②科技、教育、文化等项目；

③体育、旅游、商业等项目；

④卫生、社会福利等项目；

⑤其他公用事业项目。

3)成片开发建设的住宅小区工程。建设面积在50000 m^2 以上的住宅建设工程必须实行监理，50000 m^2 以下的住宅建设工程可以实行监理，具体范围和规模标准由省、自治区、直辖市人民政府建设行政主管部门规定。

4)利用外国政府或者国际组织贷款、援助资金的工程。

①使用世界银行、亚洲开发银行等国际组织贷款资金的项目；

②使用国外政府及其机构贷款资金的项目；

③使用国际组织或者国外政府援助资金的项目。

5)国家规定的必须实行监理的其他项目。

①总投资在3000万元以上的关系公共利益和安全的基础设施项目。

a. 煤炭、石油、化工、电力、新能源项目。

b. 铁路、公路等交通运输业项目。

c. 邮政电信信息网等项目。

d. 防洪等水利项目。

e. 道路、轻轨、污水、垃圾、公共停车场等城市基础设施项目。

f. 生态保护项目。

g. 其他基础设施项目。

②学校、影剧院、体育场项目。

第二节 项目监理机构

一、项目监理机构

对项目监理机构的要求和人员配备如下：

(1)监理单位必须在工程施工现场设置组织机构健全、人员职责明确、岗位设置合理的项目监理机构。

(2)项目监理机构的组织形式、人员构成纳入委托监理合同，监理单位应在委托监理合同签订后7天内将总监理工程师的任命书及专业监理工程师名单书面通知建设单位。

(3)现场监理人员按总监理工程师(如监理工作需要，可配副总监理工程师)、专业监理工程师和监理员三个层次配备，并符合以下要求：

1)总监理工作师、监理工程师应具备相应的执业资格，监理员应经培训合格；

2)专业监理工程师的专业和数量应与监理工作匹配，监理人员数量应满足现场监理工作需要；

3)专业监理工程师应不少于合同约定监理人员总数的60%；其中具有高级技术职称的人员应不少于合同约定监理人员总数的20%；

4)现场监理人员年龄不得大于65岁;年龄60至65岁人员数量不得大于现场监理人员总数的20%,且身体健康能胜任现场工作。

(4)监理人员配备:

1)新建普通单线路每公里0.3人~0.5人,根据监理工作内容确定,双线增加20%。

2)客运专线按普通双线增加20%。

3)增建二线工程、电气化改造工程、既有线改造工程等参照上述标准,根据实际需要配备监理人员。

4)独立工程以及工程简单的项目根据实际需要配备监理人员。

(5)项目总监理工程师一般不得更换。因特殊原因需要更换时,应在更换21天前书面通知建设单位并取得建设单位同意。

(6)监理单位应根据现场工作需要,及时对现场专业监理工程师、监理员进行调整。更换专业监理工程师,应提前7天通知建设单位并取得建设单位同意。

(7)监理单位应根据工程项目类别、规模、技术复杂程度、工程项目所在地的环境条件,按委托监理合同的约定,为项目监理机构配备满足监理工作需要的办公、生活设施、检验检测设备及交通工具。

(8)建设单位向项目机构提供办公、生活设施的,项目监理机构应妥善使用和保管,并在完成监理工作后移交建设单位。

(9)项目监理机构应实施计算机辅助管理,监理工作纳入建设项目管理信息系统的,项目监理机构应按要求及时提供资料。

二、监理工作原则

监理单位受委托对工程项目实施监理时,应遵守以下原则:

(1)公正、独立、自主。

(2)实事求是。监理工程师应尊重事实,以理服人。

(3)权责一致。业主向监理工程师的授权,应以保证其正常履行监理职责为原则。

(4)综合效益。要保证业主的经济效益、社会效益、环境效益的有机结合。

(5)预防为主。监理工程师必须具有预见性,把重点放在"预控"上,"防患于未然"。

(6)严格监理、热情服务。

三、监理工作步骤

建设监理单位从接受监理任务到圆满完成监理工作,需要经过以下几个步骤:

1. 取得监理任务

建设监理单位获得监理任务主要的途径包括:

(1)业主点名委托;

(2)通过协商、议标委托;

(3)通过招标、投标,择优委托。此时,监理单位应编写监理大纲等有关文件,参加投标。

监理单位是受建设单位的委托,对工程项目在实施阶段进行监理,这时监理单位与建设单位已签订了"监理合同",它们之间是合同关系。

建设单位的某项工程,通过招标或其他途径由某个承建单位来进行施工,双方必须签订《建设工程施工合同》,它们之间也是合同关系。监理单位监督和管理承建单位的一切施工活动。承建单位虽然与监理单位和设计单位没有合同关系,但由于建设单位的授权,承建单位与设计单位必须服从这种工作关系。因此监理单位的权限是建设单位授予的。

在施工阶段,设计单位应派专业设计人员作现场服务,处理设计中的各种问题。

实施监理的工程,派赴现场的设计服务人员应接受监理工程师的统一管理。主要内容有:在监理工程师的主持下进行设计交底,解答和处理监理工程师提出的各种设计方面的问题,各种设计变更、通知等均应经监理工程师认可,并由监理工程师统一发放,参加监理工程师主持的有关工地会议等。

一般来说,设计单位不宜担任本设计项目的施工监理工作。如果发生设计上的问题,监理工程师站在"第三方"的客观立场上较容易解决,协调起来也比较方便。

2. 签订监理委托合同

按照国家统一文本签订监理委托合同,明确委托内容及各自的权利、义务。

3. 成立项目监理组织

建设监理单位在与业主签订监理委托合同后,根据工程项目的规模、性质及业主对监理的要求,委派称职的人员担任项目的总监理工程师,代表监理单位全面负责该项目的监理工作。总监理工程师对内向监理单位负责,对外向业主负责。

在总监理工程师的具体领导下,组建项目的监理班子,并根据签订的监理委托合同,制定监理规划和具体的实施计划(监理实施细则),开展监理工作。

一般情况下,监理单位在承接项目监理任务时,在参与项目监理的投标、拟订监理方案(大纲),以及与业主商签监理委托合同时,应选派称职的人员主持该项工作。在监理任务确定并签订监理委托合同后,该主持人即可作为该项目总监理工程师。这样,项目的总监理工程师在承接任务阶段时介入,从而更能了解业主的建设意图和对监理工作的要求,可以与后续工作更好地衔接。

4. 资料收集

收集有关资料,以作为开展建设监理工作的依据。

(1)反映工程项目特征的有关资料包括:

1)工程项目的批文;

2)规划部门关于规划红线范围和设计条件通知;

3)土地管理部门关于准予用地的批文;

4)批准的工程项目可行性研究报告或设计任务书;

5)工程项目地形图;

6)工程项目勘测、设计图纸及有关说明。

(2)反映当地工程建设政策、法规的有关资料包括:

1)关于工程建设报建程序的有关规定;

2)当地关于拆迁工作的有关规定;

3)当地关于工程建设应缴纳有关税、费的规定;

4)当地关于工程项目建设管理机构资质管理的有关规定;

5)当地关于工程项目建设实行建设监理的有关规定;

6)当地关于工程建设招标投标制的有关规定;

7)当地关于工程造价管理的有关规定等。

(3)反映工程项目所在地区技术经济状况等建设条件的资料包括:

1)气象资料;
2)工程地质及水文地质资料;
3)与交通运输(含铁路、公路、航运)有关的可提供的能力、时间及价格等资料;
4)供水、供热、供电、供燃气、电信、有线电视等的有关情况,如可提供的容量、价格等资料;
5)勘察设计单位状况;
6)土建、安装(含特殊行业安装,如电梯、消防、智能化等)施工单位情况;
7)建筑材料、构配件及半成品的生产供应情况;
8)进口设备及材料的有关到货口岸、运输方式的情况。
(4)类似工程项目建设情况的有关资料包括:
1)类似工程项目投资方面的有关资料;
2)类似工程项目建设工期方面的有关资料;
3)类似工程项目采用新结构、新材料、新技术、新工艺的有关资料;
4)类似工程项目出现质量问题的具体情况;
5)类似工程项目的其他技术经济指标等。

5. 制定监理规划、工作计划或实施细则

工程建设项目的监理规划是开展项目监理活动的纲领性文件,由项目总监理工程师主持,专业监理工程师参加编制,建设监理单位技术负责人审核批准。

在监理规划的指导下,为了具体指导投资控制、进度控制、质量控制的进行,还需要结合工程项目的实际情况,制定相应的实施计划或细则(或方案)。

6. 根据监理实施细则开展监理工作

作为一种科学的工程项目管理制度,监理工作的规范化体现在如下几方面:

(1)工作的时序性。即监理的各项工作都是按一定的逻辑顺序先后展开的,从而使监理工作能有效地达到目标而不致造成工作状态的无序和混乱。

(2)职责分工的严密性。工程建设监理工作是由不同专业、不同层次的专家群体共同来完成的。他们之间严密的职责分工,是协调进行监理工作的前提和实现监理目标的重要保证。

(3)工作目标的确定性。在职责分工的基础上,每一项监理工作应达到的具体目标都应是确定的,完成的时间也应有时限规定,从而能通过报表资料对监理工作及其效果进行检查和考核。

(4)工作过程系统化。施工阶段的监理工作主要包括三控制(投资控制、进度控制、质量控制)、二管理(合同管理、信息管理)、一协调,共6个方面的工作。施工阶段的监理工作又可以分为3个阶段:事前控制、事中控制、事后控制,形成了矩阵形的系统。因此,监理工作的开展必须实现工作过程系统化,如图1—1所示。

7. 接受政府监理

所谓政府监理是指建设部和省、自治区、直辖市建设行政主管部门,国务院工业、交通等部门设置的专门的建设监理管理机构,或指定的相应机构,统一管理本行政区域和部门的建设监理工作,是强制性的监理。

所谓社会监理是指符合《工程建设监理单位资质管理试行办法》规定条件而经批准成立的监理单位,受业主委托对工程建设实施的监理。

业主与监理单位签订监理合同以后,才能对工程项目的实施阶段进行监理,因此说监理单位对于建设项目监理任务的取得是委托性的。政府监理规定工程项目必须监理,这是强制性的。

8. 参与项目竣工验收,签署建设监理意见

工程项目施工完成后,应由施工单位在正式验交前组织竣工预验收,监理单位应参与预验收工作,在预验收中发现的问题,应与施工单位沟通,提出要求,签署工程建设监理意见。

9. 向业主提交工程建设监理档案资料

工程项目建设监理业务完成后,向业主提交的监理档案资料应包括:监理设计变更、工程变更资料,监理指令性文件,各种签证资料,其他档案资料。

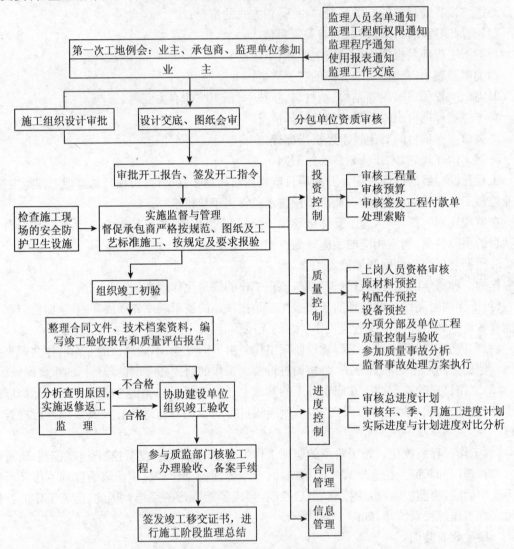

图 1-1 施工监理的工作程序示意图

10. 监理工作总结

监理工作总结应包括以下主要内容:

(1)向业主提交的监理工作总结。其内容主要包括:监理委托合同履行情况概述,监理任务或监理目标完成情况的评价,由业主提供的供监理活动使用的办公用房、车辆、试验设施等的清单,表明监理工作终结的说明等。

(2)向监理单位提交的监理工作总结。其内容主要包括:监理工作的经验,可以是采用某种监理技术、方法的经验,也可以是采用某种经济措施、组织措施的经验,以及签订监理委托合同方面的经验,如何处理好与业主、承包单位关系的经验等。

(3)监理工作中存在的问题及改进的建议,也应及时加以总结,以指导今后的监理工作,并向政府有关部门提出政策建议,不断提高我国工程建设监理的水平。

第三节 监理人员

一、监理人员职责

监理人员必须贯彻执行国家和铁道部发布的有关工程建设的法律、法规、规章和标准,依法实施工程监理。

(1)总监理工程师应履行以下职责:
1)组建项目监理机构,主持项目监理机构日常工作,全面履行委托监理合同;
2)主持编写项目监理规划,审批项目监理实施细则;
3)确定项目监理机构人员分工和岗位职责,并以书面形式通知建设单位和承包单位;
4)检查和监督监理人员的工作,协调处理各专业监理业务,根据工程项目的进展情况调配人员;
5)审查工程分包单位资质;
6)主持监理工作会议、工地例会,签发项目监理机构的文件和指令;
7)审查并签署承包单位提交的开工报告、施工组织设计、技术方案、进度计划;
8)审查并签发单位工程停工令、复工令、工程付款凭证和工程结算书;
9)主持或参与处理变更设计事宜;
10)主持或参与处理工程质量事故;
11)调解建设单位与承包单位的合同争议,对索赔、工程延期提出处理意见;
12)组织编制监理月报、专题报告和工作总结;
13)审查并签认单位工程质量检验评定表;
14)审查承包单位提交的竣工申请报告,参加工程项目的竣工验收;
15)主持整理项目监理资料;
16)定期巡视施工现场。
(2)副总监理工程师应履行以下职责:
1)负责总监理工程师指定或交办的监理工作;
2)按总监理工程师的授权,行使总监理工程师的部分职责和权力。
(3)总监理工程师不得将下列工作委托副总监理工程师:
1)主持编写项目监理规划,审批项目监理实施细则;
2)签发工程开工/复工报审表、工程暂停令、工程付款凭证、工程竣工报验单;
3)审核签认竣工结算;
4)调解建设单位与承包单位的合同争议,对索赔、工程延期提出处理意见;
5)根据工程项目的进展情况调配监理人员。
(4)专业监理工程师应履行以下职责:

1)负责编制本专业的监理实施细则;
2)负责本专业监理工作的具体实施;
3)核对设计图纸;
4)对监理的工作进行组织、指导、检查和监督;
5)审查承包单位提交的涉及本专业的计划、方案、申请、变更等,并向总监理工程师提出报告;
6)负责本专业分项、分部工程验收及隐蔽工程验收;
7)定期向监理工程师提交监理工作实施情况报告,对重大问题及时向总监理工程师汇报和请示;
8)检查进场材料、设备、构配件的原始凭证、检测报告等质量证明文件及质量情况,对进场材料、设备、构配件进行见证试验或平行检验,合格时予以签认;
9)负责本专业工程计量工作,审核工程计量数据和原始凭证;
10)负责本专业监理资料的收集、汇总及整理,编制监理月报;
11)做好监理日记。

(5)监理员应履行以下职责:
1)在专业监理工程师的指导下开展现场监理工作;
2)检查承包单位投入工程项目的人力、材料、主要设备及其使用运行状况,并做好检查记录;
3)复核或从施工现场直接获取工程计量的有关数据并签署原始凭证;
4)按设计图及有关标准,对承包单位的工艺过程或施工工序进行检查和记录,对加工制作及工序施工质量检查结果进行记录;
5)进行旁站监理工作,并做好记录,发现问题要及时指出并向专业监理工程师报告;
6)做好监理日记。

二、监理人员素质

监理人员应具备以下的素质:
(1)监理人员应有崇高的理想和强烈的质量意识。
(2)监理人员应具有科学的工作方法,具备广泛、扎实的专业理论基础知识。
(3)监理人员应树立廉洁奉公、坚持原则的高尚品德。
(4)监理人员要有较强的组织协调能力。
(5)监理人员要有良好的身体素质。

三、监理人员职业道德守则

目前,我国监理工程师应遵守的职业道德守则有:
(1)维护国家的荣誉和利益,按照"守法、诚信、公正、科学"的准则执业。
(2)执行有关工程建设的法律、法规、规范、标准和制度,履行监理合同规定的义务和责任。
(3)努力学习,不断提高业务能力和专业水平。
(4)不以个人名义承揽监理业务。
(5)不同时在两个以上监理单位注册和从事监理活动;不在政府部门和施工、材料设备生产供应单位兼职。

(6)不为所监理项目指定承建商、建筑构配件、设备、材料和施工方法。
(7)不收受被监理单位的任何礼品。
(8)不泄露所监理工程各方认为需要保密的事项。
(9)坚持独立自主地开展工作。

在国外,监理工程师的职业道德准则,由其协会组织制定并监督实施。FIDIC通用道德准则包括对社会和职业的责任、能力、正直性、公正性、对他人的公正5个问题14个方面。

对社会和职业的责任:
(1)接受对社会的职业责任。
(2)寻求与确认的发展原则相适应的解决办法。
(3)在任何时候,维护职业的尊严、名誉和荣誉。

能力:
(4)保持其知识和技能与技术、法规、管理的发展相一致的水平,对于委托人要求的服务采用相应的技能,并尽心尽力。
(5)仅在有能力从事服务时方进行。

正直性:
(6)在任何时候均为委托人的合法权益行使其职责,并且正直和忠诚地进行职业服务。

公正性:
(7)在提供职业咨询、评审或决策时不偏不倚。
(8)通知委托人在行使其委托可能引起的任何潜在的利益冲突。
(9)不接受可能导致判断不公的报酬。

对他人的公正:
(10)加强"按照能力进行选择"的观念。
(11)不得故意或无意地做出损害他人名誉或事务的事情。
(12)不得直接或间接取代某一特定工作中已经任命的其他咨询工程师的位置。
(13)通知该咨询工程师并且接到委托人终止其先前任命的建议前不得取代该咨询工程师的工作。
(14)在被要求对其他咨询工程师的工作进行审查的情况下,要以适当的职业行为和礼节进行。

第四节 监理规划

一、监理规划概念及作用

监理规划是监理单位接受建设单位委托并签订委托监理合同之后,在项目总监理工程师的主持下,根据委托监理合同,在监理大纲的基础上,结合工程实际,广泛收集工程信息和资料的情况下制定,经监理单位技术负责人批准,用来指导项目监理机构全面开展监理工作的指导性文件。

监理规划的作用主要表现为以下几个方面:
(1)指导项目监理机构全面开展监理工作。监理规划需要对项目监理机构开展的各项监理工作做出全面的、系统的组织和安排。它包括确定监理工作目标,制定监理工作程序,确定目标控制、合同管理、信息管理、组织协调等各项措施和确定各项工作的方法和手段。

(2)监理规划是建设监理主管机构对监理单位进行监督的依据。监理规划是建设监理主管机构监督、管理和指导监理单位开展监理活动的主要依据。

(3)监理规划是业主确认监理单位履行合同的主要依据。监理规划正是业主了解和确认监理单位是否履行监理合同的主要说明文件。监理规划应当能够全面详细地为业主监督监理合同的履行提供依据。

(4)监理规划是监理单位内部考核依据和主要存档资料。监理规划的内容随着工程的进展应逐步调整、补充和完善，它在一定程度上真实地反映了一个工程项目监理的全貌，是最好的监理过程记录，是监理单位的重要的存档资料。

二、监理规划编制实施

监理规划编制实施的细则如下：

(1)监理规划应在签订委托监理合同及收到设计文件后编制，经监理单位技术负责人批准，在召开第一次工地例会前7日内报送建设单位。

(2)监理规划的编制应针对工程项目的实际情况，明确项目监理机构的工作目标，确定具体的监理工作制度、程序、方法和措施，具有可操作性。

(3)监理规划的编制依据：

1)与建设工程相关的法律、法规、规章和项目审批文件；

2)与建设工程项目有关的标准、设计文件、技术资料；

3)监理大纲、委托监理合同以及与建设工程项目相关的合同文件。

(4)监理规划应包括下列主要内容：

1)工程建设项目概况；

2)监理工作的范围；

3)监理工作目标；

4)监理工作的依据；

5)监理工作内容；

6)项目监理机构的组织形式；

7)项目监理机构的人员配备计划；

8)项目监理机构的人员岗位职责；

9)监理工作程序；

10)监理工作的方法和措施；

11)监理工作制度；

12)监理设施。

(5)在监理工作实施过程中，如实际情况发生重大变化，需要修改监理规划时，应由总监理工程师组织专业监理工程师进行修改，按原程序经过批准后报建设单位。

第五节 监理实施细则

监理实施细则又简称细则，其与监理规划的关系可以比作施工图设计与初步设计的关系。也就是说，监理实施细则是在监理规划的基础上，由项目监理机构的专业监理工程师针对建设工程中某一专业或某一方面的监理工作编写,并经总监理工程师批准实施的操作性文件。

(1)监理实施细则应由总监理工程师组织专业监理工程师进行编制,经总监理工程师批准实施。

(2)对于大、中型或专业性较强的铁路建设工程项目,项目监理机构应在工程开工前编制监理实施细则。监理实施细则应符合监理规划的要求,并应结合工程项目的专业特点,做到详细具体,具有可操作性。

(3)监理实施细则的编制依据:

1)已批准的监理规划;

2)与专业工程相关的标准、设计文件和技术资料;

3)施工组织设计。

(4)监理实施细则应包括下列主要内容:

1)专业工程特点;

2)监理工作范围及重点;

3)监理工作流程;

4)监理工作控制要点、目标及监控手段;

5)监理工作方法及措施。

(5)在监理工作实施过程中,项目监理机构应根据实际情况补充、修改监理实施细则。

第二章 开工前的监理工作

第一节 总监理工程师开工前监理工作

总监理工程师在开工前的监理工作主要有以下几个方面：

(1)总监理工程师应组织监理人员熟悉和掌握委托监理合同、工程承包合同、设计文件、有关技术标准和检验检测方法。

(2)监理人员应参加由建设单位组织的设计技术交底会，并由总监理工程师会签会议纪要。

(3)总监理工程师、专业监理工程师应审阅、核对施工图纸，发现设计文件中有差错、漏项等问题，项目监理机构应向建设单位提出报告，并要求承包单位对施工图纸和交桩资料进行现场核对。

总监理工程师组织监理人员熟悉合同文件、设计文件和相关标准，对施工图纸和交桩资料进行现场核对是监理预先控制的一项重要工作，其目的是熟悉图纸，了解工程特点、工程关键部位的施工方法、质量要求，以便督促承包单位按设计文件施工。项目监理机构如发现图纸中存在施工困难、影响工程质量及图纸错误等问题时，应通过建设单位向设计单位提出书面意见和建议。

项目监理人员参加设计技术交底会，应了解的内容是：

1)设计主导思想、主要技术条件、设计原则等；

2)对主要建筑材料、构配件和设备的要求，对采用的新技术、新工艺、新材料、新设备的要求以及施工中应注意事项等；

3)设计单位关于有关单位对设计文件提出意见的答复。

(4)总监理工程师应组织专业监理人员检查承包单位对测量基准点、基准线和水准点的复测以及承包单位报送的复测成果，专业监理人员应对重要工程的控制点进行复测，对单位工程的施工放样进行检查。

(5)在工程项目开工前，总监理工程师应组织专业监理工程师审查承包单位报送的施工组织设计(方案)报审表，提出审查意见，并经总监理工程师审核、签认后报建设单位。审查施工组织设计(方案)报审表的主要内容包括：

1)工期、质量、投资控制目标是否满足合同要求；

2)施工场地布置是否符合施工要求及文明施工的需要；

3)是否符合国家和国务院行业主管部门颁布的强制性标准、环保及水保要求；

4)施工方案、施工方法、施工工艺是否满足设计文件要求；

5)投入现场的施工机械设备、人员是否与工程进度计划相适应；

6)质量管理体系是否建立、健全；

7)安全、消防措施是否符合有关规定；

第二章 开工前的监理工作

8) 施工过渡方案是否符合运营安全要求;
9) 承包单位内部签认手续是否完备。

施工组织设计(方案)报审表格式见表 2—1。

表 2—1 TA1 施工组织设计(方案)报审表

工程项目名称：　　　　　　　施工合同段：　　　　　　　编号：

致_____(项目监理机构) 　我单位根据施工合同的有关规定已编制完成_____工程的施工组织设计(方案)，并经我单位技术负责人审查批准，请予以审查。 　　附:施工组织设计(方案) 　　　　　　　　　　　　　　　　　　　　　　　　　　单位(章)_____ 　　　　　　　　　　　　　　　　　　　　　　　　　　负责人_____ 　　　　　　　　　　　　　　　　　　　　　　　　　　日　期_____	
专业监理工程师意见： 　　　　　　　　　　　　　　　　　　　　　　　　　　专业监理工程师_____ 　　　　　　　　　　　　　　　　　　　　　　　　　　日期_____	
总监理工程师意见： 　　　　　　　　　　　　　　　　　　　　　　　　　　项目监理机构(章)_____ 　　　　　　　　　　　　　　　　　　　　　　　　　　总监理工程师_____ 　　　　　　　　　　　　　　　　　　　　　　　　　　日　期_____	

注：(1)本表一式 4 份，承包单位 2 份，监理单位、建设单位各 1 份。
　　(2)审查施工组织设计应符合以下要求：
　　　1)承包单位必须完成施工组织设计的编制和自审后报送项目监理机构审查。
　　　2)总监理工程师应在约定的时间内，组织专业监理工程师审查，提出审查意见后，由总监理工程师审批。需要承包单位修改时，由总监理工程师审批。需要承包单位修改时，由总监理工程师签发书面意见，退回承包单位修改后重新报审。
　　　3)已审定的施工组织设计由项目监理机构报送建设单位。
　　　4)承包单位按批准的施工组织设计组织施工。如需对其内容作较大变更，应在实施前将变更内容书面报送项目监理机构重新审查。

5) 对规模大、结构复杂或属于新结构、特种结构的工程,项目监理机构应在审查施工组织设计后,报送监理单位技术负责人审查。必要时与建设单位协商,组织有关专家会审。

(6) 总监理工程师应检查承包单位提交的《主要进场人员报审表》(表2-2 TA5),并签署意见。

表2-2 TA5 主要进场人员报审表

工程项目名称:　　　　　　施工合同段:　　　　　　编号:

致_____(项目监理机构):
　　兹证明这些管理(技术)人员满足招标文件要求,请予审查。
　　附:报审人员资格证明复印件。

承包单位(章)_____
负责人_____
日期_____

序号	姓名	性别	出生年月	职务	学历	专业	职称	专业年限	备注

审查意见:

项目监理机构(章)_____
总/专业监理工程师_____
日期_____

注:(1) 本表一式4份,承包单位2份,监理单位、建设单位各1份。
　　(2) 报审人员资格证明复印件应按序号排列。

第二节 专业监理工程师开工前监理工作

专业监理工程师在开工前的监理工作主要有以下几个方面:

(1) 监理人员应参加由建设单位组织的设计技术交底会,并由总监理工程师会签会议纪要。

(2) 专业监理工程师应对承包单位核对设计文件进行检查,对承包单位提出的施工图设计及勘察问题进行研究,并将意见送建设单位和勘察设计单位。

(3)专业监理工程师应审查承包单位报送的工程开工/复工报审表及相关资料,当具备以下开工条件时,由总监理工程师签发,并报建设单位:

1)施工组织设计已获总监理工程师签认;

2)项目经理、技术负责人、其他技术和管理人员已经到位,主要施工设备、施工人员已经进场,主要工程材料已经落实;

3)进场道路及水、电、通迅等已满足开工要求;

4)经审核合格的施工图已到位;

5)工程复测或施工放样工作已完成;

6)涉及营业线的,检查承包单位与铁路运营单位签订的营业线施工安全协议。

工程开工/复工报审表格式见表2-3。

表2-3 TA2 工程开工/复工报审表

工程项目名称:　　　　　　施工合同段:　　　　　　编号:

工程名称(单位、分部)		里程/部位	
申请开工/复工日期		计划工期	

致_____(项目监理机构):

我方承担的_____工程,已完成各项准备工作,具备了开工/复工条件,特此申请施工,请核查并签发开工/复工指令。

附件:1. 开工/复工报告
　　　2. (证明文件)

承包单位(章)_____
项目经理_____
日　期_____

审查意见:	建设单位意见:
项目监理机构(章)_____ 总监理工程师_____ 日　期_____	公　章_____ 负责人_____ 日　期_____

注:(1)本表一式4份,承包单位2份,监理单位、建设单位各1份。

(2)经专业监理工程师现场检查,具备开工条件时,由总监理工程师签署工程开工报审表,并报送建设单位审批或备案。

(4)分包工程开工前,专业监理工程师应审查承包单位送的分包单位资格报审表和有关资料,合格后由总监理工程师予以签认,并将审查结果报建设单位备案。

分包单位资格报审表格式见表2—4。

表2—4 TA3 分包单位资格报审表

工程项目名称：　　　　　　　施工合同段：　　　　　　　编号：

致＿＿＿＿＿＿＿＿＿＿＿＿(项目监理机构)：

　　经考察,我方认为选择的＿＿＿＿＿＿＿＿＿＿＿＿＿＿＿＿(分包单位)具有承担下列工程的施工资质和施工能力,可以保证本工程项目按合同的规定进行施工。分包后,我方仍承担总包单位的全部责任。请予以审查和批准。

附:1.分包单位资质材料；
　　2.分包单位业绩材料。

分包工程名称(部位)	工程数量(单位)	拟分包工程合同额(万元)	分包工程占总包工程(%)
合　计			

承包单位(章)＿＿＿＿＿＿＿
负责人＿＿＿＿＿＿＿
日　期＿＿＿＿＿＿＿

专业监理工程师意见：

专业监理工程师＿＿＿＿＿＿＿
日　期＿＿＿＿＿＿＿

总监理工程师意见：

项目监理机构(章)＿＿＿＿＿＿＿
总监理工程师＿＿＿＿＿＿＿
日　期＿＿＿＿＿＿＿

注:(1)本表一式4份,承包单位2份,监理单位、建设单位各1份。
　　(2)工程是否允许分包,应在承包合同中明确约定。承包单位应对分包工程的质量负责,项目监理机构对分包单位资质的审查,不解除承包单位应承担的责任。

(5)对分包单位资质应审查以下内容：

1)分包单位的营业执照、资质等级证书、特殊行业施工许可证；

2)安全生产许可证及安全管理制度；

3)分包单位的业绩；

4)分包工程的内容和范围；

5)分包单位的主要管理人员和特种作业人员的资格证、上岗证。

(6)项目监理机构对分包单位资质的审查,不解除承包单位应承担的责任。

(7)专业监理工程师应按照施工承包合同、批准的工程进度计划,审核承包单位提交的进场施工重要机械、设备报验单,核查进场的和投入施工的机械设备,其数量、性能是否满足工程进度计划的要求,核查合格时予以签认。经核查合格的机械设备,未经专业监理工程师同意不得擅自移撤出场。

进场施工机械、设备报验单格式见表2-5。

表2-5　TA4 进场施工机械、设备报验单

工程项目名称：　　　　　　　施工合同段：　　　　　　　编号：

致＿＿＿＿＿＿＿＿＿＿＿＿＿＿(项目监理机构)：
　　下列施工机械、设备能满足工程施工需要,请审查签证并准予使用。

承包单位(章)＿＿＿＿＿＿
技术负责人＿＿＿＿＿＿
日　期＿＿＿＿＿＿

序号	机械设备名称	规格及型号	数量	技术状况	进场日期	使用工点	备注

致＿＿＿＿＿＿＿＿＿＿＿＿＿＿(承包单位)：
　　经审查：
　　同意使用　　□
　　不同意使用　□

专业监理工程师＿＿＿＿＿＿
日　期＿＿＿＿＿＿

注：(1)对性能、数量不符合要求需更换或补充的原因另附说明。
　　(2)本表一式4份,承包单位2份,监理单位、建设单位各1份。
　　(3)分期分批进场的施工机械设备应在分部工程开工前运抵现场接受监理工程师检查。一般应核查以下内容：
　　　1)进场的施工机械设备(含计划进场的施工机械设备)的数量、型号、规格、生产能力、完好率与承包单位投标书所列的是否相符。
　　　2)施工机械配套是否满足工程施工需要。
　　　3)各种施工机械设备的进场及周转计划是否与工程进度计划相适应。
　　　4)当施工机械设备数量不足或不配套时,应要求承包单位限期补足。对于检查不合格的机构设备,应要求承包单位限期撤离现场。承包单位要求暂代或更换施工机械设备,应事先征得专业监理工程师同意。

(8)专业监理工程师应对承包单位的工地试验室进行核查,核查的主要内容应包括：
1)试验室的资质等级及试验范围；
2)法定计量部门对试验设备出具的检定证明；

3)试验室管理制度;
4)试验人员资格证书:
5)本工程的试验项目及要求。
6)试验设备和环境条件能否满足拟开展试验项目要求。

承包单位的试验室出具的试验数据,是验收施工质量的依据,必须检查其是否经过有关部门的认证,以确定其出具的试验数据的合法性和真实性,对承包单位自有试验室或外委试验室均应按规定的条件进行审核。

(9)对于修建复线和既有线改造工程,监理工程师应督促承包单位与铁路运营单位签订既有线施工安全协议。

(10)在工程开工之前,应召开第一次工地例会。

第三章 工程质量控制

第一节 核查承包单位质量管理体系

项目机构应对承包单位的技术管理体系和质量管理体系进行检查。检查包括以下内容：
(1)技术、质量管理体系的组织机构；
(2)技术、质量管理制度；
(3)专职质量管理人员配置及到位；
(4)特种作业人员的资格证、上岗证。

一、承包单位技术管理、质量管理体系的资质核查和制度核查

承包单位的资质核查分三个阶段进行，即招标阶段、施工前期（施工准备阶段）和施工阶段。

(1)工程招标阶段

在工程招标阶段，监理工程师首先应协助建设单位根据工程项目的类型、规模、特点和技术要求，确定招标的方式和投标企业的类型及其资质等级。对投标企业的资质进行核查：

1)核查投标企业的《建筑业企业资质证书》。

施工单位是主要从事工程项目施工的单位，根据其对工程的承包能力，可分为工程承包企业、施工承包企业和专项分包企业三类。

工程总承包企业是从事工程项目建设全过程承包的企业，具有工程勘察、设计、施工、技术开发应用和咨询等能力的企业。工程总承包企业可以进行工程项目全过程的总承包或总包后又将其中部分项目分包给其他具有相应资质条件的企业，也可仅承包工程项目的施工业务。

施工承包企业是从事工程项目施工和管理业务的企业，施工承包企业可直接向建设单位进行工程项目的施工承包，并将所承包项目的部分分包给其他具有相应资质条件的分包单位，也可以从工程总承包单位所承包的工程项目中分包部分项目的施工任务。

专项分包企业是从事工程项目专项施工业务和限额以下小型工程施工业务的企业，具有在工程总承包企业和施工承包企业管理下进行专项施工和限额以下小型工程施工管理的能力。

2)核查承包企业的人员素质（包括领导人员的学历、职称、经历、组织能力、管理水平；技术人员和施工人员的结构组成、经历、技术水平）、技术装备（施工机械设备、检验测试设备的类型、数量、性能、先进程度）、管理水平（企业内部管理和施工现场管理水平）、资金情况（资本金、生产经营固定资产、效益等）、建设业绩（所完成的主要工程的类型、数量、特点、质量水平、获奖情况等，特别是近期业绩，以及是否完成过与招标工程的类型、规模和特点相近似的工程）。

3)核查承包企业的近期表现,如近期承包工程项目的类型、规模和特点,工程质量情况,年完成生产情况,获奖情况,安全生产情况等。

4)查对政府资质管理部门对承包单位施工现场考评结果,资质的年检情况及年检结论,资质升降级情况。

5)查对近期承建的工程,实地参观考查这些工程的施工管理水平、技术水平和工程质量情况。

6)核查承包单位的安全资质:
①查对承包单位的安全资质证书;
②核查承包单位的安全生产管理机构的设置情况及相应的安全专业人员配备情况;
③查对承包单位的各种安全生产规章制度、安全生产责任制及安全生产管理网络;
④核查承包单位的安全施工技术措施、各工种的安全生产操作规程;
⑤查对建筑安全监督机构对承包单位安全业绩考评情况。

监理工程师在综合上述各方面情况后,应对投标企业作出综合评价,并形成文字材料,报送建设单位、招投标管理部门、建设行政主管部门,并作为投标企业投标资格核查的材料和评标时优选承包企业的参考。

(2)施工准备阶段

在施工准备阶段,监理工程师应对承包单位的资质进一步进行复查,重点主要是核查承包单位的质量保证和质量控制体系。

1)承包企业质量体系的核查。

承包企业在签订承包合同后,应按照合同要求建立质量保证或质量控制体系,并向监理工程师提交其质量保证体系文件。监理工程师应核查承包单位提交的质量保证体系文件,证实其质量体系的设计适用于所承包工程的质量保证需要时,即核查其质量体系的适用性和有效性,核查的内容包括:

①承包单位质量体系建立和认证情况;
②企业领导和职工的质量意识;
③质量保证体系的质量方针和目标是否符合合同的质量要求;
④质量保证体系要素是否符合工程的特点;
⑤质量保证体系的组织机构是否健全和完善,是否落实,各部门、各岗位的职责和权限是否明确和落实;
⑥质量保证体系文件(质量手册、程序文件、质量计划等)是否可行;
⑦各项管理制度、规定和措施是否建立和健全,是否切实可行;
⑧如何对工程质量形成全过程进行控制和纠正,能否满足质量要求。

2)了解承包企业质量管理的基础工作情况,开展工程项目管理、全面质量管理情况。

3)施工现场人员、施工机械、工程材料和设备是否按规定到位,人员素质、机械和设备是否满足工程施工的要求。

4)分包单位资格的确认。

当总承包单位或承包单位欲将所承包工程的部分分包给其他承包单位时,分包单位的资格必须经监理工程师审查确认。监理工程师对分包单位资格审查的主要内容包括:

①查对分包单位的资质证明材料;
②核查分包单位的质量管理情况;

③核查分包单位对所分包工程采取的技术措施、现场管理人员素质、质量保证措施;
④核查材料、设备的采购、检测、验收情况;
⑤核查分包单位对所分包工程采取的质量检测与验收办法;
⑥核查分包单位所采取的工程质量标准是否与总包单位规定的工程质量标准一致。

(3)施工阶段

在工程项目施工过程中,监理工程师还应对承包单位的资质进行考核,了解承包单位质量管理和质量控制的完备情况,实际的质量控制能力,证实其质量保证的有效性。

1)核查承包单位实现质量方针和目标的程度。
2)核查承包单位的组织机构是否完善,职责和权限的划分是否明确和得到落实。
3)所采取的各项管理制度、技术措施、质量检验和检测措施是否得到贯彻和实施。
4)工程质量形成的全过程是否得到控制和纠正。
5)企业的管理与施工现场工作是否协调一致。

通过核查,若承包单位的管理水平和技术水平不满足需要,质量保证未能得到有效证实时,监理工程师应督促施工单位采取措施改进和完善质量保证体系,保证工程项目的质量。如若仍无法满足要求,在征得建设单位同意后,可以撤换承包单位。

二、专职管理人员和特种作业人员的资格证和上岗证核查

对于关键岗位、特殊岗位和特殊专业上的操作人员,必须持有由建设行政主管部门签发的上岗证,如钢筋焊接工、施工电梯及塔吊的操作工、施工现场电工以及施工员、预算员、质检员、安全员等,都必须持有效上岗证件,方准上岗操作。

第二节 进场材料、构配件和设备的质量控制

一、监理机构验收程序

项目机构应按以下程序和要求对进场材料进行验收:

(1)对材料、构配件和设备的外观、规格、型号和质量证明文件进行检查验收;进口材料和设备应有国家商检部门的商检资料;

(2)审查新材料、新产品、新工艺的鉴定证明和确认文件;

(3)督促承包单位对进场材料、构配件和设备按规定进行检验、测试,承包单位自检合格后向项目监理机构提交《进场材料/构配件/设备报验表》(表3-1 TA6),由专业监理工程予以审核并签认;

(4)对进场材料,主要是地材和混凝土外加剂,应进行检验或平行检验,检验数量必须满足相关工程质量验收标准的要求;

(5)对进场的构配件和设备进行见证检验,检查数量必须满足相关工程质量验收标准的要求;

(6)审核混凝土、砂浆配合比,对承包单位申请使用的商品混凝土配合比进行检查。

对未经专业监理工程师验收或验收不合格的材料、构配件和设备,专业监理工程师应拒绝签认,并应签发《监理工程师通知单》(表3-2 TB1),通知承包单位严禁在工程中使用或安装,并限期将不合格的工程材料、构配件、设备撤出现场。承包单位应在规定的时间内对监理工程通知的内容进行处理,并填报《监理工程师通知回复单》(表3-3 TB12)。

表 3—1 TA6 进场材料/构配件/设备报验单

工程项目名称：　　　　　　　施工合同段：　　　　　　　编号：

致_____(项目监理机构)：
　　下列原材料/构件/设备经自检符合技术要求，报请验证并准予在指定的部位使用。
　　附件：1. 出厂质量保证书(产品合格证)；
　　　　　2. 出厂检验报告；
　　　　　3. 自检试验报告。

承包单位(章)_____
负责人_____
日　期_____

	名称				
	规格及型号				
	本批数量				
	供货单位				
	到达时间				
	合格证				
	来源或产地				
	使用工点及部位				
自验情况	取样地点及日期				
	检验人及检验日期				
	检验结果				
	使用日期				
	监理审查意见				

项目监理机构(章)_____
总监理工程师_____
日　期_____

注：(1)本表一式 4 份，承包单位 2 份，监理单位、建设单位各 1 份。
　　(2)工程材料必须经项目监理机构进行见证检验或平行检验确认合格后，承包单位方向可进场使用。对于新材料、新产品，承包单位应报送经有关部门鉴定、确认的证明文件；对于进口材料、构配件和设备，承包单位还应报送进口商证明文件，并按照事先约定，由建设单位、承包单位、供货单位、监理单位及其他有关单位进行联合检查。

第三章 工程质量控制

表3—2　TB1 监理工程师通知单

工程项目名称：　　　　　　施工合同段：　　　　　　编号：

致＿＿＿＿＿＿＿＿＿＿＿＿（承包单位）：
事由(说明、关健词)：
通知内容：
总/专业监理工程师＿＿＿＿＿＿　年　月　日　时
收件人＿＿＿＿＿＿　年　月　日　时

注：本表一式4份，承包单位2份，监理单位、建设单位各1份。

表3—3　TB12 监理工程师通知回复单

工程项目名称：　　　　　　施工合同段：　　　　　　编号：

致＿＿＿＿＿＿＿＿＿＿＿＿（项目监理机构）：
我方接到编号＿＿＿＿＿＿的监理工程师通知单后，已按要求完成了＿＿＿＿＿＿工作，请予以复查。
内容：
施工单位(章)＿＿＿＿＿＿
项目经理＿＿＿＿＿＿
日期＿＿＿＿＿＿
复查意见
专业监理工程师＿＿＿＿＿＿
日期＿＿＿＿＿＿

注：本表一式3份，承包单位2份，监理单位1份。

二、进场材料、构配件和设备的采购质量控制

1. 采购原则

生产设备采购订货的原则是设备的质量、数量、规格及交货同期应满足设计和施工的要求。满足设计要求是指生产设备的质量符合标准(国家标准、部颁标准)及设计规定的质量;满足施工要求是指厂方交货的日期和数量符合施工进度安排,即符合设计供货时间,过早将影响施工场地和仓库的有效利用,过晚则影响施工的正常进行。

在设备采购之前,施工单位应向监理单位申报,并提供设备的采购计划,其中包括所拟采购设备的规格、品种、型号、数量和质量标准等,经监理工程师审核,确认符合合同和设计要求后,方可采购。

在设备订购之前,监理工程师应要求申报所拟采购设备的规格、型号、性能、单价和供货厂家的基本情况,经监理工程师会同建设单位和设计单位共同审核同意后,方可订购。如果缺乏可靠数据和资料,或者是对供货厂家的生产能力、人员素质、设备情况、生产工艺、质量控制和检测手段等还有疑问时,监理工程师可以与施工单位、建设单位代表一起进行实地考察,经实地考察确认其可靠后,经监理工程师核准并发出通知后,才能进行设备的订货。

材料在采购订货之前,施工单位应在广泛收集信息的基础上进行分析研究后,向监理单位进行申报,并提供材料采购计划,其中应包括所拟采购材料的规格、品种、型号、数量、价格和样品,同时应提供材料生产厂家的基本情况(厂家的生产规模、产品的品种、质量保证措施、生产业绩和厂家的信誉等)或供应单位的基本情况(营销规模、供应品种、质量保证措施、营销业绩和信誉等),供监理工程师审查。监理工程师审查的内容着重在检查施工单位所采购的材料是否符合设计图纸的规定和承包合同的要求,材料的生产厂家(或供应单位)能否保证质量,能否如期交货等,必要时监理工程师可根据施工单位提供的样品进行检验,以鉴定材料的质量是否符合需要。为了确认供货厂家的质量保证能力,如有必要,监理工程师可会同施工单位进行现场考察,实地了解厂家的生产情况、质量保证措施和产品的实际质量,经监理工程师审查确认后,施工单位才能正式进行材料的采购订货。

对合格的供货厂家,应建立相应的供货档案,定期对供货厂家的业绩进行评定,并根据评定的结果及时调整供货厂家,以便对材料的采购订货实施动态管理。

对大批量的材料采购,可采取招标方式,以便择优选供货厂家。

2. 质量保证资料的核查

(1)了解和掌握设备的生产工艺和生产技术的准备情况,掌握主要和关键零部件的生产工艺规程、检验方法和检验要求。

(2)监督原材料、外购配套件、元器件、标准件和坯料的质量检验,审查原材料的合格证书和技术说明书。

(3)审查加工制造人员是否具有相应专业的合格证书和技术操作证。

(4)监督设备零部件的加工工艺,检查其操作是否符合工艺规程的规定。

(5)监督零部件的检验质量是否符合规定要求,是否在检验合格后才转入下道工序。

(6)监督不合格品的处理是否合理。

(7)检查返修品的质量是否符合规定的质量要求。

(8)对见证点和停止点实施监控,并对质量文件和资料进行审查。

(9)对整装发运的设备应监督设备装配过程的质量,检查配合面、零部件定位及其连接的质量是否符合设计要求,并监督设备的调试和整机性能的检测,检查设备的记录数据。

(10)监督和检查设备的防锈处理,设备的包装是否符合装卸、运输和存放的要求。

(11)检查设备的质量保证资料和文件是否齐全和符合要求。

(12)材料运抵施工现场后,监理工程师应核查材料的质量保证资料,如供货说明,产品合格证和技术说明书,质量检验证明,检测与试验者的资格证明,关键工艺操作人员资格证及操作记录等,核查质量保证资料是否齐全,并鉴别这些质量保证资料的真实性和可靠性。

3. 材料和设备的清点检查

监理人员会同施工单位对材料和设备进行清点检查,清点检查的内容包括:

(1)材料包装的检查。检查包装是否符合规定要求,有无破损。

(2)进行材料标记的检查。检查是否有相应的标志,以及标志是否清楚等。

(3)进行材料的外观检查(包括材料的规格、品种、型号、外形、颜色等)。检查材料的外观是否与材料的采购订货合同一致。

(4)进行材料外形尺寸的检查。

(5)进行材料数量的检查。检查到货的数量是否与采购合同的数量相符。

对于建设单位(业主)提供的产品,建设单位应保证产品的质量,并满足合同规定的要求。当所提供的产品进场后,建设单位应派人与施工单位共同进行清点验证,监理单位也应派人参与。

(6)有包装的设备应检查包装是否符合要求,包装是否受到损坏。

(7)对整机装运的新购设备,应进行运输质量及供货情况的检查。

(8)对解体装运的自组装设备,应对总机、部件及随机附件、备品等进行外观检查,同时,在各地组装后还应进行必要的检测试验。

(9)对各地交货的机械设备,应由厂方在工地组装、调试和生产性试验合格后,再由监理单位组织复验,确认符合要求后才能验收。

(10)对进口的设备,应在开箱后进行全面检查,并做好详细记录或照相,如发现问题,应及时向供货厂家进行交涉和索赔。

设备的保修期和索赔期一般为:国产设备从发货日起 12~18 个月;进口设备从发货日起 6~12 个月。

4. 生产设备安装和运行质量控制

(1)核查生产设备安装调试单位的资质及质量保证体系。

(2)核查生产设备安装调试的施工组织设计、施工方案及施工进度计划。

(3)核查设备安装的准备工作,审查安装单位提交的开工申请,下达开工令。

(4)监督设备基础、预埋件的施工及检测工作。

(5)对设备安装中的隐蔽工程进行检查验收。

(6)在生产设备安装过程中进行旁站监理,监督设备安装的工艺过程和关键工序的施工。

(7)审查工程变更和设计修改事宜。

(8)审查设备安装和调试的施工记录。

(9)参加设备安装和调试的调度会和协调会,协调施工进度和质量控制的关系。

(10)参加质量事故的调查处理,审查事故处理方案,并对事故的处理进行检查验收。

(11)在有必要的情况下下达停工令和复工令。

(12)监督生产设备的单机调试,生产线或整机的联动试车,检查调试记录,进行调试的检查验收。

(13)对生产设备的安装调试进行评估,并写出评估报告。

(14)在生产设备试运行阶段,监理单位应定期或不定期地到达现场,观察了解生产设备试运行情况。

(15)督促生产单位做好试运行记录,并检查试运行记录。

(16)将试运行记录数据与设计要求进行对比,检查生产设备运行的可靠性和稳定性。同时,通过检查找出差距,分析原因,并与有关方面共同研究处理办法和改进措施。

(17)当生产设备试运行过程中出现故障或质量问题时,应会同建设单位、设计单位、制造厂家、安装单位和生产单位(使用单位)共同分析原因,找出处理办法,及时排除故障。

(18)参与生产设备试运行后的检验,并对生产设备的质量作出评价。

5.材料使用的质量控制

(1)监理单位应建立材料使用验证的质量控制制度,材料在正式用于施工之前,施工单位应组织抽样试验,并编写试验报告。现场试验合格,试验报告及资料经监理工程师审查确认后,这批材料才能正式用于施工。

同时,还应充分了解材料的性能、质量标准、适用范围和对施工的要求,使用前应详细核对,以防用错或使用了不适当的材料。

对于重要部位和重要结构所使用的材料,在使用前应仔细核对和认证材料的规格、品种、型号、性能是否符合工程特点和设计要求。

(2)用于混凝土、砂浆、防水材料等,应进行试配,并应检查、监督施工单位按试验要求严格控制配合比。

(3)对于钢筋混凝土构件及预应力混凝土构件,应按有关规定进行抽样检验。

(4)对预制加工厂生产的成品、半成品,应由生产厂家提供出厂合格证明,必要时还应进行抽样检验。

(5)对于高压电缆、电绝缘材料,应组织进行耐压试验后才能使用。

(6)对于新材料、新构件,要经过权威单位进行技术检验合格后,才能在工程中正式使用。

(7)对于进口材料,应会同商检部门按合同规定进行检验,核对凭证,如发现问题,应在规定期限内提出索赔。

(8)凡标志不清或怀疑质量有问题的材料,对质量保证资料有怀疑或与合同规定不符的材料,均应进行抽样检验。

(9)贮存期超过3个月的过期水泥或受潮、结块的水泥,需重新检定其强度等级,并且不得使用在工程的重要部位。

(10)工程中所使用的物资通常都必须经过检验,禁止使用未经检验的物资。对于确因生产急需而又来不及检验就必须投入使用的物资,需经有关负责人(相应授权人)批准,并作出明确标识和记录,一旦发现不符合规定要求时,可以立即追回和更换,这种做法称为"紧急放行"。

第三节 施工过程质量控制

一、施工准备质量控制

施工准备阶段,监理人员所要做的质量控制如下:

(1)对工程所需的原材料、半成品和构配件的质量控制

材料设备采购进场必须具备完整的产品合格证、技术说明书、质量检验报告。

(2)对施工方案、方法和工艺的控制

认真审查施工单位编报的施工组织设计,重点审查施工单位的质量保障体系是否健全;施工现场总体布置是否适合具体工程;施工技术措施是否具有针对性和有效性。

(3)对使用的施工机械设备的质量控制

审查施工机械设备的型号、规格和性能参数及投入数量是否恰当,能否满足该工程的要求。

(4)施工环境和作业条件的准备工作质量控制

地基开挖降水排水处理,外墙装饰用的脚手架及安全网的搭设,阴暗空间的通风照明等,这些环境条件是否良好,直接影响到施工能否顺利进行,直接影响施工质量能否得到保障。

(5)图纸会审

1)开工前及时组织设计交底和图纸会审,设计交底由设计单位向施工方交待清楚以下几点:

①有关的地形、地貌、水文气象、工程地质等自然条件;

②施工图设计依据,包括初步设计文件、主管部门和城规、环保、交通、旅游等部门的要求,采用的设计规范、甲方提供的材料设备情况;

③设计意图,如设计方案比较,基础处理、结构设计方案等;

④施工应注意事项,如基础处理注意的事情,选用建筑材料应注意的事情,采用新结构新工艺等。

2)图纸会审主要包括以下几点:

①施工图纸是否有设计单位正式签署;

②施工图纸、设计说明及选用的通用图集是否齐全;

③图纸设计是否满足抗震、消防等要求;

④图纸中有无遗漏差错及相互矛盾之处;

⑤所采用的材料来源有无保证,是否有替代产品;

⑥图纸中涉及到的标准、图集、规范等,施工单位是否具备。

二、施工过程质量控制

施工过程中,监理人员所要做的质量控制如下:

(1)总监理工程师应依据有关专业施工质量验收标准,对承包单位《现场质量管理检查记录》的内容进行核查。

(2)专业监理工程师应对承包单位报送的施工放线成果进行核查,合格后签认承包单位报关的《施工测量放样报验表》(表3-4 TA7)。

(3)项目监理机构应按工程施工质量验收标准要求进行见证检验或平行检验。

(4)在关键部位或关键工序施工前,专业监理工程师认为有必要,可要求承包单位报送该部位或工序的施工工艺方案和确保工程质量的措施。

(5)专业监理工程师应定期检查承包单位工程计量设备及其技术状况。

(6)总监理工程师应安排监理人员对施工过程进行巡视检查和检测。其主要检查内容如下:

1)是否按照设计文件和批准的施工方案施工;

2)使用的材料、构配件和设备是否合格;

3)施工现场管理人员,尤其是质检人员是否到岗到位;

4)施工操作人员的技术水平、操作条件是否满足工艺操作要求,特种操作人员是否持证上岗;

5)施工环境是否对工程质量产生不利影响;

表 3-4 TA7 施工测量放样报验单

工程项目名称：　　　　　　　施工合同段：　　　　　　　编号：

致_____(项目监理机构)：
　　根据合同要求,我单位已完成的施工测量放样工作,清单如下,请予以核验。
　　附件:测量及放样资料。

工程地点	放样内容	备　注

测量人_____
审核人_____
技术负责人_____
日期_____

专业监理工程师的结论：
　　核验合格□
　　纠正偏差后合格□
　　纠正偏差后再报□

项目监理机构(章)_____
总监理工程师_____
日　期_____

注:(1)本表一式 4 份,承包单位 2 份,监理单位、建设单位各 1 份。
　　(2)专业监理工程师应对承包单位的控制测量成果和施工测量放线成果进行核查和确认,必要时由测量专业监理工程师进行复查。
　　(3)用于工程的计量器具,包括试验仪器设备、测量仪器设备、计量器具及质量检测仪器设备等,监理工程师应检查其检验有效期、技术状态、精度及量程等。

　　6)已施工部位是否存在质量缺陷。
　　对施工过程中出现质量问题或质量隐患,监理工程师宜采用照相、录像等手段予以记录,并向承包单位发出整改指令。
　　(7)总监理工程师应安排监理人员对隐蔽工程的隐蔽过程、下道工序完成后难以检查的重点部位,以及工程关键部位和关键工序进行旁站监理,并填写《旁站监理记录表》(表 3-5 TB2)。总监理工程师应根据工作需要调整旁站监理工作内容。

表3—5 TB2 旁站监理记录表

工程项目名称：		施工合同段：		编号：	
日 期		气候		工程地点	
旁站监理部位或工序					
旁站监理开始时间			旁站监理结束时间		
施工情况：					
监理情况：					
发现问题：					
处理意见：					
备注：					
承包单位_____ 质检员(签字)_____ 日 期_____			项目监理机构(章)_____ 总监理工程师_____ 日 期_____		

注：(1) 本表一式3份，承包单位2份，监理单位1份。

(2) 工程的关键部位和关键工序应进行旁站监理。对工程项目应进行旁站监理的部位应在监理实施细则中予以明确。

(3) 铁路工程旁站监理部位。

1) 土石方及路基工程

路基：地基土换填、排水砂井、粉喷桩、CFG桩、塑料排水板的主要施工过程；过渡段填筑；重力式挡墙基坑地基承载力试验。

2) 混凝土和钢筋混凝土工程

①混凝土工程：重要结构、重要部位混凝土灌注。

②预应力混凝土工程：施加预应力过程。

③特殊情况下的混凝土工程：水下混凝土灌注、高强混凝土配制。

3) 桥涵工程

①基础工程：扩大基础开挖、基底处理，钻孔桩水下混凝土的灌注，打入桩施工工艺试验。

②墩台工程：墩台身混凝土浇筑。

③梁部工程：现场预制梁的混凝土浇筑及预应力施加。

4) 隧道工程

①围岩类别判定，初期支护。

②锚杆抗拔试验；特殊设计地段混凝土浇筑及拱部超挖回填。

③隧道防排水设施施工。

5)轨道工程

整体道床混凝土浇筑。

6)给排水工程

①水源工程:供水管井的成井工艺;大口井、结合井、辐射井和集水井混凝土封底。

②管道工程:虹吸管道水压(气压)试验。

③机械设备安装:真空泵、锅炉等压力容器的运行试验。

④贮、配水设备:注水试验。

⑤污水处理工程和设备安装:注水试验;成套设备的调试工作。

7)电力工程

①变、配电所:变压器各项电气试验;图线、绝缘子、穿墙套管试验;试运行。

②架空电力线路:交接试验;送电试运行。

③电缆线路:交接试验;通电试运行。

④室内、外配线:验收试验(测量绝缘电阻、耐压试验);送电试运行。

⑤室内、外照明:验收试验;送电试运行。

⑥车间动力:耐压试验;起吊、走行试验。

⑦接地装置:测量接地电阻。

8)电力牵引供电工程

①牵引变电所、开闭所、分区所、自耦变压器所、电力调度所:对超过有效试验期的设备的重新试验;牵引变电所电气设备交接试验。

②接触网:冷滑试验;动态参数试验;开通试验。

9)通信工程

①光缆接续、测试。

②电缆的持续、测试。

③通信设备的测试和开通。

10)信号工程

①电缆接续。

②联锁试验。

11)既有线龙口拨接

(8)旁站监理人员的主要工作内容:

1)检查承包单位现场质检人员到岗、特殊工种人员持证上岗以及施工机械、建筑材料准备情况;

2)在现场跟班检查施工过程中执行施工方案以及工程建设强制性标准的情况;

3)核查进场建筑材料、建筑构配件、设备的质量检验报告等;并可在现场监督承包单位进行检验;

4)做好旁站监理记录和监理日记。

(9)旁站监理应按以下程序进行:

1)旁站监理人员应当对需要实施旁站监理的部位、工序在施工现场跟班监督,及时处理旁站监理过程中出现的问题,如实准确地做好旁站监理记录;

2)旁站监理人员实施旁站监理时,发现施工单位有违反工程建设强制标准行为的,有权责令施工单位立即整改;

3)旁站监理过程中发现施工活动已经或者可能危及施工质量的,应及时向监理工程师或总监理工程师报告,由总监理工程师下达局部暂停施工指令或采取其他应急措施。

(10)隐蔽工程的检查应以以下程序进行:

1)承包单位道德进行自检,自检合格后填定《工程报验申请表》(表3-6 TA8),同时在现场进行配合;

表3-6　TA8 工程报验申请表

工程项目名称：　　　　　　施工合同段：　　　　　　编号：

致_____(项目监理机构)： 　　根据施工承包合同和设计文件的要求，我单位已完成工程并自检合格，报请检查。 　　附件：自检资料。   　　　　　　　　　　　　　　　　　　　　　　承包单位(章)_____ 　　　　　　　　　　　　　　　　　　　　　　质量检查工程师(签字)_____ 　　　　　　　　　　　　　　　　　　　　　　日　期_____
    　　　　　　　　　　　　　　　　　　　　　　项目监理机构(章)_____ 　　　　　　　　　　　　　　　　　　　　　　总/专业监理工程师(签字)_____ 　　　　　　　　　　　　　　　　　　　　　　日　期_____

注：本表一式4份，承包单位2份，建设单位各1份。

2)在合同约定的时限内，专业监理工程师到现场进行核实，承包单位的质检人员应同时在现场进行配合；

3)监理工程师对检查合格的工程予以现场签认，并准许承包单位进行下一道工序施工；

4)对检查不合格的工程，监理工程师应在《工程报验申请表》上签署检查不合格及整改意见或签发《监理工程师通知单》，由承包单位对不合格工程进行整改，自检合格后向现场监理机构重新报验或填报《监理工程师通知回复单》。

(11)在施工过程中，当承包单位对已批准的施工组织设计或专项施工方案进行调整时，专业监理工程师应重新审查，并应由总监理工程师签认。

(12)监理人员发现承包单位有违反工程建设强制性标准的行为，应责令承包单位立即整改；发现其施工活动可能或已经危及工程质量的，应采取应急措施，必要时由总监理工程师下达暂停施工指令。

(13)项目监理机构对承包单位的施工质量或使用的工程材料产生疑问，应要求承包单位进一步检测，承包单位必须密切配合。

(14)监理员在施工现场发现承包单位有违反工程建设强制性标准的行为，有权口头要求承包单位立即整改。若不能有效制止，则应立即向专业监理工程师或总监理工程师报告，由其做出处理决定。

(15)当项目监理机构或质检部门抽检结果与承包单位自检出现较大差异，或建筑基础发生位移、变形、出现裂纹时,在报请建设单位同意后,可要求承包单位进行钻芯取样或无损检测,承包单位必须密切配合。

(16)隐蔽工程质量的控制程序

在建筑工程施工过程中,需隐蔽的分项很多,如混凝土工程中的钢筋、预埋管道等,必须按先检验合格后隐蔽的控制程序进行,如图3-1所示。

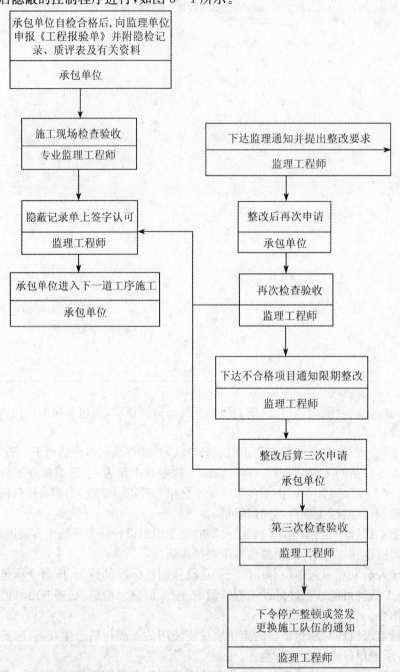

图3-1 隐蔽工程质量控制程序

(17)隐蔽工程验收主要内容

1)基础工程。基础隐蔽工程验收的主要内容如下:

①基槽的隐蔽验收,包括土质情况、基底标高、尺寸、槽底打钎、地基处理、验槽决定要处理

的问题。

②基础的隐蔽验收包括埋没基础的全部分项工程、地下室的全部分项工程、设备基础、各种地下防水层、管沟、各种防腐处理的结构或构件。

③桩基的隐蔽验收包括试桩、打桩、桩基处理等。

④水电管道的隐蔽验收包括管道敷设、防腐处理、接地等。

2)主体工程。主体隐蔽工程验收的内容包括以下几个方面：

①钢筋混凝土工程中的钢筋、预埋铁件及混凝土试块强度等。

②砌体工程中砌体基础断面形式和尺寸、组砌方法、基顶标高及砌体外观质量、砂浆试块强度、砌体配筋的设置、沉降缝和伸缩缝的处理等。

③装配式构件的接头钢筋、接头部位的焊接、锚固筋构造等。

④水、暖及设备管道敷设，暗配电气线路预埋管。

⑤钢结构的钢材及隐蔽焊缝。

⑥施工过程中被其他结构遮盖的木结构的防腐处理、防火处理等。

3)屋面工程。屋面工程的面层以下各层，包括基层处理、隔热层、隔气层等。

4)地面工程。各种防护层以及经过防腐处理的结构或配件。

5)防水工程。屋面、地下室、水下结构物的防水找平层的质量情况、干燥程度、防水层数、细部做法、接缝处理和防水材料的质量等。

6)水、暖、卫及设备暗管道。暗管道的位置、标高、坡度、试压、通水试验、焊接、防锈、防腐、保温及预埋件等情况。

7)暗配电气线路。暗配电气线路的位置、规格、标高、弯度、防腐、接头等情况，电缆耐压绝缘试验，地线、地板、避雷针的接地电阻等。

8)锅炉。锅炉保温前的涨管情况，焊接接口位置，螺栓固定及打泵试验。

(18)监理人员对隐蔽工程的验收要求

1)承包单位完成隐蔽工程作业并自检合格后，应填写隐蔽工程报验申请表，报送项目监理机构。经检验合格，专业监理工程师应签认隐蔽工程报验申请表后，承包单位方可进行下一道工序施工。

2)隐蔽工程验收时，应详细填写验收的分部分项工程名称、被验收部分轴线、规格和质量。如有必要，应画出简图并做出说明。

3)每次检查验收的项目，监理工程师必须详细填写隐蔽验收内容记录，同时必须在隐蔽工程报验申请表审查意见栏内填写"符合设计要求"或"符合施工验收规范要求"，不得使用"基本符合"或"大部分符合"等不肯定用语，也不能无审查意见。

4)如果在检查验收中验收不合格的，监理工程师应拒绝签认，并要求承包单位对隐检中提出的质量问题必须认真进行复验处理。复验符合要求，监理工程师签认后，承包单位方可进行下一道工序的施工。

第四节　工程施工质量验收

工程施工质量按以下规定和内容进行验收：

(1)工程施工质量验收执行《工程施工质量验收标准》。

(2)项目监理机构应按以下程序对工程施工质量进行验收：

1)检验批验收：承包单位自检合格后填定《检验批质量验收记录》，向项目监理机构报验，专业监理工程师在规定的时限内组织承包单位专职质检人员等进行验收,检验批的质量验收应包括实物检查和资料检查两部分,验收合格后签认《检验批质量验收记录》。

2)分项工程验收:专业监理工程师应在分项工程的所有检验批验收合格后,及时组织承包单位分项工程技术负责人等进行验收,验收合格后签认《分项工程质量验收记录》。

3)分部工程验收:专业监理工程师应在分部工程的所有分项工程验收合格后,及时组织承包单位项目负责人和技术、质量负责人等进行验收,验收合格后签认《分部工程质量验收记录》。

4)单位工程验收:总监理工程师应参加由建设单位组织的单位工程施工质量验收,验收合格后签认《单位工程质量验收记录》。

5)工程施工质量验收标准规定工程验收中应有勘察设计人员参加或确认时,专业监理工程师应通知勘察设计单位相关人员参加。

6)特殊的检验批、分项工程、分部工程验收应由总监理工程师组织进行。

(3)验收不合格的,项目监理机构应指示承包单位返工处理,重新向项目监理机构报验,返修或加固处理后仍不能满足安全和使用功能要求的,项目监理机构严禁验收。

(4)专业监理工程师应组织承包单位专职质检员进行检验批,分项、分部工程施工质量验收资料进行审核和现场验收,符合要求后予以签认。总监理工程师可组织监理人员参加建设单位对单位工程施工质量的验收,对验收资料进行审核和现场验收,符合要求后总监理工程师予以签认。

第五节 工程地质勘察监理

一、工程地质勘察监理依据

工程地质勘察监理应按下列依据开展工作:

(1)国家和行业有关工程建设的法律、法规、规章;

(2)国家和行业相关技术标准;

(3)建设项目建议书、可行性研究报告的批复意见;

(4)工程地质勘察监理委托书、合同;

(5)工程地质勘察设计合同。

监理人员应根据现场地质条件和勘察单位提供的正式工程地质调绘及勘探、测试资料等进行监理活动。

铁道行业工程地质技术标准有:《铁路工程岩土分类标准》、《铁路工程地质勘察规范》、《铁路工程不良地质勘察规程》、《铁路工程特殊岩土勘察规程》、《铁路工程地质遥感技术规程》、《铁路工程地质原位测试规程》、《铁路工程水文地质勘测规程》、《铁路工程地质钻探技术规程》、《铁路工程地质物理勘探技术规程》、《铁路工程土工试验规程》、《铁路工程岩石试验规程》、《铁路工程岩土矿物理化分析规程》、《铁路工程水质分析规程》等13个。

二、工程地质勘察监理工作范围

工程地质勘察监理工作范围主要包括以下几个方面:

(1)对工程地质、水文地质、物探、钻探、原位测试、室内试验等专业的工作过程及其完成的原始资料、报告、图件等进行监理,包括野外勘察及室内资料整理的全过程。

(2)依据相关规范和合同要求对以下方面进行审查,并提出书面意见:

1)工程地质勘察大纲;
2)现场勘察机构的质量管理体系和技术管理体系;
3)人员配备及上岗人员资格;
4)勘察手段、方法和程序,机具设备的数量、质量,相关仪器、设备的标定情况,勘探或试验现场工作环境条件等;
5)勘察单位、勘察分包单位的相关资质、业绩等资料。
(3)监理人员应审核以下地质工作内容是否满足规程、规范和勘察阶段的要求,并真实、可靠:
1)工程地质、水文地质调查的范围、内容和精度;
2)钻探、试坑及原位测试等勘探点的数量、深度及勘探工艺,现场记录和成果资料;
3)水、土、石试样的数量,取样、运输和保管方法,试验项目、试验方法和成果资料;
4)物探方法的选择、工作过程和成果资料的地质解释资料;
5)水文地质调绘、试验方法、试验过程及成果资料;
6)对勘探试验资料的综合分析,地质报告内容及主要结论和评价意见。
(4)必要时对关键工程、重要的勘探测试等进行平行测试。
(5)监理人员应审查勘察单位有关安全操作的规章制度,检查现场执行情况。
(6)监理单位应调查、确认因勘察要求变更或地质条件发生较大变化而引起的对工期的影响程度和工作量的具体增减数量,并报建设单位备案。
(7)监理单位应调查、核实勘察单位记录、报告的因自然条件或人为因素造成工期延误的相关资料,并报建设单位备案。

三、工程地质勘察监理方法

工程地质勘察监理工作应根据地质条件和工程类型采用巡视、抽检和旁站的方法,分段、分工点实施。
(1)对沿线一般工程的地质勘察和测试工作,可采用巡视的方法进行抽查或抽检。
"检查和抽检"一般针对的是全线面上的监理工作,是一般性的考察或查看;"核对、核查和核实"一般是指对点上的某项工作或资料进行较认真细致的检查、抽查,有时到现场进行;"审查和审核"一般指对某项工作或文件进行全面的检查、分析,并作出评价。
(2)监理工作应选取具有代表性重点工程、不良地质或特殊岩土工点的工程地质勘察工作进行重点勘察过程或勘察手段等的核查。对重大工程或影响线路方案的大型不良地质工点应进行现场核对。
(3)对重大工程或关键的勘察手段应旁站监理。
(4)监理工作应对全线(段)的勘察成果及资料进行全面、综合的审查并提出审查意见。

四、工程地质勘察监理程序

工程地质勘察监理的程序如下:
(1)勘察监理合同签订后,应由监理委托单位或由其组织勘察单位向勘察监理单位及时提供监理工作范围内上阶段的勘察设计文件及审查意见。
勘察单位或建设单位应提供监理工作范围内的有关设计文件和审查批复意见,这是监理工作的基本依据之一。工程地质勘察监理工作开展前,还应收集相关区域地质及既有建筑物的地质资料。在熟悉上述资料的基础上,全面掌握重大工程、重大不良地质和特殊岩土问题,以确定监理工作的重点和勘察质量控制的关键点。

(2)工程地质勘察监理单位应在签订监理合同及收到设计文件后,熟悉项目情况,掌握该项目重大工程、重大不良地质和特殊岩土问题,根据批准的勘察大纲编制监理规划,并在召开第一次工地例会前两天报送建设单位批准。

(3)工程地质勘察项目开工前,应由建设单位组织召开第一次工地例会,监理单位的负责人及监理工程师和勘察单位负责人及现场代表应参加会议,会后应形成各方代表会签的会议纪要。

(4)监理人员应对勘察单位提交的表3-7《工程地质勘察开工报告》进行审查,具备开工必需的技术条件和工作人员、设备、物资条件后,由总监理工程师签发开工报告,并报建设单位核备。

(5)现场发现工程地质勘察工作与勘察大纲或相关规范不符时,监理人员应及时提出,并责令改正。发生较大、重大质量问题或隐患、安全问题时,总监理工程师应及时处理,必要时签发表3-8《工程地质勘察暂停通知单》。《工程地质勘察暂停通知单》应即时报建设单位备案。在勘察暂停原因消除、具备复工条件时,总监理工程师应按程序及时签署表3-9《工程地质勘察复工通知单》。

表3-7　A1 工程地质勘察开工报告

工程项目名称:　　　　　　　　　　　　　　　　　　　　编号:

致_____(现场监理单位): 　　我单位已根据××勘察设计合同、工程地质勘察大纲和有关规定,完成了工程地质勘察开工前的人员、技术、设备等的准备工作,请予批准开工。 　　附件:1.工程地质勘察主要进场机械、设备报验表 　　　　　2.工程地质勘察主要进场人员报审表   　　　　　　　　　　　　　　　　　　　　　　　　现场勘察机构(章): 　　　　　　　　　　　　　　　　　　　　　　　　负责人:　　　　年　月　日
监理单位审批意见: 　　　　　　　　　　　　　　　　　　　　　　　　现场监理机构(章): 　　　　　　　　　　　　　　　　　　　　　　　　总监理工程师:　　　年　月　日

注:本表一式3份,勘察单位、建设单位、监理单位各1份。

(6)监理人员发现问题应与勘察单位人员一起到现场进行核查。当监理单位与勘察单位意见不一致时,监理单位应向勘察单位提出书面意见,并报建设单位备案。

(7)监理、勘察和建设单位之间来往的表格或通知单等应办理签收手续,并及时回复。

(8)监理单位应定期向建设单位书面报告监理工作情况。监理工作结束后,应向建设单位提交工程地质勘察监理报告,对勘察单位完成的原始资料、勘察报告及图件的完整性、可靠性提出评价意见。

(9)监理单位发出的通知书、批复或答复意见、监理工作报告,与勘察单位、建设单位来往的文件、向上级部门的请示及汇报材料等都应纳入监理单位的档案管理。

表 3-8 B3 工程地质勘察暂停通知单

工程项目名称: 编号:

致_____(勘察单位): 　　由于_____的原因,现通知你方必须于　　年　月　日　时起,暂停_____(项目名称及停工里程或勘察项目)的工程地质勘察工作。
停工原因:
停工的主要内容:
整改要求:
现场监理机构(章): 　　　　　　　　　　　　　　　　　　　　　　　总监理工程师:　　　　年　月　日　时

注:本表一式 3 份,建设单位、勘察单位、监理单位各 1 份。

表 3—9　B4 工程地质勘察复工通知单

工程项目名称：　　　　　　　　　　　　　　　　　　　　　　　编号：

致_____（勘察单位）： 　　鉴于_____年_____月____日签发的《工程地质勘察暂停通知单》（编号：_____），所述责令暂停_____项目_____段工程地质勘察工作的原因已经消除，现通知你方　年　月　日时可对该项目恢复工程地质勘察。 　　特此通知   　　　　　　　　　　　　　　　　　　　　　　　　　现场监理机构（章）： 　　　　　　　　　　　　　　　　　　　　　　　　　总监理工程师：　　　　　年　月　日　时

注：本表一式 3 份，建设单位、勘察单位、监理单位各 1 份。

第六节　勘察常规监理

一、各勘察阶段监理

工程地质勘察监理应根据不同勘察阶段的技术要求和地质条件，有针对性地开展工作。
(1)加深地质工作阶段应重点核查以下内容：
1)地质调查的范围、精度是否满足大面积方案比选的要求；

2)控制性勘探点的布置和勘探测试手段是否得当;
3)对宏观地质条件评价的依据是否充分,结论是否正确,有无遗漏有价值的方案。
(2)初测阶段应重点核查以下内容:
1)地质调查的范围、精度是否满足方案比选的要求;
2)对控制和影响线路方案的不良地质和特殊岩土的评价意见、依据是否充分,结论是否正确;
3)重大工程的勘探测试工作是否齐全;
4)全线地质资料的完整性和统一性;
5)方案比选意见的依据是否充分,评价是否符合实际。

二、工程地质调绘监理

工程地质调绘监理的规定如下:
(1)工程地质调绘监理的要点:
1)核对地质界线、岩性、地质构造、地下水露头、各类不良地质、特殊岩土的调绘和判别是否准确,有无漏划或错判。
2)检查断面图上的地质界线是否依据充分、合理,勘探和原位测试点的布置、取样及试验项目等技术要求是否符合规范、满足设计要求。
(2)地质调绘的监理工作应以抽查为主。对重大工程、重大地质问题、重要的地质点(包括观测点、钻孔、取样点、井泉等)应到现场进行核查。
(3)对遗漏的地质问题,监理人员应及时提出,并督促勘察单位到现场补充、完善。

三、钻探及简易勘探监理

钻探及简易勘探监理的规定如下:
(1)钻探及简易勘探监理的要点:
1)检查使用的钻探及简易勘探设备是否符合勘探技术要求;
2)检查孔位、孔口高程、钻进方法、钻探记录、岩性分层及描述、地下水初见和稳定水位、终孔深度;
3)检查勘察单位的专业人员是否到现场鉴定、核对岩芯;
4)检查孔内取样和测试设备是否满足技术要求,操作方法是否正确;检查取样及封装质量;检查测试数据;
5)检查操作安全制度及现场执行情况。
(2)对钻探及其他勘探方法的监理应采用巡视、核查和旁站的方法。一般钻孔及简易勘探的监理以巡视为主。对重要的钻孔或钻孔中的关键段落应重点核查,必要时旁站监理。
(3)钻进过程中或终孔前,监理人员认为未达目的或不满足技术要求时,应及时提出处理意见,并督促勘察单位完成。

四、原位测试监理

原位测试监理的规定如下:
(1)原位测试监理的要点:
1)检查原位测试设备是否满足勘探技术要求,是否按规定期限进行标定;

2)检查孔位、孔口高程、测试方法和操作过程是否符合技术要求及相关规范要求；

3)检查资料整理及采用的公式是否符合相关规范要求，与其他试验方法取得的参数对比是否合理。

(2)原位测试工作的监理应采取抽查、巡视的方法进行，对重大工程或重要的原位测试点应采取旁站的方式监理。

(3)发现操作过程及数据处理中的问题，监理人员应及时提出，并责令改正。

五、物探监理

物探监理的规定如下：

(1)物探工作监理的要点：

1)检查所采用的物探方法与勘探目的是否匹配，是否能满足技术要求；

2)检查使用的仪器设备是否符合有关技术标准；

3)检查作业过程是否符合操作规程，数据的采集、观测及记录是否齐全、符合规范；

4)检查资料的整理和解释是否符合相关规范要求，成果资料应与其他物探方法和勘探手段进行对比、修正；

5)检查地震勘探用炸药的保管、使用是否符合有关安全规定。

(2)对物探的监理一般应采用巡视、抽查的方式，对重大工程、地质复杂地段或重要钻孔的物探工作应采取旁站的方式进行。

(3)当发现使用的物探方法不当，达不到勘察目的时，监理人员应及时提出采用其他物探方法或采取其他勘探手段的意见，并监督改正。

六、室内试验监理

室内试验监理的规定如下：

(1)室内试验监理的要点：

1)检查室内试验的环境条件是否满足试验工作的要求，仪器设备是否满足试验要求并已通过鉴定或校验；

2)检查试验人员是否经过上岗培训或取得相应资质；

3)检查样品验收和试样制备是否符合规定；

4)检查试验操作过程是否符合相关规程的规定；

5)检查试验成果的整理、分析是否符合相关规范要求，计算是否准确无误，提交的成果资料是否签署齐全。

(2)监理工作应采取巡视、抽查的方式进行，对重点试样的开样、制样和试验操作应采取旁站的方式进行监理。

(3)当试验质量因试样、仪器设备、操作水平等达不到规范要求时，监理人员应及时提出并监督改正。

七、水文地质勘察监理

水文地质勘察监理的规定如下：

(1)水文地质勘察监理的要点：

1)核查供水水源地、供水站点、进行专门水文地质勘察的工点等地形、地貌、地质条件的调

查填图是否准确;

2)核查对进行专门水文地质勘察工点中的主要含水层和拟开采地下水含水层的岩性、含水体的补给、径流、排泄条件、涌水量预测、水质试验等的分析、计算资料是否齐全、准确;

3)检查勘探点(包括长期观测孔)的布置、取样及试验等技术要求是否满足工程设置及规范的要求;

4)检查勘探、试验资料及分析计算是否满足相关规范和设计的要求。

(2)对重要的、影响水文地质评价的地质要素(包括岩性、地层结构、断层、褶皱、节理、风化程度等)进行现场核对。

(3)对抽水试验的机具设备进行检查,对操作人员的资质进行核查。

(4)对重大工程和重要的水文地质勘探、试验过程进行旁站监理。

(5)对勘察过程中发生的不满足质量、技术要求、安全规程的现象及时提出并监督改正。

八、勘察工作量监理

勘察工作量监理的规定如下:

(1)依据批准的勘察大纲(包括勘察计划)核查勘察单位确定的工作内容、工作方法和计划工作量,检查是否满足相关规范和工程要求。

(2)勘察过程中重点检查勘察大纲中有关勘探工作量的执行情况。

(3)工程地质勘察结束后,勘察单位应及时提交完成的工作量。监理人员应认真进行核查,核查结果应写入监理报告。

九、勘察资料整编监理

勘察资料整编监理的规定如下:

(1)勘察资料整编监理的要点:

1)检查现场填绘的地质图件是否齐全,内容是否翔实、可靠;

2)检查重大工程和不良地质、特殊岩土的勘探测试资料是否齐全、真实并满足勘察设计要求;

3)检查勘察资料的综合分析、土工试验数据的统计分析、设计参数的取值是否符合相关规范的要求,工程地质评价及工程措施建议是否合理;

4)检查图件、计算资料与说明是否吻合,有无差、错、漏、碰问题;

5)检查各级签署是否符合有关规定。

(2)检查勘察资料是否由现场勘察人员进行整理。

(3)重点对重大工程、主要不良地质和特殊岩土的成果资料进行详细核查。

(4)勘察单位在整理完成一段或某项重大工程的勘察资料后,应及时报送监理单位进行审查;监理单位应对该资料及时作出评价。

(5)对资料有疑问或遗漏勘察内容,应责成勘察单位到现场核对或提出补充勘察意见。

第七节 各类工程地质勘察监理

一、各类建筑物工程地质勘察监理

各类建筑物工程地质勘察监理的规定如下：
(1)各类建筑物工程地质勘察监理应重点核查以下内容：
1)各类建筑物所处地质环境的调查是否准确，依据是否充分；
2)勘探点的布置、取样、试验是否符合相关规范的规定，满足勘察计划和勘察技术要求；
3)工程措施建议、设计参数的提供是否依据充分、合理；
4)勘察资料、报告、图件是否齐全，审查签署是否符合相关规定。
(2)对沿线一般工程设置地段，监理人员应注意检查地质调绘的精度、地质点的密度、工程设置的合理性及勘探测试资料的综合分析情况等。
(3)对重大工程或地质条件复杂的工点，监理人员应到现场核对或进行旁站监理。
(4)遗漏的工点应监督勘察单位到现场进行补充勘察，"遗漏的工点"包括已经发现的被遗漏的工点，也包含尚未被发现或容易被遗漏的工点两种情况。对"已发现"的应立即补充勘察工作；对"尚未被发现或容易被遗漏的工点"，如位于覆盖层下的岩溶、软土工点，小窑采空区、窑洞，膨胀岩土、地下水工点等，监理人员应及时提醒勘察单位的技术人员采取适当勘察、试验手段进行补充勘察工作。

二、路基工程地质勘察监理

路基工程地质勘察监理的规定如下：
(1)路基工程地质勘察的要点：
1)检查地层岩性、地质构造、节理发育程度、岩体风化程度、地下水发育情况等地质条件的调查和评价是否准确；
2)检查山体斜坡的稳定性评价，岩层及主要节理(结构面)产状与边坡的关系；
3)检查有无不良地质或特殊岩土问题；
4)检查地下水与路基工程的关系；
5)检查代表性地质横断面的填绘是否依据充分、合理；
6)检查所提供的地基基本承载力、岩土施工工程分级、建议边坡坡率等设计参数和其他工程措施意见依据是否充分、合理；
7)检查勘探点的数量、深度是否满足设计要求；
8)检查水、土试样的数量和试验项目是否满足技术要求。
(2)高路堤、陡坡路堤工程地质勘察的监理应重点核查对路基基底和山坡稳定性评价的依据是否充分，结论是否正确。
(3)深路堑、地质复杂的路堑工程地质勘察的监理应重点核查：
1)地层结构、软弱层面、节理面及其他软弱结构面产状与路堑边坡稳定性的关系；
2)岩体风化程度、地下水对路堑工程的影响；
3)路堑边坡坡率、软弱结构面的值及其他设计参数是否依据充分、合理。
(4)路基支挡建筑物工程地质勘查的监理应重点核查基底地层岩性、软弱结构面的位置、地下水水位和水质、地基基本承载力、软弱结构面和基底岩土的值等设计参数是否依据充分合理。

(5)对在特殊岩土和不良地质地段修筑的路基,应重点核查地质条件评价的依据是否充分、正确,勘探、试验项目和测试数据是否准确并满足设计要求。

(6)对路基防护工程,应重点核查路基边坡的稳定性、基底地质条件的评价及地震可液化地层的判定是否正确。

(7)对集中取土场,应检查场地的选择和填料质量的评价是否符合相关规范的要求。

(8)对以上重大工程或地质条件特殊复杂的路基工程应进行现场核对或旁站监理。

在路基工程地质勘察的监理工作中,应选择具代表性的、大型的、地质条件复杂的路基工点进行地质条件的现场核对。对基底有特殊要求的挡护工程,或基底地质条件为特殊岩土时所进行的勘探和试验工作一般应作为监理的重点,必要时应进行旁站。

三、桥涵工程地质勘察监理

桥涵工程地质勘察监理的规定如下:
(1)桥涵工程地质勘察监理的要点:
1)核查桥涵址处的地层岩性、地层结构、地质构造、岩溶洞穴、岩层风化程度等地质条件是否准确;
2)核查河(沟)床岸坡的稳定性、覆盖层下基岩横坡对桥墩台稳定性的影响;
3)检查地下水水位埋深及水对混凝土、钢材的侵蚀性;
4)检查勘探、测试是否符合相关规范及满足设计的要求;
5)边坡坡率等设计参数依据是否充分、合理;
6)检查对地震可液化地层的判定是否符合规范要求。

(2)对地质条件复杂的高桥、特大桥,监理人员应到现场核对地质条件。重要的勘探、测试工作应旁站监理。地质条件复杂的、高度大于 50m 的高桥和长度大于 500m 的特大桥一般都是地质勘察的重点,也是监理工作的重点,其地质条件的复核一般应在现场进行。重要勘探点的布置,重要的钻孔和孔内测试过程的监控应进行旁站,以确保勘探测试工作的质量。

四、隧道工程地质勘察监理

隧道工程地质勘察监理的规定如下:
(1)隧道工程地质勘察监理的要点:
1)核对隧道通过岩体的岩性、地质构造、岩石的坚硬程度、岩体的完整程度、节理发育程度、岩体受地质构造影响程度、地下水的发育情况等影响隧道围岩分级的基本地质条件及隧道围岩分级的划分是否正确;
2)核对隧道通过地段产生突水突泥、断层、岩溶、有害气体、放射性岩体、高地应力、膨胀性围岩等地质灾害的可能性及评价是否依据充分,工程措施建议是否全面、合理;
3)检查隧道进出口山体覆盖层与其下基岩的接触关系和稳定性评价;
4)检查特长隧道水文地质条件的调查和评价是否符合规范及相关技术要求,隧道开挖后对地表环境的影响评价;
5)检查勘探、测试是否符合相关规范及满足设计要求。

(2)监理人员应核查第四系地层覆盖的洞口及洞身通过的主要地质界线是否有地质点

控制。

(3)重要的地质点和地质界线,监理人员应到现场进行核对。重要的勘探、测试工作应旁站监理。

隧道通过地段的地质界线,包括地层界线、断层带、节理密集带等往往是隧道富水条件、围岩分级的重要依据,这也是监理工作的重点。长大隧道(隧道长度大于3000m)的围岩分级和重要的地质界线应到现场进行核对;对确定关键地质界线的勘探点布置和钻探过程中关键段落的钻进、测试工作应进行旁站监理。

五、房屋建筑工程地质勘察监理

房屋建筑工程地质勘察监理的规定如下:
(1)房屋建筑工程地质勘察监理的要点:
1)检查建筑工程范围内的地层岩性、地质构造、地层结构、岩体风化程度、地下水位埋深及变幅等地质条件;
2)检查基底持力层的地质情况、地基基本承载力、边坡坡率、岩土施工工程分级,尤其应重点核查填土的工程性质;
3)检查建筑工程范围内不良地质与特殊岩土的发育情况,勘探测试的手段和项目,不良地质及特殊岩土与建筑物的关系、工程地质评价;
4)检查对地震可液化地层的判定是否符合规范要求。
(2)对大型建筑场地工程地质勘察的监理工作应重点核查是否按现行国家标准《岩土工程勘察规范》的要求进行勘察。
(3)对重点建筑物和主要基底持力层的勘探、测试工作应进行旁站监理。

六、填料取土场及石砟场地质勘察监理

填料取土块及石砟场地质勘察监理的规定如下:
(1)填料取土场及石砟场工程地质勘察监理的要点:
1)核对填料取土场及石砟场开采范围内的地质和水文地质条件;
2)核查对主要开采地层的勘探手段是否合理,对建筑材料质量、储量和剥采比的评价依据是否充分,评价方法是否符合相关规范并满足设计的要求;
3)检查对开采和剥离地层边坡坡率的稳定性评价;是否有因开采产生滑坡、崩塌、涌水等地质灾害的可能性;
4)检查填料取土场及石砟场开采后对环境和水土保持的影响评价是否符合相关规定。
(2)对大型填料取土场及石砟场的地质条件应到现场进行核对,关键的取样、试验工作应进行旁站监理。

七、给排水工程地质勘察监理

给排水工程地质勘察监理的规定如下:
(1)给排水工程地质勘察监理的要点:
1)核对取水、储水构筑物场地及管路通过地段的地质条件;
2)核对提供的地基基本承载力、岩土施工工程分级等设计参数;
3)核对影响供水工程稳定性和安全运行的不良地质、特殊岩土的勘探、试验工作,及在此

基础上的评价是否准确,工程措施建议是否合理;

4)检查水塔等重要供水建筑物的勘察是否有勘探点控制。

(2)对大型、重要的供水建筑物的地质条件应到现场进行核对,对重要的勘探点应旁站监理。

第八节 不良地质勘察监理

1. 一般规定

(1)不良地质勘察监理的要点:

1)检查不良地质的范围、类型和性质,产生不良地质的地质条件、发生和发展规律及对铁路工程的影响;

2)检查勘察方案、勘探点的布置和数量、勘探方法是否符合规范要求;

3)检查取样位置及数量、试验方法是否符合规范要求;

4)检查相关计算、场地评价依据是否充分,工程措施意见是否合理;

5)开挖试坑与钻探过程的安全措施和保障。

(2)检查线路通过不良地质地区的选线原则是否合理,检查具体设计执行选线原则的情况。

(3)对不良地质工点地质条件的核查应在现场进行。

(4)与铁路工程关系密切,或对线路方案有较大影响的关键勘探点应旁站监理。

(5)监理工作中应注意检查与不良地质工点相似的地貌特征或类似地质条件的地段;如遗漏不良地质工点,应督促勘察单位到现场补充调查及勘探。

2. 滑坡和错落

(1)滑坡和错落工程地质勘察监理的要点:

1)核查滑坡和错落的范围、形态、分类,及其与岩性、软弱夹层、岩层产状、节理、断层、地下水等地质条件的关系;

2)核查滑坡和错落的成因、发生和发展的历史与现状;

3)核查滑动面的位置、岩性、结构及物理力学参数;

4)核查滑坡与错落的稳定性评价,线路通过位置、方式与滑动面的关系及采取的工程措施是否合理;

5)核查铁路工程的施工是否会引起古滑坡和古错落的复活。

(2)重点核查铁路通过岩层倾向线路且有水的山坡、或坡积层较厚山坡时的稳定性评价,尤其应注意对工程建设期间山坡稳定性评价的依据是否充分、合理。

(3)检查滑坡和错落主轴断面的确定、勘探点的布置是否符合规范要求。

(4)检查滑坡和错落的勘探方法、滑动面的确定、取样位置、地下水的观测等是否符合相关规范和勘察大纲的要求。

(5)检查现场观测网的布设、观测过程和观测资料的分析等是否符合规范要求。

(6)核查滑坡和错落稳定性评价考虑的因素、选用的公式和参数是否依据充分,计算是否准确,结论是否正确、合理。

(7)在现场核对滑坡和错落的基本地质条件,对主轴断面上勘探点的岩芯应进行复核。对重要钻孔的钻进和取样过程旁站监理。"滑坡和错落的基本地质条件"是指滑坡或错落的形态、控制滑坡边界的断层、岩性等地质条件,滑坡中地下水的分布等。对影响线路方案和工程设置的滑坡地质条件应到现场进行核对。滑坡主轴断面上重要钻孔中滑动面附近的钻进和取样过程应到现场旁站监理。

3. 危岩、落石和崩塌

(1)危岩、落石和崩塌工程地质勘察监理的要点:

1)核对危岩、落石和崩塌的范围、成因、形态、分类、粒径大小、崩落方向、影响范围及其与线路工程的关系;

2)核对危岩、落石和崩塌产生的地形、地质条件,包括山坡坡度、高度,地层层序、岩性、地质构造、节理等结构面的发育、充填和组合情况、风化作用、地下水和地震的影响;

3)检查危岩、落石和崩塌稳定性的评价,选线原则及执行情况。

(2)检查危岩、落石和崩塌区勘探点的布置和数量是否满足地质勘察和工程设置的需要。

(3)核查对危岩、落石和崩塌稳定性的评价是否依据充分,工程措施是否合理。

(4)对危岩、落石和崩塌稳定性进行观测时,应检查观测点的布设和观测过程是否规范,岩块滚落试验过程是否合理。

(5)对危岩、落石和崩塌应在现场核对其发生的地质条件、影响范围,抽查稳定性观测过程。岩块滚落试验和重要的观测过程应进行旁站监理。

4. 岩堆

(1)岩堆工程地质勘察监理的要点:

1)检查岩堆分布的范围、物质组成、颗粒级配、厚度、充填物成分、孔隙性、活动规律;

2)核查岩堆产生的地质条件、与岩性和地质构造的关系、节理和软弱结构面的发育情况、地表水和地下水的发育情况;

3)核查岩堆下伏地层的岩性、坡度和含水情况,岩堆稳定性评价的影响因素、参数选择和结论;

4)检查岩堆补给区危岩体的分布、山坡陡度、高度、裂隙发育程度及危岩体的稳定性评价。

(2)检查岩堆上的勘探点是否沿主轴或最危险断面布置。勘探手段和方法是否合理、有效。

(3)核查岩堆自身稳定性评价和作为建筑物地基、路堑边坡或隧道围岩引起的下沉及稳定问题的评价,采取的工程措施是否合理。

(4)核查软弱带取样的数量、质量及试验项目是否满足规范要求。

(5)对岩堆的范围、地质条件、主轴或危险断面上勘探点的检查应到现场核对。软弱面附近的勘探和取样应旁站监理。

5. 泥石流

(1)泥石流工程地质勘察监理的要点:

1)检查泥石流的分布范围、规模、类型、物质组成、发育阶段、爆发频率、泥痕、淤积厚度等;

2)检查泥石流发生的地形、地质条件,与岩性、岩体风化破碎程度、地质构造、滑坡、崩塌等不良地质条件的关系;

3)检查泥石流与气象条件、沟床坡度、地表水和地下水、地震及其他人为活动的关系;

4)检查线路通过位置附近泥石流沟谷的冲淤特征、岸坡的稳定性。

(2)检查线路通过泥石流地段的稳定性评价、工程设置的依据和合理性。

(3)对需长期监测的泥石流,应重点核查其监测方法、手段、周期是否合理。

(4)对泥石流的范围、发生的地质条件、地表水和地下水情况、冲淤特征、泥石流沟谷中不良地质的发育情况等的检查应在现场进行。

(5)对重要的勘探点或软弱夹层的勘探、取样过程应旁站监理。

6. 风沙

(1)风沙地段工程地质勘察监理的要点：

1)检查沿线风沙分布的范围，组成物质、风沙地区风蚀及风积地貌的类型、活动规律；

2)检查各种类型的沙丘、风沙流、风蚀地形等与线路的关系及危害程度；

3)检查主导风向及其他气象条件与风沙、线路的关系；

4)检查沿线地表水、地下水的分布及水质情况、植被覆盖情况；

5)检查沙层下伏地貌形态，及其与线路工程的关系。

(2)检查风沙地段的沙源、气象条件、风沙及沙丘的活动程度、地貌条件、对线路影响程度等的评价依据是否充分、工程措施是否合理。

(3)需进行定位与半定位观测的风沙危害严重地段，应重点核查观测的位置、手段、内容和方法是否合理。

(4)对重要的勘探、取样和观测过程应旁站监理。

7. 岩溶

(1)岩溶工程地质勘察监理的要点：

1)核查岩溶分布的范围、形态、地貌特征、发育强度及其与线路的关系；

2)检查岩溶与岩性、地层厚度、地质构造、产状、节理裂隙的发育程度、岩体风化程度、地表水及地下水水质等的关系；

3)核查溶洞发育的形态、高程，洞顶厚度及完整程度、洞中化学沉积和机械沉积物状况、溶洞充填物成分及其物理力学性质，突水突泥的可能性；

4)检查溶洞层与河流阶地、夷平面的关系；

5)核查覆盖型岩溶地区岩溶的发育形态、覆盖层的岩性和地层结构、岩溶裂隙充填情况、水文地质条件、地下水开采、土洞及地面塌陷情况；

6)检查钻探岩芯的采取率和钻具自然下落或减压、冲洗液变化等现场记录是否满足规范要求；

7)检查隧道或路堑排泄岩溶水后对周围环境的影响；

8)检查大型溶洞的调查及岩溶泉、暗河连通试验的安全措施。

(2)检查勘探手段与方法是否适应岩溶的发育特征，物探异常范围是否进行了钻探或其他勘探方法的验证。

(3)检查岩溶地区的高桥、特大桥、路基工程、隧道的勘探是否符合规范要求。

(4)检查地表水和岩溶水、覆盖土层和溶洞充填物的试验项目和方法是否符合相关规范的规定。

(5)检查岩溶连通性试验和水文地质动态观测的方法、试验过程及结论是否符合相关规范的要求。

(6)与铁路工程关系密切的岩溶发育区、溶洞及其充填物应现场核对；重要勘探点的勘探、取样过程应旁站监理。

8. 人为坑洞

(1)人为坑洞工程地质勘察监理的要点：

1)检查人为坑洞的分布范围、开采时间、规模、开采方法、开采边界、顶板、巷道分布情况、断面形态等的调查情况；
　　2)检查人为坑洞范围内的地层岩性、地质构造、开采地层的厚度和顶底板高程、地下水等地质条件和水文地质条件；
　　3)检查地面变形和建筑物变形的调查，及与人为坑洞、线路的关系；
　　4)检查洞内地下水的动态变化及其对坑洞稳定性的影响，附近地下水开采对采空区稳定的影响；
　　5)检查洞内有害气体的类型、浓度、压力、危害程度；
　　6)检查采空区的稳定性分区条件及地质参数，稳定性评价的结论是否正确；
　　7)检查采空区调查和勘探的安全措施。
　　(2)检查采空区是否采用综合勘探方法进行，物探成果应有其他勘探方法的验证。
　　(3)与线路工程关系密切的近期开采的坑洞应到现场抽检、核对开采情况和地下水、有害气体等情况。对古窑和已塌陷的坑洞应到现场核查采空区的范围，调查及勘探方法。
　　(4)核查采空区稳定性评价中的地质依据、地质参数的选择、计算或图解过程、结论等是否正确，与地表变形状况是否吻合，稳定性分板与预测是否合理。
　　(5)检查采空区内地下水和有害气体危害的可能性评价是否依据充分。
　　(6)核查建筑物和地面变形定位观测点的布置、观测方法的选择、数据分析和计算、结论。
　　(7)监理人员必要时应参加坑道、地面变形和建筑物变形的调查。关键勘探点的勘探和取样过程应旁站监理。

9. 水库坍岸
　　(1)水库坍岸工程地质勘察监理的要点：
　　1)检查库区沿岸的地层、岩性、地质构造，岩层节理和风化情况、软弱岩层和结构面位置、库岸的地层结构及稳定性、沿岸不良地质与特殊岩土的发育情况；
　　2)检查库区地下水、井泉、洼地等水位、水质的变化情况；
　　3)检查既有水库的设计参数和运行情况；设计水库的相关参数；有关气象和地震资料等是否齐全；
　　4)检查水库坍岸线和稳定性预测中影响因素及参数的选择；
　　5)检查线路通过位置和采取工程措施的合理性。
　　(2)检查预测坍岸线代表性地质横断面的布置是否合理，地质断面上勘探点的数量、勘探深度是否满足技术要求。
　　(3)水库区工程地质条件的评价应重点核查坍岸线预测，地下水水位变化引起的沼泽化、盐渍化，软弱层或结构面浸水软化后形成的滑坡、崩塌和边坡失稳，库岸稳定性的划分等内容。
　　(4)到现场抽检、核对库岸和代表性地质横断面的地质条件。重要勘探点的勘探和软弱地层的取样应旁站监理。

10. 地震区
　　(1)地震区工程地质勘察监理的要点：
　　1)检查地震区的地质条件、区域地质构造、主要断裂带和活动断裂带特征；
　　2)检查沿线地震发展历史、不良地质现象与地震的关系；
　　3)检查沿线地震动峰值加速度、地震动反应谱特征周期的划分；
　　4)检查地震可液化地层的判定，场地土类型和建筑场地类别的划分；

5)检查活动断层的鉴定结论、重大工程的地震安全性评价成果的应用情况。
(2)核查沿线地震动参数区划、活动断层鉴定、重大工程的地震安全性评价结论,及上述资料在地质选线中的应用情况。
(3)检查地震可液化层的判定方法、结论是否符合相关规范要求。
(4)检查沿线有无因地震作用产生的不良地质现象,或因地震复活的可能性。
(5)对重点工程有关地震方面的评价应到现场核实,重要的勘探工作应旁站监理。

11.放射性地区
(1)放射性地区工程地质勘察监理的要点:
1)检查放射性异常的分布范围、种类、辐射强度、污染程度,地方病及其他人文、地理、环境条件和有无放射性污染物堆放场地;
2)检查放射性异常范围内的地层、岩性、地质构造、风化程度和水文地质条件;
3)检查核辐射环境评价、场地的放射性分级及防护措施;
4)检查勘察工作的安全防护措施。
(2)检查放射性勘探方法是否符合现场地质条件和相关规定,有无物探、钻探和取样试验的验证资料。
(3)核查被委托勘察、试验单位的资质。
(4)核查环境评价和防护措施建议是否正确、合理。
(5)检查放射性异常区调查、勘探、取样的设备是否符合规范要求,安全防护措施是否到位。

12.有害气体
(1)有害气体工程地质勘察的监理要点:
1)检查产生有害气体的油、气、煤层的地层岩性、区域地质构造、地下水情况及水质;
2)检查产生有害气体的厚层生活垃圾或工业废料掩埋、堆填场地,及其与铁路工程的关系;
3)检查当地油、气、煤的开采和利用情况;
4)检查有害气体的种类、含量、压力、涌出量;
5)检查有害气体的评价及对铁路施工、运营的影响结论是否符合相关规范要求。
(2)检查岩样、气样、水样的采取、密封、运送方式是否符合规范要求。
(3)核查被委托的试验单位的资质。
(4)检查地质调查及勘探过程中的安全制度与措施。

第九节 特殊岩土勘察监理

1.一般规定
(1)特殊岩土勘察监理的要点:
1)检查特殊岩土的性质、分布的范围、类型、成因、地层结构、地下水水位和水质,及对铁路工程的影响;
2)检查勘探点布置的数量和勘探深度、勘探方法的选用是否符合规范要求;
3)检查取样位置和数量、试验方法是否符合相关规范要求;
4)检查相关计算和场地评价的依据是否充分,工程措施建议是否合理;

5)检查开挖试坑、取样的安全措施和保障。
(2)检查特殊岩土地段的选线原则和执行情况。
(3)核查特殊岩土地段不良地质的发育情况。
(4)对特殊岩土地质条件的抽查、核对应在现场进行。
(5)与铁路工程关系密切,或对线路方案影响较大的勘探、取样应旁站监理。
(6)注意检查与特殊岩土工点地貌或地质条件相似的地段,如有遗漏的特殊岩土工点应督促勘察单位在现场进行补充调查和勘探。

2. 黄土
(1)黄土工程地质勘察监理的要点:
1)检查黄土的分布范围、地貌类型、土层厚度、时代、成因、地层结构、土质特征;
2)检查黄土的湿陷性类型、湿陷等级、湿陷土层厚度,及湿陷性黄土场地的划分和评价;
3)检查黄土下伏地层的岩性、坡度、地下水情况;
4)检查黄土地区陷穴、裂缝、滑坡、错落、崩塌、泥石流、人为坑洞的分布、规模、发育情况、稳定性和发展趋势;
5)检查饱和黄土、黄土层与其他地层的界面附近地下水或软塑土层的发育情况及对铁路工程稳定性的影响;
6)检查原状土样的取样设备、方法和取土质量,试验项目、试验方法和结果;
7)检查试验结果的计算、湿陷类型和湿陷等级的计算、评价;
8)检查黄土地区不良地质现象与铁路工程的关系,有无恶化或复活的可能性;
9)检查开挖试坑的安全制度、措施与执行情况。
(2)核查黄土湿陷类型和湿陷等级判定的依据是否充分,工程措施意见是否合理。
(3)对高桥、重点隧道、特殊路基、与线路关系密切的不良地质地段的勘探和取样应现场核对;关键地层的勘探和取样应旁站监理。
"关键地层"是指黄土与下伏老黄土基岩的接触面,黄土层下部含水较多的软塑层、饱和黄土层、黄土滑坡中的滑动面等与黄土工程性质和稳定性评价密切相关的地层,它们的钻探和取样工作是监理工作的重点。

3. 膨胀土(岩)和红黏土
(1)膨胀土(岩)和红黏土工程地质勘察监理的要点:
1)检查膨胀土(岩)和红黏土的分布范围、成因、时代、类型、厚度、岩性特征、地层结构、软弱夹层、夹杂物、裂隙发育情况;
2)检查膨胀土(岩)和红黏土地区地貌形态、不良地质的发育情况、地表水排泄和聚集情况、大气影响深度和大气影响急剧层深度、地下水水位及变幅、地表植被特征;
3)检查膨胀土和红黏土下伏基岩的岩性、坡度、岩溶发育特征;
4)检查膨胀岩的岩性、时代、膨胀特性、风化程度;
5)检查膨胀土(岩)和红黏土场地工程性质评价的依据及结论。
(2)对重大工程及与铁路工程关系密切的勘探和取样工作进行检查,必要时应旁站监理。

4. 软土与松软土
(1)软土与松软土工程地质勘察监理的要点:
1)检查软土与松软土的分布规律、岩性特征、分类、埋藏深度及厚度、有机质含量、成因时代,与古地貌、古牛轭湖、暗埋的塘、浜、河道、沟渠的关系;

2)检查地形及地貌特征、地层结构、地表硬壳和下伏硬底的岩性、硬底坡度;

3)检查软土与松软土的岩性、物理力学性质、水理性质、固结状态;

4)检查软土与松软土的勘探方法、判定依据;

5)检查地下水水位、水质等水文地质条件对软土或松软土性质的影响;

6)检查软土与松软土场地土层的工程性质、稳定性评价、设计参数、工程措施建议;

7)检查勘探中对有害气体的防护措施。

(2)对重大工程和重要的勘探点的勘探、取样应现场核查,必要时旁站监理。

5. 盐渍土

(1)盐渍土工程地质勘察监理的要点:

1)检查盐渍土分布范围、规律,地表盐壳和地层的含盐量、含盐成分、类型和含盐程度,土质成分;

2)检查盐渍土地区的地形、地貌、植被种类及其覆盖度;

3)检查盐渍土与地表水、地下水水位、水质变化规律的关系;

4)检查当地气象资料,水库蓄水、灌溉和地下水开发利用等人为活动与盐渍土的关系。

(2)核查盐渍土场地的评价、填料、基底处理及其他工程措施意见是否合理并符合规范要求。

(3)监理人员应在现场抽查、核对盐渍土的地质条件,重要的勘探、取样和试验过程应旁站监理。

(4)盐渍土有特殊的取样要求,监理工作中应重点抽检现场的取样过程,核查是否符合规范要求。

6. 多年冻土

(1)多年冻土工程地质勘察监理的要点:

1)检查多年冻土的分布范围,多年冻土区的地形地貌、地层岩性、地层结构、地质构造,多年冻土的冻土类别、冻土上限与下限的深度、活动层厚度、冻土融沉性分级;

2)检查当地气温等气象资料,年平均地温及其分布特征;

3)检查地表水、井、泉的分布规律,多年冻土区的水文地质条件与山坡朝向、地质构造、融区的关系;

4)检查不良冻土现象、厚层地下冰、冻土沼泽等的分布规律及形成条件;

5)检查铁路工程对植被和其他环境条件的影响。

(2)检查勘探方法是否符合冻土勘探的特殊要求,地温观测是否满足技术要求。

(3)检查取样设备和取样过程、试样封装、运送、保存是否符合规范要求。

(4)检查冻土试验的环境条件和试验过程是否满足规范要求。

(5)核查地温观测点的布置、钻探、设备校正与安装、观测周期的确定、观测成果的分析、结论。

(6)检查多年冻土区资料的分析、评价是否符合规范要求。

(7)对多年冻土的分类、多年冻土上下限的确定、年平均地温分区等多年冻土的基础资料进行核对;应现场核对重点工程的多年冻土地质条件。

(8)重大工程的勘探、取样过程,重要的地温观测点的布置、勘探、设备安装、观测等应旁站监理。

7.填土

(1)填土工程地质勘察监理的要点：

1)检查填土的分布范围、物质组成和堆填方式、时代、颗粒级配、厚度、均匀性和密实度；

2)检查填土下伏地层的岩性、坡度，有无埋藏的浜、塘、沟、坑渠等情况；

3)检查生活垃圾和工业废料堆积物中有害物质、有害气体、水体对铁路工程的影响。

(2)检查勘探、试验是否满足规范要求，对存在有害物质、有害气体和水体的填土是否取水样、气样和土样进行了试验。

(3)检查填土密实度、基底稳定性评价、工程措施建议是否符合规范要求。

(4)对重大工程的勘探、测试应在现场进行抽检、核对；重要的勘探和取样试验过程应旁站监理。

第十节 测量放样监理

1.测量限差

(1)光电测距三角高程测量限差的要求应符合表3-10的规定。

表3-10 光电测距三角高程测量限差

距离测回数	竖直角					边长范围(m)
	测回数		最大角值(°)	测回间(三丝法为半测回间)较差(″)	指标差互差(″)	
	中丝法	三丝法				
往返各一测回	往返各两测回	往返各一测回	20	8	15	200~600

(2)中桩桩位测量限差要求应符合表3-11的规定。

表3-11 中桩桩位测量的限差要求

线路名称	纵向误差(cm)	横向误差(cm)
高等级公路	$s/2000+0.1$	10
一般公路	$s/1000+0.1$	10

2.水准点闭合差

(1)质量标准：临时水准点与设计水准点复测允许闭合差，快速路、主、次干路为±12mm；支路为±20mm(L为水准线长度公里数)。

(2)检测频率：沿路线往返各1次。

(3)检测方法：用水准仪具测量。

3.导线方位角闭合差

(1)质量标准：允许偏差为±40，n为测站数，单位为(″)。

(2)检测频率：1个测回。

(3)检测方法:用 DS3 级经纬仪。

4.控制点
控制点包括直线上的转点、曲线上的交点、直缓、缓曲等控制桩的坐标闭合差。
(1)质量标准:里程方向的纵坐标差≤10cm;垂直中线的横向坐标差≤5cm。
(2)检验频率:道路结构层每道工序进行检测一次。
(3)检测方法:用全站仪或级经纬仪配以钢尺测量。

5.道路中心线桩恢
(1)质量标准:桩距在直线段宜为 15～20m;曲线地段为 10m。平、竖曲线起止点和地形变化点必须加桩。量距允许误差,小于 200m 为±1/5000;200～500m 为±1/10000;大于 500m 为±1/20000。
(2)检验频率:丈量不少于 2 次。
(3)检测方法:用光电测距仪或用钢尺丈量。

第十一节　路堑与路堤

一、路堑监理

路堑——挖方路基,施工时应严格按设计和规范进行,挖除的材料应按设计要求作为路堤填料或废弃。开挖前,应做好截、排水和安全措施等工作,不破坏当地的生态环境;开挖断面应符合设计和规范的要求。

(1)检查路堑地质资料

在开挖过程中由于地质条件变化影响施工进行时,应督促有关单位采取必要的工程措施,或进行变更设计。

(2)路堑排水的检查

1)检查堑坡水文地质资料。如发现地下水露头,应及时采取措施;

2)督促施工单位在路堑开挖前做好堑顶截、排水工程,并注意检查其水流畅通情况及采取防渗措施的效果;

3)督促施工单位及时做好支挡建筑物和基床排水工程,避免积水浸泡边坡坡脚,影响边坡的稳定;

4)按规范要求的施工允许偏差,检查疏引排水工程的质量。

(3)土方开挖

1)路基挖土必须按设计断面自上而下开挖,不得乱挖、超挖、严禁掏洞取土。

2)弃土应及时清运,不得乱堆乱放。

3)开挖至路基顶面时应注意预留碾压沉降高度,其数值可通过试验确定。

4)各类沟槽的回填土不得含污泥、腐殖土及其他有害物质。

5)路基土方压实度标准应符合表 3—12、表 3—13 的规定。

表3—12 路基土方压实度重型击实标准

序号	项目			压实度(%) 重型击实	检查频率 范围	检查频率 点数	检验方法
1	路床以下深度(cm)	填方	0~30 快速路和主干路	95	1000m²	每层一组（三点）	用环刀法检验
1	路床以下深度(cm)	填方	0~30 次干路	93	1000m²	每层一组（三点）	用环刀法检验
1	路床以下深度(cm)	填方	0~30 支路	90	1000m²	每层一组（三点）	用环刀法检验
2	路床以下深度(cm)	填方	80~150 快速路和主干路	93	1000m²	每层一组（三点）	用环刀法检验
2	路床以下深度(cm)	填方	80~150 次干路	90	1000m²	每层一组（三点）	用环刀法检验
2	路床以下深度(cm)	填方	80~150 支路	87	1000m²	每层一组（三点）	用环刀法检验
3	路床以下深度(cm)	填方	>150 快速路和主干路	87	1000m²	每层一组（三点）	用环刀法检验
3	路床以下深度(cm)	填方	>150 次干路	87	1000m²	每层一组（三点）	用环刀法检验
3	路床以下深度(cm)	填方	>150 支路	87	1000m²	每层一组（三点）	用环刀法检验
4	路床以下深度(cm)	挖方	0~30 快速路和主干路	93	1000m²	每层一组（三点）	用环刀法检验
4	路床以下深度(cm)	挖方	0~30 次干路	93	1000m²	每层一组（三点）	用环刀法检验
4	路床以下深度(cm)	挖方	0~30 支路	90	1000m²	每层一组（三点）	用环刀法检验

表3—13 路基土方压实度轻型击实标准

序号	项目			压实度(%) 轻型击实	检查频率 范围	检查频率 点数	检验方法
1	路床以下深度(cm)	填方	0~30 快速路和主干路	98	1000m²	每层一组（三点）	用环刀法检验
1	路床以下深度(cm)	填方	0~30 次干路	95	1000m²	每层一组（三点）	用环刀法检验
1	路床以下深度(cm)	填方	0~30 支路	92	1000m²	每层一组（三点）	用环刀法检验
2	路床以下深度(cm)	填方	80~150 快速路和主干路	95	1000m²	每层一组（三点）	用环刀法检验
2	路床以下深度(cm)	填方	80~150 次干路	92	1000m²	每层一组（三点）	用环刀法检验
2	路床以下深度(cm)	填方	80~150 支路	90	1000m²	每层一组（三点）	用环刀法检验
3	路床以下深度(cm)	填方	>150 快速路和主干路	90	1000m²	每层一组（三点）	用环刀法检验
3	路床以下深度(cm)	填方	>150 次干路	90	1000m²	每层一组（三点）	用环刀法检验
3	路床以下深度(cm)	填方	>150 支路	90	1000m²	每层一组（三点）	用环刀法检验
4	路床以下深度(cm)	挖方	0~30 快速路和主干路	95	1000m²	每层一组（三点）	用环刀法检验
4	路床以下深度(cm)	挖方	0~30 次干路	95	1000m²	每层一组（三点）	用环刀法检验
4	路床以下深度(cm)	挖方	0~30 支路	92	1000m²	每层一组（三点）	用环刀法检验
5	在不具备实行重型击实标准的条件下，允许采用轻型击实标准，代表重型击实标准						

注：(1)表中所列轻型击实标准和重型击实标准的压实度均以相应的标准击实试验法求得最大压实度为100%。
(2)填方高度小于80cm及不填不挖路段，原地面以下0～30cm范围内土的压实度不低于表中所列挖方的要求。
(3)道路的类型应根设计要求来确定。分期扩建的道路需按永久规划的道路类型设计，下同。

(4)石方开挖

1)石方开挖采用爆破工程施工方法，要依据规范进行以下内容的监督与管理：

①监督有关单位按爆破工程管理程序，进行设计文件的审查和爆破作业的报批；

②审查爆破施工队伍的岗位责任制；

③对爆破器材的安全监督与管理；

④爆破施工安全的监督与管理；

⑤爆破工程质量的监督与管理;
⑥参加爆破工程的竣工验收。

2)沟槽、附属结构物基坑的开挖,宜采用控制爆破以保持岩石的整体性;在风化岩层上,应作防护处理。

3)路基和基坑完工后,应按设计要求,对标高、纵横坡度和边坡进行检查,做好边坡基底的整修工作,碎裂块体应全部清除。超挖回填部分,应严格控制填料的质量,以防渗水软化。

4)爆破参数应通过现场试验,确认无误后,方可正式采用。

5)在市区及交通要道,应采用电力起爆和导爆管起爆。起爆炮孔装药,必须制作起爆药包,严禁将雷管直接投入炮孔装填。

6)控制爆破适用于城市道路中各种建筑物及其设备和文物古迹近距离内的岩石爆破,并可用以拆除各种砖石、混凝土结构。

7)一次起爆的用药量,对结构物地基产生的振动速度及其相应的危害程度,应通过试验确定。一次起爆的用药量对结构物地基引起的振动速度严禁超出其允许值。

8)边坡必须稳定,严禁有松石、危石。

9)填石应选择坚硬的、不易风化的,经重型压路机或振动压路机分层碾压,表面不得有波浪、松动等现象。

10)石质路基允许偏差见表3-14。

表3-14 路基石方允许偏差

序号	项目		允许偏差	检验频率		检验方法
				范围/m	点数	
1	高程		+50mm -200mm	20	3	用水准仪具沿横断面测量左、中石各1点
2	路基宽(m)	路堑挖深<3	+100mm 0mm	20	2	用尺量(沿横断面由路中心向两边各量1点)
		路堑挖深>3	+200mm -50mm			
		填方	不小于设计规定			
3	边坡		不陡于设计规定		2	用坡度尺量,每侧计1点

(5)路堑成型后检查

1)边坡坡度、变坡点、平台位置和平台的宽度,允许偏差应符合表3-15的规定;

表3-15 路堑边坡允许偏差

序号	项目	允许偏差	检验数量		检验方法
			范围	点数	
1	边坡坡度(偏陡量)	5%设计坡度	第100m每侧	2(上、下部各1)	用竿尺或坡度尺量计
2	变坡点位置	±20cm	每段	3	水准仪测或尺量
3	中部平台位置	±20cm	每段	3	水准仪测或尺量
4	中部平台宽度	±10cm	每段	3	尺量

2)边坡应完整、平顺,无凸悬危石、浮石、砟堆、杂物、坑穴和凹槽。

(6)按规定对弃土堆进行检查

1)弃土堆于山坡上侧时,应检查对边坡稳定的影响;置于山坡下侧时,应每隔适当距离留

有缺口,使堑顶排水畅通;

2)在平缓地面,路堑两侧弃土堆的内侧边坡高度不应高于2.5m;

3)如需在岩层倾向线路且倾角对边坡不利地段的堑顶设置弃土堆,应有设计依据;

4)弃土堆坡度不应陡于土、石的休止角。

二、路堤监理

铁路路基是铁路线路的重要组成部分,其强度和稳定性是保证线路稳定的基本条件,其质量十分重要。路堤——填方路基,分为两部分:路肩下1.2m范围称为路基基床,在1.2m以下为一般路堤;基床又分为表层和底层,Ⅰ、Ⅱ级铁路路肩以下0.5m,Ⅲ级铁路路肩下0.3m为基床表层,其他0.7m(或0.9m)为基床底层。

路堤施工监理,主要是对路堤基底、填料、压实密度(检查填料虚铺厚度、压实厚度、压实遍数及压实密度)三个环节质量进行检查。

(1)路堤基底

必须经监理工程师检查并签证,方可进行路堤本体的填筑,对路堤基底检查包括下列内容:

1)核实沿线溶洞、坑道、水井、墓穴等分布情况及相应处理措施。核实路堤基底范围内地表水、地下水的分布范围、出水量及处理措施。

2)路堤基底应清除草皮、树根;池塘洼地应排水疏干、清淤或采取处理措施;对于耕地或松土应先压实后填筑。

3)检查地面横坡陡于1:2.5的基底的施工情况,挖台阶应自下而上进行,要求完整密实,大致平齐。台阶面宽度不小于1.0m,路堤边坡线至地面线间的垂直距离不小于1.5m。边开挖边填筑压实,保持台阶稳定。

4)填土路基必须根据设计断面分层填筑压实。其分层最大厚度必须与压实机具功能相适应。

5)路堤填土宽度每侧应宽于填层设计宽度,压实宽度不得小于设计宽度,最后削坡。

6)不同种类的土必须分段分层填筑,不应混杂。用不同土填筑的层数宜少。不因潮湿及冻融而变更体积的优良土应填在上层。如用透水性较差的土填筑路基下层,其工作面宜作成2%~4%的双向横坡,以利排水。填筑上层时,不应包覆在透水性较好的下层填土的边坡上。

7)路基处于地下水位较高与湿软地区,应设隔离层。透水隔离层有粒料、土工、织物等。不透水隔离层有沥青类材料和各种类型的土工膜等。

(2)填方材料

1)填方材料应符合《铁路路基设计规范》的规定,氯盐含量、碳酸盐含量、硫酸盐含量、有机质含量大于规定的材料,液限大于50及塑性指数大于26的材料,白垩土、硅藻土、矾土等材料均不得用于填筑路堤,黏粉土、黏土、易于风化的泥质页岩等应限制使用或采取改良措施。

2)基床填料应满足表3—16的规定,且基床填料中不得含有粒径大于150mm的石块。

表 3—16 基床填料使用范围

填料类别名称		条件说明		地区年平均降雨量(mm)			
				≯500		>500	
				表层	底层	表层	底层
岩块	硬块石			不得	可	不得	可
	软块石	不易风化		不得	可	不得	可
		易风化		不得	可	不得	可
		严重风化		严禁	不得	严禁	不得
	漂石土			不得	可	不得	可
	卵石土	细粒土含量<30%	级配良好	应	可	应	可
			级配不良	宜	可	不宜	可
	碎石土	细粒土含量>30%	$I_p \leqslant 12$, $W_l \leqslant 32$	不宜	可	不宜	可
	砾石土		$I_p > 12$, $W_l > 32$	不宜	可	不宜	可
粗粒砂	砂砾、砾砂	级配良好		应	可	应	可
	粗砂、中砂	级配不良		宜	可	宜	可
	细砂、黏砂			宜	可	宜	可
	粉砂			不宜	可	不宜	可
细料土	砂粉土			宜	可	宜	可
	砂黏土	$I_p \leqslant 12$		宜	可	宜	可
		$I_p > 12$		宜	可	不得	可
	粉土、粉黏土	$I_p \leqslant 12, W_l \leqslant 32\%$		不宜	可	不宜	可
		$I_p > 12, W_l > 32\%$		不宜	可	不宜	可
	黏粉土、黏土			严禁	不得	严禁	不得
	有机土			严禁	严禁	严禁	严禁

注:I_p——塑性指数;W_l——液限。

3)边坡应选用坚硬而不易风化的石料填筑。外层应叠砌,叠砌宽度不宜小于1.0m。

4)石质路堤的填筑应先做好支挡结构;叠砌边坡应与填筑交错进行。

①石块应分层找平,不得任意抛填。每层铺填厚度宜为30~40cm,大石块间空隙应用小石块填满铺平。

②路床顶以下1.5m的路堤必须分层填筑,并配合人工整理,将石块大面向下安放稳固,挤靠紧密。再用小石块回填缝隙。每层铺填厚度不宜大于30cm,填石最大粒径不得大于层厚的0.7倍。

③石质路堤的压实宜选用重型振动式压路机。路床顶的压实标准是,12~15t压路机的碾压轮迹不应大于5mm。

5)管线沟槽的胸腔和管顶上30cm范围内,用5cm以下的土夹石料回填压实,路床顶以下30cm内的沟槽顶部可采用片石铺砌,并以细料嵌缝,整平压实。

6)基床以下填料应符合表3—17的规定。

表 3—17　基床以下填料使用范围

填料类别名称		条件说明	不浸水部分	浸水部分
岩块	硬块石		宜	宜
	软块石	不易风化	宜	宜
		易风化,非泥质岩石	可	可
		易风化,泥质岩石	可	不宜
		严重风化	不得	不得
	漂石土、卵石土、碎石土、砾石土	非渗水土	宜	不宜
		渗水土	宜	宜
粗粒砂	砂砾、砾砂、粗砂、中砂		宜	宜
	细砂	采取防止振动液化措施	可	可
		无防止振动液化措施	不宜	不得
	粉砂	采取防止振动液化措施	可	不宜
		无防止振动液化措施	不宜	不得
	黏砂		宜	宜
细粒土	砂粉土、粉土、砂黏土、粉黏土		宜	不宜
	黏粉土、黏土		不得	不得
	有机土		严禁	严禁

7)检查利用弃渣倾填地段的材质与施工措施,倾填的填料必须是不易风化的块石,倾填前应用较大石块码砌一定高度,且厚度不小于2m的边坡。倾填填料应分层压实。

8)检查泥质胶结的或易风化的软块石分层压实情况。岩块间的空隙应以碎石砟充填塞满,风化土状的岩石应将石块打碎。

9)按规范要求加强对桥台背后及涵洞两侧填料的检查。

(3)路堤压实

1)施工单位应提交填筑路基的挖装机械、压实机械、摊铺整平机械、洒水设备的清单和施工工艺。

2)为了确定施工压实机具达到压实密度的施工工艺要求、压实的遍数、与该压实机具相适应的最佳含水量和有效压实的最大厚度,在开工之前,应选择不小于20m×20m的场地进行压实试验,以便获得摊铺厚度、压实遍数、压实厚度等数据。

3)先将基底整平压实,填料摊铺均匀,分层压实,应全断面分段铺筑,不允许局部的纵向铺筑。

4)基床压实:

①基床的填筑与压实均应纵向分层进行,严禁倾填施工;

②基床填筑宜用重型振动压路碾进行;

③每一层填土压实后不超过300mm;

④一般路基基床压实标准见表3—18。

表 3—18 一般路基基床压实标准

标准参数＼项目＼填料种类	细粒土和粉砂、黏砂	粗粒土（砾石土、黏砂、粉砂除外）	碎石土、卵石土、砾石土
	压实系数 K	相对密度 D_r	紧密程度
表层	0.95	0.75	现场鉴定：应达到以锹锄挖动困难，用撬棍方能使之松动的密实状态
底层	0.90	0.70	
压实要求	压实层密度不小于最大干密度与 K 值的乘积。含水量偏离最优含水量限值：$+2\%\sim-3\%$	压实层实际相对密度 D 不小于 D_r，或实际密度不小于按 D_r 计算的密度	
检验取样深度	被检验的压实层下厚度 2/3 处		
密度检测的平行误差	不应大于 0.02g/cm³		

5）基床以下路堤的压实：

①压实时，应从路缘向中心或从中心向两侧顺序行驶碾压，前后两次轮迹须重叠；

②当不同土质分层填筑有困难时，应将渗水性弱的土填入堤心部分，两侧填筑渗水性强的土；

③一般路基基床以下路堤填层压实标准见表 3—19。

表 3—19 一般路基以下路堤压填压实标准

标准参数＼项目＼填料种类	细粒土和粉砂、黏砂		粗粒土（砾石土、黏砂、粉砂除外）	碎石土、卵石土、砾石土
	压实系数 K		相对密度 D_r	紧密程度
	年降雨量 >400mm	年降雨量 <400mm		
路堤 不浸水部分	0.85	0.80	0.65	现场鉴定：应达到以锹锄挖动困难，用撬棍方能使之松动的紧密状态
路堤 浸水部分	0.90	0.85	0.70	
压实要求	密度不小于最大干密度与 K 值的乘积。含水量按《铁路路基施工规范》第 10.1.6 条执行		压实层实际相对密度 D 不小于 D_r	
板涵缺口、有护坡填土和重型架桥机吊梁行驶地段	0.90	0.85	0.70	
检测取样深度	压实层下厚度 2/3 处			
密度检测的平行误差	不应大于 0.02g/cm³			

6）路基面允许偏差与检验方法见表 3—20。

表3-20 路基面允许偏差

序号	项目		允许偏差	检验数量		检验方法
				范围	点	
1	全宽(路肩边缘至边缘)		不小于设计	每100m	3	与中线垂直尺量,查检查证
2	半宽(中线至路肩边缘)		-50mm	每100m	3	
3	路肩高程(实际高程减去预留沉落高度后与设计比较)		±50mm,连续长度不大于10m	每100m	3	水准仪测量,距路肩边缘20cm,查检查证
4	路基面平整度	路堤和土质路堑基床	15mm	抽查100m	10	用2.5m长直尺和小钢尺量测,查检查证
		石质路堑基床	100mm,但50~100mm者限20%个检测点	抽查100m	10	
5	路拱高度(与实际路肩高程之差)		10%	每200cm	3	在中线上用水准仪测量
6	路拱宽度(中线至拱肩边缘)		50%			垂直中线尺量

第十二节 路基监理

一、特殊土路基监理

特殊土路基的软土深层处理的监理巡视要点、材料要求及标准见表3-21。

表3-21 深层处理方法、技术要求及监理要点一览表

方法	技术要求	监理要点
袋装砂井排水固结法	(1)袋的材料要求:选用聚丙烯或适用的编制料制成,其抗拉强度应保证承受砂袋自重,并具有良好的渗水性(装砂后砂袋的渗透系数应不小于砂的渗透系数)。袋子材料应具有一定的抗老化辐射能和耐腐蚀性能。 (2)袋装干砂的要求:所用的干砂应具有良好的渗水性能,含泥量要小于3%,渗水率较高的中粗砂渗透系数不应小于$5×10^{-3}$cm/s,大于0.5mm的砂的含量宜占总重的50%以上。 (3)砂袋灌满后,储存堆放时应避免阳光长时间直射而老化。 (4)砂袋入口处的导管应装设滚轮,避免乱破砂袋。 (5)施工中要检查桩尖与导管口的密封情况,避免导管内进泥过多,影响加固深度。 (6)确定袋装砂井施工长度时,应考虑袋内砂体积减小,袋装砂井在孔内的弯曲、超深以及进入水平排水垫层内的长度等因素,避免砂井全部进入孔内与砂垫层脱离。 (7)袋装砂井质量标准见表3-22	(1)检查砂垫层的厚度(30~50cm)及其砂的质量。 (2)在钢套管上列出标尺,检查砂井的长度,砂井的垂直度及其砂井成形深度。 (3)控制滤砂率,拔出套筒时,防止损坏砂袋。 (4)检查砂井的直径、间距,检查砂袋流出孔口长度

续上表

方法	技术要求	监理要点
塑料排水板排水固结法	(1)塑料排水板的尺寸、通水量、等效孔径、渗透系数、抗压强度等各项指标要符合设计要求，SPB－1塑料排水板材料见表3－23。 (2)塑料排水板应按设计图纸的位置、深度和间距设置，顶部应深入砂垫层一定长度与砂垫层贯通，保证排水通畅。 (3)桩尖平端与导管靴配合要适当，避免错缝，防止淤泥在打设过程中进入导管。 (4)接长时应采用滤膜内平搭接的连接方法，搭接长度≥20cm。 (5)塑料排水板在插入地基的过程中应保证排水板不扭曲，透水膜不被撕破和污染。 (6)塑料排水板与桩尖连接要牢固，避免提管时将排水板带出。排水板带出2m应补打。 (7)塑料排水板质量标准见表3－24	(1)检查塑料排水板的出厂质量证明书、材料试验报告，确定塑料排水板的型号和各项指标均符合设计要求。 (2)对进场的塑料排水板进行外观检查。外观质量检测应随机抽取5卷，逐卷展开，确定其在运输过程中未破损；用游标卡尺检测10个断面的尺寸，宽度允许偏差为±2mm，厚度允许偏差为±0.5mm；槽形排水板板芯应无倒伏现象，钉形排水板板芯应无接头；每卷排水板滤膜接头不多于1个，接头搭接长度大于20cm。 (3)在钻杆上标出塑料排水板打桩的深度，对塑料排水板位置、间距、高程进行复核。 (4)在打桩过程中随时观测淤泥是否进入导管，排水板是否被带上，打桩深度连接是否正确，并抽查垂直度。 (5)在打桩过程中带出的淤泥要即时清除，不能污染砂层
振冲置换法	(1)根据设计要求对原材料进行检验，若设计无要求，可按以下规定检验干净未风化的砾石及轧制碎石，粒径为20～30mm，含泥量不大于10%，水为饮用水。 (2)成桩试验：施工前应按规定做成桩试验，记录冲孔和成桩的时间和深度，留振时间、用料量、水压、振动电流的变化等，作为碎石桩施工的控制指标以确定桩体的密实度，冲桩符合要求后，经监理工程师书面批准，开始正式施工。 (3)施工中要严格按试桩确定的工艺参数控制施工，做好电流量、留振时间、用料量三者的控制。在某一深度的电流量达到密实电流时，认为该深度的桩体已经振密；如果达不到密实电流，则需再加料振密。 (4)碎石桩每次加料不宜过多，每次加料高度一般不超过0.5～1m，要准确检测桩位、标高。 (5)碎石桩质量标准见表3－25，钢渣桩质量标准见表3－26	(1)确定原材料符合设计要求。 (2)旁站试桩，鉴定试桩结果。批复试桩报告，试桩成功后批准正式施工。 (3)施工过程中抽查电流量、留振时间、用料量三者的控制情况。 (4)检查每根桩的实际投料数量，实际投料数量应不小于设计数量。 (5)抽查桩的垂直度是否符合设计要求
粉体深度喷射搅拌法	(1)按设计要求，对水泥或石灰的质量进行检验。 (2)正式施工前，先进行成桩试验，确定满足设计粉体喷入量的各种技术参数，包括钻进速度、提升速度、搅拌速度、喷气压力、气体流量、单位时间喷料量、搅拌均匀性等。成桩试验完成后，提交试验报告，监理工程师批准后正式施工。 (3)施工中要严格根据成桩试验所确定的技术参数进行施工，并做好记录。尤其不得中断喷灰，以确保桩体长度。 (4)粉喷桩质量标准见表3－27	(1)确定水泥或石灰的质量符合设计要求。 (2)旁站成桩试验，鉴定试桩结果。批复试桩报告，试桩成功后批准正式施工。 (3)施工过程中抽查进钻速度、提升速度、喷气压力的控制情况。 (4)抽查桩的垂直度

表 3－22　袋装砂井质量标准

项次	检查项目	规定值或允许偏差	检查方法和频率	规定分
1	井间距(mm)	±150	抽查2%	40
2	井长度(mm)	不小于设计	查施工记录	40
3	竖直度(%)	1.5	查施工记录	20

表 3－23　SPB－1塑料排水板材料要求

检查项目	规定值或允许偏差	检查方法和频率
截面厚度	>0.35m	监理、承包人共同取样，由监理工程师试验或送指定单位试验，由总监代表批准后才能使用
截面宽度	100±2mm	
纵向通水量	>15cm³/s(侧压力 350MPa)	
复合体抗拉强度	>1.0kN/10cm(延伸率为10%时)	
滤膜透水系数	>5×10⁻⁶m/s	
滤膜抗拉强度	湿态 10N/cm(延伸率为15%时) 干态 15N/cm(延伸率为10%时)	
滤膜隔土性	<0.074mm	

表 3－24　塑料排水板质量标准

项次	检查项目	规定值或允许偏差	检查方法和频率
1	板间距(mm)	±150	抽查2%
2	板长度(mm)	不小于设计	查施工记录
3	竖直度(%)	1.5	查施工记录

表 3－25　碎石桩质量标准

项次	检查项目	规定值或允许偏差	检查方法和频率
1	桩距(mm)	±150	抽查2%
2	桩距(mm)	不小于设计	抽查2%
3	桩长(mm)	不小于设计	查施工记录
4	竖直度(%)	1.5	查施工记录
5	碎石量	不小于设计	查施工记录

表 3－26　钢渣桩质量标准

项次	检查项目	规定值或允许偏差	检查方法和频率
1	桩距(mm)	±150	抽查2%
2	桩距(mm)	不小于设计	抽查2%
3	桩长(mm)	不小于设计	查施工记录
4	竖直度(%)	1.5	查施工记录
5	灌渣量	不小于设计	查施工记录

表 3－27　粉喷桩质量标准

项次	检查项目	规定值或允许偏差	检查方法和频率
1	桩距(mm)	±100	抽查2%
2	桩距(mm)	不小于设计	抽查2%
3	桩长(mm)	不小于设计	查施工记录
4	竖直度(%)	1.5	查施工记录
5	单桩喷粉量	符合设计	查施工记录
6	强度(kPa)	不小于设计	抽查5%

二、路基防护

路基防护工程的作用是防治路基病害、保证路基稳定。应根据土质岩性、水文、河流条件、边坡坡度和高度等选用适宜的防护措施。

防护工程应按设计要求施工,施工应配合路基工程主体,安排适宜的施工时间并及时完成,使之起到防护作用。

防护设施应砌置于稳定的基脚和坡体上,防护设施应与土石坡面密贴结合。检查重点包括岩石风化严重或冲刷严重影响堑坡稳定地段的坡面防护,基层地质情况,采用防护材料,铺砌的施工工艺和质量。

(1)坡面防护

1)草皮防护:铺设时,应由坡脚向上铺设,用尖木桩或竹桩钉固于边坡上。若种植草籽,应均匀分布,在不利生长的土壤上应先铺一层厚50~100mm的种植土。

2)抹面捶面防护:应保证抹面能稳固密贴于坡面,抹面宜分二次进行,底层抹全厚的2/3,面层厚1/3,使其与坡面紧贴,厚度均匀,表面光滑。在较大面积上抹面时,应按设计留伸缩缝。

3)喷浆、喷射混凝土防护:在喷浆前应清除坡面松动石块、浮土。对较大裂缝凹坑应先嵌补牢实,使坡面平顺整齐,喷浆的厚度为10~20mm。

采用钢丝网与喷射混凝土防护时,应使钢丝网与坡面保持规定的间隙,锚杆孔内应清除泥渣再灌浆。钢丝网及锚杆头均不外露,喷层周边与未防护坡面的衔接处应做好封闭处理。

4)干砌片石护坡:片石应分层铺砌,层次大致平顺,石块大面朝下,面缝宽度不得大于25mm,表面应平整美观,所有的明缝均应用小石块敲入缝内嵌挤紧密。石浆应嵌入砌缝20mm以上,湿养7~14d。

5)浆砌片石护坡:砌筑前,片石要洗净、泡水,生浆应饱满,嵌缝应填实,砌石应分层错缝、挤紧。护坡勾缝应于路堤沉落稳定后进行,勾缝要平顺、整齐、牢固,没有脱落现象,勾缝砌浆凝结后,应清除砌体表面污垢,养护。

(2)冲刷防护

1)按设计要求,检查防护工程的埋置深度。

2)基础及其防护设施宜在枯水期完成,并应留有时间使坡面铺砌在洪水来临前做好。

三、挡土墙施工监理

挡土墙工程重点检查项目包括基础和墙背防排水系统工程。

(1)挡土墙基础部分检查

1)在岩体破碎或风化迅速地段,应按挡土墙结构适当分段施工,不应长段拉开挖基。

2)基础位于斜坡地面时,基趾部下埋深度和距趾前地面水平距离应同时符合规定要求。不能满足设计要求时,应通知设计单位核实,必要时进行变更设计。

3)墙基处岩土层应尽量少受施工扰动,无松散岩土,台阶形坑底应完整无损伤,台面与阶壁应大致平顺。采用倾斜基底时,应准确挖凿,不得用填筑方法筑成斜面。

4)基础砌筑宜紧靠坑壁,并挤浆塞满间隙,使与地层结为一体。采用台阶式基础时,台阶转折处不得砌成竖向通缝。

5)在土质或易风化软石基坑中的基础,若逢雨期,应于基坑挖好后立即满铺砌筑一层。

(2)墙身砌筑质量的检查

1)墙身底面、周边、墙面应平顺整齐,墙顶及两侧端墙或锥体部分应与路基边坡密贴。

2)墙背回填应及时,回填应分层夯实紧密。

3)沉降缝、伸缩缝的位置,缝的填塞应符合设计规定。

(3)检验工程所使用片石、块石等材料的规格及外形等。砌体所用石料除设计另有规定外,应符合质地坚硬、无裂缝、不易风化、色泽均匀的要求。强度不小于30MPa。外观应符合表3－28中所列的要求。

表3－28 砌体所用石料外观要求

石料	外观要求
片石	尺寸大致成型,其中部厚度应不小于10cm
块石	形状大致方正,上下面大致平整,厚度不小于20cm,宽度约为厚度的1.0～1.5倍,长度约为厚度的1.5～3.0倍。加工为镶面时,外露面向内稍加修凿
料石	外形成六面体,厚度不小于20cm。作为镶面时,外露面应修凿平整、整齐

(4)检查施工砂浆配合比设计及有关强度试验报告,并做平行试验,再做出是否使用的决定。砌体所用砂浆种类和强度等级应符合设计规定。砂浆应具有较好的流动性及和易性,其稠度宜为4～7cm,施工中随用随拌。

(5)检验已测量放线的构筑物位置尺寸、高程和基底处理情况。

(6)检查砌筑的施工质量,灌浆饱满度,沉降缝分段位置,泄水孔、预埋件、反滤层及防水设施等是否符合设计规定或规范要求。

(7)监理验收标准

1)砌体砂浆必须嵌填饱满、密实。

2)灰缝应整齐均匀,缝宽符合要求,勾缝不得有空鼓、脱落。

3)砌体分层砌筑必须错缝,其相交处的咬扣必须紧密。

4)沉降缝必须直顺贯通。

5)预埋件、泄水孔、反滤层、防水设施等必须符合设计规范的要求。

6)干砌石不得有松动、叠砌和浮塞现象。

7)护底、护坡、挡土墙(重力式)允许偏差应符合表3－29的规定。

表3－29 护底、护坡、挡土墙(重力式)允许偏差

序号	项目		允许偏差(mm)			检验频率		检验方法
			浆砌料石、砖砌块挡土墙	浆砌块石挡土墙	浆砌块石护底、护坡	干砌块石护底、护坡	范围(m)	点数	
1	砂浆强度		平均值不低于设计规定						见注
2	断面尺寸		+10 0	不小于设计规定	不小于设计规定	不小于设计规定	20	2	用尺量宽度上下各1点
3	基底高程	土方	±30	±30			20	2	
		石方	±100	±100					
4	顶面高程		±10	±15			20	2	
5	轴线位移		10	15			20	2	用经纬仪测量
6	墙面垂直度		0.5%H 且≤20	0.5%H 且≤30			20	2	用垂直线检验
7	平整度	料石	20	30			20	2	用2m直尺检验
		砖砌块	10						
8	水平缝平直		10				20	2	拉20cm小线检验
9	墙面坡度		不陡于设计规定				20	1	用坡度板检验

注:(1)表中H为构筑物高度,单位为mm。
(2)各个构筑物或每50m³砌体中制作试块一组(6块)。如砂浆配合比变更时,也应制作试块。
(3)砂浆强度为砂浆试块的平均强度不低于设计规定,任意一组试块的强度最低值不低于设计规定的85%。

四、基础工程测量监理

基础工程测量监理的规定如下:

(1)监理工程师组织复测检查,如发现桩点有丢失或被移动的情况、图纸计算的桩位坐标或标高有错误等问题存在时,由监理工程师会同业主向设计院交涉,并由设计院负责解释、改正、补桩等工作,直到监理工程师认为桩位没有错误,精度符合设计和施工的要求,并符合技术规范的标准为止。

(2)监理工程师必须对平面基准点、高程基准点进行复核,复核发现问题应通过建设单位请设计单位到现场进行复测。监理复核最终结果应以书面形式交施工单位再次复测。

(3)对施工单位加密的平面控制点、水准点进行复核,复核施工单位放样所采用的水准点(临时水准点)是否扰动,采用数据是否正确。并检查设置标志是否牢固(应不沉降、不位移),复核认可后以书面形式下达各点数据供施工单位使用。

(4)检查施工单位仪器、水准尺检定时间和仪器精度是否满足要求。

(5)及时检查复核施工单位平面及高程放样的正确性,并做好记录和填写放样复核单。

(6)曲线桥桩基础承台、墩台方向在计算时,易发生错误,应认真计算切线或法线方位数据,避免造成以上结构方向错误。

(7)导线测量的技术要求应符合表3-30的规定。

表3-30 导线测量的技术要求

等级	导线长度(km)	平均边长(km)	测角中误差(″)	测距中误差(mm)	测距相对中误差	测回数			方位角闭合差(″)	相对闭合差
						DJ_1	DJ_2	DJ_6		
一级	4	0.5	5	15	≤1/3000	—	2	4	$10\sqrt{n}$	≤1/15000
二级	2.4	0.25	8	15	≤1/14000	—	1	3	$16\sqrt{n}$	≤1/10000
三级	1.2	0.1	12	15	≤1/7000	—	1	2	$24\sqrt{n}$	≤1/5000

(8)平面控制网三角测量等级的确定应符合表3-31的规定。

表3-31 平面控制网三角测量等级

等 级	桥位控制测量
四等三角	1000~2000m 的特大桥
一级小三角	500~1000m 的特大桥
二级小三角	<500m 的大、中桥

(9)三角测量的技术要求符合表3-32的规定。

(10)电磁波的主要技术要求应符合表3-33的规定。

表3-32 三角测量的技术要求

等 级		平均边长(km)	测角中误差(″)	起始边边长相对中误差	最弱边边长相对中误差	测回数			三角形最大闭合差(″)
						DJ_1	DJ_2	DJ_6	
四等	首级	1.0	±2.5	≤1/100000	≤1/40000	4	6	—	±9.0
	加密			≤1/70000					
一级小三角		0.5	±5.0	≤1/40000	≤1/20000	—	3	4	±15.0
二级小三角		0.3	±10.0	≤1/20000	≤1/10000	—	1	2	±30.0

表3-33 电磁波的技术要求

平面控制网等级	测距仪精度等级	观测次数		总测回数	一测回读数较差(mm)	单程各测回较差(mm)	往返较差
		往	返				
四等	Ⅰ	1	1	4~6	≤5	≤7	$\leq\sqrt{2}(a+b\cdot D)$
	Ⅱ			4~8	≤10	≤15	
一级	Ⅱ	1		2	≤10	≤15	
	Ⅲ			4	≤20	≤30	
二级	Ⅱ	1		1~2	≤10	≤15	
	Ⅲ			2	≤20	≤30	

(11)水准测量的技术要求应符合表3-34的规定。

表 3-34 水准测量的主要技术要求

等级	每公里高差中数中误差(mm)		水准仪的型号	水准尺	观测次数		往返较差、附合或环线闭合差(mm)	
	偶然中误差 M_Δ	全中误差 M_W			与已知点联测	附合或环线	平地	山地
三等	±3	±6	DS_3	双面	往返各一次	往返各一次	$±12\sqrt{L}$	$±4\sqrt{n}$
四等	±5	±10	DS_3	双面	往返各一次	往一次	$±22\sqrt{L}$	$±6\sqrt{n}$
五等	±8	±16	DS_3	单面	往返各一次	往一次	$±30\sqrt{L}$	$±10\sqrt{n}$

注:L 为水准测段长度(km),n 为往返测的水准路线测段数。

(12)电磁波测距三角高程测量的技术要求应符合表 3-35 的规定。

表 3-35 电磁波测距三角高程测量的主要技术要求

等级	仪器	测回数		指标差较差(″)	竖直角较差(″)	双向观测高差较差(mm)	附合或环形闭合差(mm)
		三丝法	中丝法				
四等	DJ_2	—	3	≤7	≤7	$±40\sqrt{D}$	$±20\sqrt{\sum D}$
五等	DJ_2	1	2	≤10	≤10	$±60\sqrt{D}$	$±30\sqrt{\sum D}$

注:D 为电磁波测距边长度(km)。

(13)各项施工测量定位后应进行验线,其限差应符合表 3-36 的规定。

表 3-36 施工测量定位限差

施工部位	平面位置允许偏差(mm)	调和允许偏差(mm)
墩、台定位	±5	±3
桩基定位	±15	±10
沉井定位	±15	±10
支座定位	±4	±3

(14)桥梁轴线的测定。

桥梁施工前,应对桥梁所在位置的线路中线进行复测,确认全桥中线测量精度达到《铁路工程测量规范》(TB 10101-2009)要求时,监理工程师方可批准开始施工。

(15)水准点测量。

大桥、特大桥施工水准点测设精度,不应低于四等水准测量要求,桥头两岸应各设置不少于两个水准点;中小桥和涵洞按五等测量精度要求设置水准点。

(16)桥梁施工过程中的各分项工程施工,均应按有关规范要求的方法及测量精度要求进行偏差控制。

五、明挖基础监理

明挖基础监理的规定如下:

(1)基坑大小应满足基础施工的要求,有渗水土质的基坑坑底开挖尺寸,应根据基坑排水设计和基础模板设计所需基坑大小而定。一般基底应比设计平面尺寸各边增宽 50~100cm。

(2)基坑坑壁坡度,应按地质条件、基坑深度、施工经验和现场具体情况确定。

1)在天然湿度的土中,开挖基坑时,当挖土深度不超过表 3-37 的规定时,可不放坡,不加支撑。

表 3—37 基坑挖土深度

项 目		开挖深度
密实、中密的砂土和碎石类土(充填物为砂土)	不深于	1.0m
硬塑、可塑的黏质粉土及粉质黏土		1.25m
硬塑、可塑的黏土和碎石类土(充填物为黏性土)		1.5m
坚硬的黏土		2.0m

2)超过上述规定深度,在 3m 以内时,当土具有天然湿度、水文地质条件好,且无地下水,基坑可不加支撑,但必须放坡。边坡最陡坡度应符合表 3—38 的规定。

表 3—38 各类土的边坡坡度

坑壁土类	坑壁坡度		
	坡顶无荷载	坡顶有静载	基坡顶缘有动载
砂类土	1:1	1:1.25	1:1.5
碎、卵石类土	1:0.75	1:1	1:1.25
亚砂土	1:0.67	1:0.75	1:1
亚砂土、黏土	1:0.33	1:0.5	1:0.75
极软土	1:0.25	1:0.33	1:0.67
软质岩	1:0	1:0.1	1:0.25
硬质岩	1:0	1:0	1:0

3)基坑深度大于 5m 时,应将坑壁坡度适当放缓或加设平台。如土的湿度可能引起坑壁坍塌时,坑壁坡度应缓于该湿度下土的天然坡度。

(3)围堰尺寸检验:

1)堰顶高度,宜高出施工期间可能出现的最高水位(包括浪高)50~70cm。

2)围堰外形,应考虑河流断面被压缩后,流速增大引起水流对围堰、河床的集中冲刷及影响通航、导流等因素。

3)堰内面积,应满足基础施工的需要。

4)围堰断面,应满足堰身强度和稳定的要求。

(4)挖至标高的土质基坑不得长期暴露、扰动或浸泡,并应及时检查基坑尺寸、高程、基底承载力符合要求后,立即进行基础施工。

(5)在开挖过程中,应随时检查边坡的稳定状态。深度大于 1.5m 时,应根据土质变化情况做好基坑的支撑准备,以防塌方。

(6)开挖基坑时,不得超挖,避免扰动基底原状土。可在设计基底标高以上暂留 0.3m 不进行土方机械开挖,应在抄平后由人工挖出。如超挖,应将松动部分清除,其处理方案应报监理、设计单位批准。

(7)对支护设置进行检查,要确保基坑支撑牢固。

(8)采用钢板桩或预制混凝土板桩围护时,桩的入土长度应通过计算决定,一般不宜小于基坑深度的 1/2。沉入时,钢板桩应垂直于水平面,保证桩与桩之间密贴,并选择合适的打桩机械,机械操作人员和起重人员应持有操作证。

(9)采用深层搅拌桩或树根桩等形式围护时,桩的直径及入土长度应通过计算决定,施工要连续进行,确保桩与桩之间搭接。

(10)在基槽边弃土时,应保证边坡的稳定。当土质良好时,槽边的堆土应距基槽上口边缘 1.0m 以外,高度不得超过 1.5m。

(11)检查基底平面位置、尺寸大小、基底标高。

(12)检查基底地质情况和承载能力是否与设计资料相符。
(13)检查基底处理和排水情况是否符合规范要求。
(14)检查施工日志及有关试验资料等。
(15)所有结构物的回填必须采用能够充分压实的材料,不得用草皮土、垃圾和有机土等回填。严禁结构物基础超挖回填虚土。
(16)回填条件包括如下要求:
1)结构物混凝土强度应达到设计强度的70%。
2)在复土线以下的结构物必须通过隐蔽工程验收。
3)抽干基坑内积水。
4)清除淤泥和杂物。
5)选择含水量适中的粉质黏土或砂质黏土回填。
(17)检查基坑内有无积水、杂物、淤泥。
(18)回填时是否同步对称进行,分层填筑。
(19)桥台回填宜在架梁完成后进行,如确需架梁前填土,则应有专题施工组织设计,经批准后施工。
(20)基坑开挖不得扰动基底土,如发生超挖,严禁用土回填。
(21)施工时应保证边坡稳定,防止塌方。
(22)基底不得受泡或受冻,基底上的淤泥必须清除干净,其他不符合设计要求的杂物与旧桩必须处理。
(23)基坑开挖允许偏差应符合表3-39的规定。

表3-39 基坑开挖允许偏差

序号	项目		允许偏差(mm)	检验频率		检验方法
				范围	点数	
1	坑底高程	土方	±30	每座	5	用水准仪测量
		石方	±100		5	
2	轴线位移		50		2	用经纬仪测量,纵横向各计1点
3	基坑尺寸		不小于规定		4	用尺量,每边各计1点

(24)填土碾压、夯实后不得有翻浆、"弹簧"现象。
(25)填土中不得含有淤泥、腐殖土,有机物质不得超过5%。
(26)填涂的压实度标准应符合表3-40的规定。

表3-40 填土的压实度标准

项目	压实度(%)(轻型压实法)	检验频率		检验方法
		范围	点数	
压实度	≥±90	每个构筑物	每层一组(三点)	用环刀法检验

第十三节 桩基础监理

一、钻孔桩基础监理

1. 材料质量监理

(1)水泥强度等级不应低于32.5级,灌注时间不得长于首批混凝土初凝时间。

(2)粗骨料应为卵石,或级配良好的碎石。
(3)粗骨料最大粒径为 40mm,且不得大于导管直径的 1/8 及钢筋最小净距的 1/4。
(4)混凝土的含砂率宜为 40%~50%。
(5)缓凝外掺剂,只有得到监理工程师的批准,才能采用。
(6)抗硫水泥应按图纸说明,或按监理工程师的要求采用。
(7)坍落度宜为 180~220mm。
(8)除非监理工程师另有许可,水泥用量应不少于 350kg/m³。
(9)水灰比宜为 0.5~0.6。

2. 监理巡视要点

(1)测量定位检查并复核。
(2)审批开工报告。在灌注桩开工前,承包人应提交开工申请报告。
(3)检查护筒中心位置,允许偏差为 5cm。
(4)检查护筒顶标高,筒顶标高以满足施工的需要为准。
(5)成孔过程中,监理工程师对泥浆比重、钻杆垂直度、进尺情况随时进行巡视检查,发现问题,及时纠偏,督促做好成孔钻进记录,检查成孔记录。
(6)成孔后,监理工程师应对以下项目重点检查。

1)检查孔深(桩长)。在钻进过程中应注意地层变化,在地层发生变化时,应测孔深和推算地层界面的标高。在终孔后,应测孔深推算桩长。桩长应不小于设计要求。

2)检查孔径。终孔后,监理工程师应用孔规检查孔径。孔规为一用钢筋作的圆柱体,长度为 4~6 倍孔径,检查时若能把孔规沉到孔底,即可认为孔径合格。

3)检查孔位偏差。孔位的准确位置应标在护筒周边上,并用十字线交点显示孔的中心位置,检孔器的中心点与十字线的交点的偏差即为孔位偏差。群桩孔位偏差:不大于 10cm;单排桩孔位偏差:不大于 5cm。

4)检查孔底沉淀层厚度。终孔后,每个灌注桩在灌注前都必须检查沉淀层厚度,一般用测绳拴上测锤量测,其允许偏差:摩擦桩不大于 $(0.4\sim0.6)d$(d 为设计桩径);柱桩不大于设计规定。

5)检查泥浆比重。在钻孔的过程中和终孔后,均应检查泥浆比重:相对密度 1.05~1.20,黏度 17~20,含砂率<4%。

(7)检查钢筋笼的制作过程,对钢筋的规格、数量、间距、电焊及钢筋笼的几何尺寸进行检查,督促施工单位填写钢筋质量检验单和隐蔽工程验收单,监理工程师按要求做好检查资料。
(8)对钢筋笼的焊接过程加强巡视抽检,发现问题,及时纠正。
(9)钻孔桩基础应根据设计图纸标明的直径及地质资料,选择钻机类型,试验配制护壁泥浆,防止孔壁坍塌。按照施工要求钻进,钻至设计标高或设计要求的岩层深度,应根据钻进记录及提取的钻砟,判定其是否符合设计要求。
(10)应按有关规范标准要求,检查护筒直径、高度及埋设深度和泥浆的比重、黏度、含砂率、胶体率、pH 值等。
(11)钻孔过程应做好记录,经常注意钻进情况是否正常,成孔后要检查桩位误偏、钻孔倾斜度、孔深及入岩深度等。在刚灌完的混凝土桩旁成孔施工时,应检查其安全距离。
(12)清孔:分两次进行。第一次在成孔后立即进行,第二次在下放钢筋笼和导管安装完毕后进行。清孔后应检查沉渣厚度是否符合规范规定。清孔后应在规范规定时间间隔内灌注混凝土。柱桩在灌注水下混凝土前,应射水冲射孔底。

(13)导管:导管使用前应进行试拼、试压,不得漏水。导管应自下而上进行编号,做好安拆记录。

(14)旁站检查水下混凝土浇筑时,应注意以下几点:

1)按常规检查灌注桩用混凝土的材料计量、拌和和运输。

2)导管检查。接头不许漏水,导管的孔底悬高应以25～40cm为宜,首盘混凝土浇筑,导管的埋深不应小于1m。

3)在浇筑过程中要记录浇筑的混凝土方量和混凝土顶面标高,浇筑过程中导管埋深宜在2～6m之间。

4)记录浇筑过程中有无故障。若出现卡管、坍孔等情况时,应及时采取措施防止断桩。一旦发生断桩,应及时报告业主。

5)浇筑结束时混凝土顶面应高出设计标高至少50～100cm。

6)浇筑中随时检查钢筋笼是否上浮或偏移。如有,应采取措施予以控制和纠正。

(15)测桩验收时;应注意以下几点:

1)测桩前,监理工程师应检查所有桩头,然后按设计要求频率指定测桩位置。

2)测试应分批进行。测试时混凝土龄期应在14d以上。

3)若无破损及检测不合格情况,应进一步作钻芯取样,检查桩身混凝土质量。

4)若浇筑的混凝土试件强度不够,亦可钻芯取样,再做抗压试验;试验强度合乎设计要求,应认为桩身混凝土强度合格。

(16)监理工程师除对成桩平面位置用经纬仪复查外,其余根据灌注混凝土前的施工记录,进行复查,当对全部检查及试验结果认为满意时,即对每桩作出书面批准。

3.监理验收标准

(1)护筒内径一般应大于桩径15～20cm,当护筒长度为2～6m时,应大于桩径20～40cm。深水处的护筒内径应比桩径大40cm。

(2)护筒顶端高程,应高出地下水位或孔外水位1.5～2.0m。当护筒处于旱地时,其顶端应高出地下水位1.5～2.0m,还应高出地面0.3m。

(3)护筒底端埋置深度,在旱地或浅水处,对于黏性土应为1.0～1.5m;对于砂土应将护筒周围0.5～1.0m范围内的土挖除,夯填黏性土至护筒底0.5m以下,其埋置深度不得小于1.5m。在深水河床为软土、淤泥、砂土处,护筒底埋置深度应不小于3.0m;当软土、淤泥层较厚时,应尽可能深入到不透水层黏性土内1.0～1.5m,或卵石层内0.5～1.0m。护筒底端应埋入冰冻线以下至少0.5m及冲刷线以下1.5m。

(4)护筒平面位置的偏差不得大于5cm,护筒与桩轴线的偏差不得大于1%。

(5)钻孔泥浆应始终高出孔外水位或地下水位1.0～1.5m。

(6)胶泥应用清水彻底拌和成悬浮体,使在灌注混凝土时及至施工完成保持钻孔的稳定。泥浆的性能指标如表3—41所示,施工时除相对密度和黏度应进行试验外,如果监理工程师要求,其他指标也应予以抽检。

(7)地面或最低冲刷线以下部分,护筒宜在灌注混凝土时拔除。图纸另有规定者除外。

表 3-41 泥浆性能指标要求

钻孔方法	地层情况	泥浆性能指标						
		相对密度	黏度(s)	静切力(Pa)	含砂率(%)	胶体率(%)	失水率(mL/30min)	pH
正循环回转、冲击	黏性土	1.05~1.20	16~22	1.0~2.5	<8~4	>90~95	<25	8~10
	砂土碎石土卵石漂石	1.2~1.45	19~28	3~5	<8~4	>90~95	<15	8~10
椎钻、冲抓	黏性土	1.10~1.20	18~24	1~2.5	<4	>95	<30	8~11
	砂土碎石土	1.2~1.4	22~30	3~5	<4	>95	<20	8~11
反循环	黏性土	1.02~1.06	16~20	1~2.5	<4	>95	<20	8~10
	砂土	1.06~1.10	19~28	1~2.5	<4	>95	<20	8~10
	碎石土	1.10~1.15	20~35	1~2.5	<4	>95	<20	8~10

(8)钻(挖)孔桩位允许偏差、桩底沉渣允许厚度见表3-42。

(9)水下灌注混凝土:灌注混凝土过程中要做好记录,应严格按配合比设计配制混凝土。

表 3-42 钻(挖)孔桩位允许偏差、桩底沉渣允许厚度

序号	项目		允许偏差(mm)	检验方法
1	△钻孔桩位偏差		100	测量检查
2	挖孔桩	(1)桩位偏移	50	测量检验
		(2)轴线偏斜	0.5%孔深	
3	钻孔桩桩底沉渣厚度	(1)摩擦桩	300	测量检查
		(2)柱桩	100	
4	钻孔桩位倾斜		1%孔深	测量检查

混凝土初灌量,应保证导管埋入混凝土的深度不小于0.8m(导管末端距孔底为200~300mm)

导管埋入混凝土的深度不得小于1m,不宜大于3m,严禁将导管拔出混凝土面。水下混凝土应连续灌注,不得中途停顿。水下混凝土灌注面应高出桩顶设计高程0.5~1m。

在出现短桩、断桩时,要求会同有关单位迅速处理,并做好记录。

(10)桩的钻孔和开挖,应在中距5m内的任何桩的混凝土灌注完成后24h,才能开始,以避免干扰邻桩混凝土的凝固。

(11)钻孔应符合下列允许偏差。

1)平面位置:群桩不大于10cm,单排桩不大于5cm。

2)钻孔直径:不小于桩图示直径。

3)倾斜率:直桩不大于1%,斜桩不超过图示斜率的±2.5%。

4)深度:对于摩擦桩,不小于图示;对于柱桩,应比图示超深不小于5cm。

(12)灌注桩允许偏差应符合表3-43的规定。

表 3-43 灌注桩允许偏差

序号	项目	允许偏差	检验频率		检验方法
			范围	点数	
1	△混凝土坑压强度	必须符合设计规定	每根桩	1	贯入法
2	△孔径	不小于设计规定		1	用深孔器检验
3	△孔深	+500 0		1	用测绳测量

续上表

序号	项目			允许偏差	检验频率		检验方法
					范围	点数	
4	桩位	基础桩		100mm	每根桩	1	用尺量
		排架桩	顺桥轴线方向	50mm			
			垂直桥纵轴线方向	100mm			
5	斜桩倾斜度			$±10\%\tan\theta$		1	用垂线测量计算
6	垂直桩垂直度			$L/100$		1	
7	沉淀厚度	摩擦桩		$0.5d$,且不大于500mm		1	开始灌注混凝土前用测绳测量
		端承桩		50mm			

注:(1)表中 θ 为斜桩纵轴线与铅垂线间的夹角的,单位:度(°);
(2)表中 L 为桩的长度,单位为 mm;
(3)表中 d 为桩的直径,单位为 mm。

(13)水下混凝土严禁有夹层。

二、挖孔桩监理

挖孔桩监理的规定如下:

(1)挖孔桩适用于无地下水、有地下水的土层或软质岩层。开挖前先做好地面防排水工作,挖孔时应做好孔壁支护。可采用就地灌注混凝土、喷射混凝土或便于拆装的孔壁支护。挖孔桩施工允许偏差同上述钻孔桩标准。

(2)打入桩成品的预制、运输、堆放、吊装接长、施工打入应严格按施工规范要求办理。钢筋混凝土桩制作的允许偏差见表3-44。

(3)沉桩开始前一般应先进行试桩。试桩工作按施工规范规定进行。通过试桩除确定施工工艺外,主要确定达到设计承载力时桩的入土深度和最后贯入度,并查明打桩时土质有无"假根限"或"吸入"现象,是否需复打,以及从停打到复打之间需要休息的天数。

(4)锤击沉桩宜重锤低击,当落锤高度已达规定最大值,每击贯入小于或等于2mm时应停锤。如此时沉桩深度未达到设计要求,应查明原因,采取换锤或辅以射水等措施。

表3-44 钢筋混凝土桩允许偏差

序号	项目	允许偏差(mm)	检验方法
	实心方桩		
1	(1)横截面边长	±5	尺量检查
	(2)桩顶对角线	±10	尺量检查
	(3)桩尖对中轴线位移	10	拉线尺量检查
	(4)桩身弯曲矢高与桩长比	1‰且矢高≤20	拉线尺量检查
	(5)桩顶平面对桩中轴线的倾斜高差	3	角尺拉线尺量检查
	(6)中节桩两个接触面对桩中轴线的倾斜之和	3	角尺拉线尺量检查
	实心管桩		
2	(1)直径	±5	尺量检查
	(2)管壁厚	-5	尺量检查
	(3)抽芯圆孔平面位置对桩中轴线的位移	5	尺量检查
	(4)桩尖对桩中轴线的位移	10	尺量检查
	(5)桩身弯曲矢高与桩长比	1‰且矢高≤20	尺量检查
	(6)法兰盘对桩中轴线不垂直度的高差	4	角尺拉线尺量检查

锤击混凝土管桩,应随时注意检查管壁混凝土是否出现破裂。沉桩时有时会出现桩突然急剧下沉、桩身倾斜或位移等现象。其原因一般是桩身折断、钢筋屈曲、接头断裂或桩尖劈裂

等,应查明具体原因及破损情况,研究处理。有时下沉突然困难、桩身颤动、桩锤回跳,多为桩尖遇到硬障碍或桩身弯曲。应查明原因,采取补救措施。

(6)桩基在承台(或帽梁)底平面的位置及其倾斜度的允许误差见表3-45。

表3-45 桩基在承台(或帽梁)底平面的位置及其倾斜度的允许误差

序号	项 目		允许偏差(mm)	与承台边缘的净距(mm)	检验方法
1	上面有帽梁的单排桩	(1)垂直帽梁的轴线	100		测量和尺量检查
		(2)沿帽梁的轴线	150		
2	桩数为1~2根桩基中的桩		100		测量和尺量检查
3	桩数为3~20根桩基中的桩		1/(桩的直径或边长)		
4	桩数多于20根桩基中的桩	(1)最外边的桩	250	桩径≤不小于0.5倍桩径,且不小于250,桩径>1m不小于0.3倍桩径,且不小于500	测量和尺量检查
		(2)中间的桩	500		
5	倾斜度	(1)直桩	1%桩长		吊绳和尺量检查
		(2)斜桩	15%tanθ		

三、沉入桩监理

沉入桩监理的规定如下:

(1)基桩轴线定位允许偏差。
1)每根基桩的纵横轴线位置为2cm。
2)单排桩的每根基桩轴线位置为1cm。
在流速较大的深水河流中,基桩轴线定位允许偏差,在设计容许范围内,可适当增大。

(2)桩基轴线的定位点,应设置在不受沉桩影响处。在施工过程中对桩基轴线应作系统的、经常的检查。定位点需移动时,应先检查其正确性,并作好测量记录,各桩位置的正确性,应在沉桩过程中随时检查。

(3)沉桩前检查桩位、桩架的垂直度、桩锤的中心轴线。

(4)沉桩结束后应检查和记录贯入度和桩尖标高。贯入度和桩尖标高应符合设计的规定,同时不应低于试桩核定的标准。

(5)沉入桩检查验收。待沉桩完成后,承台施工前,应按设计要求的频率和规定项目检测,并提供检测报告。

(6)桩沉入后,桩身不得有劈裂。

(7)接桩必须牢固、直顺。

(8)钢管桩现场接桩焊接的电焊质量应通过探伤检查,并应符合设计要求或有关规定。

(9)沉入板桩时应接榫整齐,不得脱榫,排列直顺。

(10)桩的钢筋骨架制作允许偏差应符合表3-46的规定。

表3-46 桩的钢筋骨架制作允许偏差

项 目	允许偏差(mm)	项 目	允许偏差(mm)
纵钢筋间距	±5	桩顶钢筋网片位置	±5
螺旋筋或箍筋间距	±10	纵钢筋底尖端的位置	±5
纵钢筋与模板净距	±5		

(11)沉入桩允许偏差应符合表3—47和表3—48的规定。

表3—47 沉入桩允许偏差

序号	项目			允许偏差	检验频率		检验方法
					范围	点数	
1	桩位	基础桩	中间桩	$d/2$	每根桩	1	用尺量
			外缘桩	$d/4$			
		排架桩	顺桥纵轴线方向 支架上	40mm		1	用尺量
			顺桥纵轴线方向 船上	50mm			
			垂直桥纵轴线方向 支架上	50mm			
			垂直桥纵轴线方向 船上	100mm			
		板桩	桩间桩	不脱榫		1	观察
			桩与基础边线或中线间距	<30mm			用尺量
2	△桩尖高程			±100mm		1	用水准仪测量桩顶高程后计算
3	△贯入度			不低于设计标准		1	查沉桩记录
4	斜桩倾斜度			±15%$\tan\theta$		1	用垂线测量计算
5	垂直桩垂直度			$L/100$		1	用垂线测量计算

注:(1)承受轴向荷载的摩擦桩,其控制入土深度应以高程为主,而以贯入度作参考;端承桩的控制入土深度应以贯入为主,而以高度为参考。

(2)表中d为桩的直径或短边尺寸,单位为mm。

(3)表中θ为斜桩设计纵轴线与铅垂线间的夹角,单位:度(°)。

(4)表中L为桩的长度,单位为mm。

表3—48 沉入桩(钢管桩)允许偏差

序号	项目			允许偏差	检验频率		检验方法
					范围	点数	
1	△停打标准			应符合设计规定	每根桩	1	查沉桩记录
2	桩位		顺桥纵轴线方向	$d/10$		1	用经纬仪测量
			垂直桥纵轴线方向	$d/5$		1	
			垂直桩垂直度	$L/100$		1	用垂线测量计算
			斜桩倾斜度	±15%$\tan\theta$		1	
			切割时桩顶高程	±50mm		1	用水准仪测量
			桩顶端面平整度	≤10mm		1	用水平尺测量
3	焊接		接头间隙	2mm		2	用塞尺量,纵横向各1点
		接头上、下管错口	$d<700$(mm)	2mm		2	
			$d\geqslant700$(mm)	3mm		1	
			咬肉深度	0.5mm		2	用尺量
			加强层高度	2mm		2	
			加强层厚度	盖过焊口每边不大于3mm		2	

注:(1)表中d为桩的直径或短边尺寸,单位为mm。

(2)表中L为桩的长度,单位为mm。

(3)表中θ为斜桩设计纵轴线与铅垂线间的夹角,单位:度(°)。

四、沉井监理

沉井监理的规定如下:

(1)沉井制作的允许偏差,见表3—49。

表 3-49 沉井制作的允许偏差

项次	项 目		允 许 偏 差
1	沉井平面尺寸	(1)长度、宽度	±0.5%,当长、宽大于24m时,±12cm
		(2)曲线部分的半径	±0.5%,当半径大于12m时,±6cm
		(3)两对角线的差异	对角线长度的±1%,最大±18cm
2	沉井壁厚度	(1)混凝土、片石混凝土	+40mm, -30mm
		(2)钢筋混凝土和钢壳	±15mm

(2)检查筑岛的材料和平面位置,应满足设计与施工的要求。

1)筑岛应用透水性好、易于夯实的材料,且不应含有影响岛体受力及抽垫下沉的块体。

2)筑岛尺寸应满足沉井制作及抽垫等施工要求,顶面应高出施工水位0.5m。

(3)沉井制作、下沉及清基:

1)沉井制作时,钢筋、骨架、模板均应符合设计和规范要求。

2)沉井制作完毕,抽垫木时混凝土强度等级应满足设计文件要求的设计强度,并防止沉井偏斜。

3)沉井下沉时,应随时注意调整偏斜和位移,接高时应尽量调平,使接高后各节中轴线在一条垂线上。沉井下沉过程中每班都要进行测量,如有异常,要查明原因,及时采取纠正措施。在软土中下沉沉井以及泥浆套下沉时,应注意沉至设计标高,清基后进行沉降观测,待8h内累计下沉量不大于10mm时,方可检查清基质量和进行封底。

基底地质应符合设计要求,否则,应取样鉴定。

沉井下沉至设计高程后的允许偏差见表3-50的规定。

表 3-50 沉井下沉至设计高程后的允许偏差

序号	项 目		允许偏差	检验方法
1	底面、顶面中心与设计中心位置在平面纵横向的位移	(1)一般沉井	$H/50$	测量检查
		(2)浮式沉井	$H/50+250$	
2	最大倾斜度		$H/50$	测量检查
3	平面扭角(矩形、圆端形)	(1)一般沉井	1°	测量检查
		(2)浮式沉井	2°	

注:H为沉井高度(mm)。

(4)抽除垫木应分区对称,同步依次进行,抽垫前沉井混凝土强度应达到设计要求。

(5)随时抽检沉井记录并了解现场地质情况,随时校正位置,防止倾斜。按常规模板、钢筋、混凝土浇筑的检查顺序检查沉井接长的施工。

(6)沉井落底后,封底前检验。

1)检查沉井刃脚底标高及垂直度,应与设计要求相符。

2)检查基底情况,不排水时由潜水员做水下检查和取样鉴定,一般井底应放在基岩上。

3)基底面应尽量整平,清除淤泥和岩石残留物,防止封底混凝土和基底间掺入有害夹层。刃脚须有2/3以上嵌搁在岩层上,嵌入深度不小于0.25m。其余部分用袋装水泥填塞缺口。刃脚以内井内岩层的倾斜面应凿成台阶或榫槽。

(7)封底混凝土最终浇筑高度应比设计要求提高不小于15cm;检查导管的埋深不小于最小埋深的规定,见表3-51和表3-52的规定。

表 3—51　导管不同灌注深度的最小埋深

灌注深度(m)	≤10	10～15	15～20	>20
导管最小埋深(m)	0.6～0.9	0.9～1.2	1.2～1.4	1.3～1.6

表 3—52　导管不同间距的最小埋深

导管间距(m)	≤5	6	7	8
导管最小埋深(m)	1.6～0.9	0.9～1.2	1.2～1.4	1.3～1.6

(8)垫层必须铺筑均匀,整平拍实。

(9)混凝土浇筑前,基底表面必须保持干净,无淤泥、杂物。

(10)垫层允许偏差应符合表 3—53 的规定。

表 3—53　垫层允许偏差

序号	项目	允许偏差(mm)	检验频率		检验方法
			范围	点数	
1	顶面高程	0 —20	每座	5	用水准仪测量
2	轴线位移	50		2	用经纬仪测量,纵、横向各计1点
3	平面尺寸	+100 0		4	用尺量,每边各计1点

第十四节　钢筋混凝土监理

一、钢筋混凝土墩台监理

钢筋混凝土墩台监理的规定如下:

(1)材料质量监理要求见表 3—54。

表 3—54　钢筋混凝土墩台施工材料要求

项目	材料要求
钢筋	钢筋出厂时,应具有出厂质量证明书和检验报告单。品种、级别、规格和性能应符合设计要求;进场时,应抽取试件做力学性能复试,其质量必须符合现行国家标准《钢筋混凝土用热轧带肋钢筋》(GB 1499)、《钢筋混凝土用热轧光圆钢筋》(GB 1499)等的规定。当发现钢筋脆断、焊接性能不良或力学性能显著不正常等现象时,应对该批钢筋进行化学分析或其他专项检验
水泥	水泥宜采用硅酸盐水泥和普通硅酸盐水泥。水泥进场应有产品合格证或出厂检验报告,进场后应对强度、安定性及其他必要的性能指标进行取样复试,其质量必须符合国家现行标准《通用硅酸盐水泥》(GB 175)等的规定。 当对水泥质量有怀疑或水泥出厂超过三个月时,在使用前必须进行复试,并按结果使用。不同品种的水泥不得混合使用
粗细骨料	(1)砂子应采用级配良好、质地坚硬、颗粒洁净,粒径小于5mm的河砂,也可用山砂或用硬质岩石加工的机制砂。砂的品种、质量应符合国家现行标准《公路桥涵施工技术规程》(TJ 041)的规定,进场后按国家现行标准《公路工程骨料试验规程》(JTJ 058)进行复试合格。 (2)石子应采用坚硬的碎石或卵石。石子的品种、规格、质量应符合国家现行标准《公路桥涵施工技术规程》(JTJ 041)的规定,进场后按现行《公路工程骨料试验规程》(JTJ 058)进行复试合格
外加剂	外加剂应标明品种、生产厂家和牌号。出厂时应有产品说明书、出厂检验报告及合格证、性能检测报告,有害物含量检测报告应由有相应资质等级的检测部门出具,其质量和应用技术应符合现行国家标准《混凝土外加剂》(GB 8076)和《混凝土外加剂应用技术规范》(GB 50119)的规定。进场应取样复试合格,并应检验外加剂与水泥的适应性

续上表

项目	材料要求
掺和料	掺和料应标明品种、等级及生产厂家。出厂时应有出厂合格证或质量证明书和法定检测单位提供的质量检测报告,进场后应取样复试合格。混合料质量应符合国家现行相关标准的规定,其掺量应通过试验确定

(2)墩柱和台身施工前应按图纸测量定线,检查基础平面位置、高程及墩台预埋钢筋位置。放线时依据基准控制桩放出墩台中心点或纵横轴线及高程控制点,并用墨线弹出墩柱、台身结构线、平面位置控制线。测放的各种桩都应标注编号。涂上各色油漆,醒目、牢固,经复核无误后进行下道工序施工。

(3)脚手架安装前应对地基进行处理,地基应平整坚实,排水通畅。脚手架应搭设在墩台四周环形闭合,以增加稳定性。脚手架除应满足使用功能外,还应具有足够的强度、刚度及稳定性。

(4)墩、台身钢筋加工应符合一般钢筋混凝土构筑物的基本要求,严格按设计和配料单进行。对预埋钢筋进行调直和除锈除污处理,对基础混凝土顶面应凿去浮浆,清洗干净。

(5)根据墩柱、台身高度预留捅筋。若墩、台身不高,基础施工时可将墩、台身钢筋按全高一次预埋到位;若墩、台身太高,钢筋可分段施工,预埋钢筋长度宜高出基础顶面 1.5m 左右,按 50% 截面错开配置,错开长度应符合规范规定和设计要求,一般不小于钢筋直径的 35 倍且不小于 500mm,连接时宜采用帮条焊或直螺纹连接技术。预埋位置应准确,满足钢筋保护层要求。

(6)钢筋需接长且采用焊接搭接时,可将钢筋先临时固定在脚手架上,然后再行焊接。采用直螺纹连接时,将钢筋连接后再与脚手架临时固定。

(7)钢筋骨架在不同高度处绑扎适量的垫块,以保持钢筋在模板中的准确位置和保护层厚度。保护层垫块应有足够的强度及刚度,宜使用塑料垫块。使用混凝土预制垫块时,必须严格控制其配合比,保证垫块强度。垫块设置宜按照梅花形均匀布置,相邻垫块距离以 750mm 左右为宜,矩形柱的四面均应设置垫块。

(8)墩台模板应满足以下要求:

1)墩台模板应有足够的强度、刚度和稳定性。模板拼缝应严密不漏浆,表面平整不错台。模板的变形应符合模板计算规定及验收标准对平整度控制要求。

2)薄壁墩台、肋板墩台及重力式墩台宜设拉杆。拉杆及垫板应具有足够的强度及刚度。拉杆两端应设置软木锥形垫块,以便拆模后,去除拉杆。

3)墩台模板,宜在全桥使用同一种材质、同一种类型的模板,钢模板应涂刷色泽均匀的脱模剂,确保混凝土外观色泽均匀一致。

4)混凝土浇筑时应设专人维护模板和支架,如有变形、移位或沉陷,应立即校正并加固。预埋件、保护层等,发现问题时,应及时采取措施纠正。

(9)混凝土浇筑。

1)浇筑基础混凝土前,应将地基进行清理使符合图纸要求。当基底为干燥地基时,应将地基润湿。如果是岩石地基,在湿润后,先铺一层厚 2~3cm 的水泥砂浆,并在其凝结前浇筑第一层混凝土。

2)一般基础及墩、台混凝土应在整个平截面范围水平分层进行浇筑,当截面过大,不能在前层混凝土初凝或能重塑前浇筑完成次层混凝土时,可分块进行浇筑。

3)采用滑升模板浇筑墩、台混凝土时,应符合下列规定:

①宜采用低流动度或半干硬性混凝土。

②浇筑应分层分段进行,各段应在浇筑到距模板上口不少于10~15cm的位置为止。

③应采用插入式振捣器振捣。

④每一整体结构的浇筑应连续进行,若因故中断,应按施工缝处理。

⑤混凝土脱模时的强度宜为(0.2~0.5)MPa,如表面有缺陷,应及时予以修理。

浇筑混凝土一般应采用振捣器振实。使用插入式振捣器时,移动间距不应超过振捣器作用半径的1.5倍;与侧模应保持50~100mm的距离;插入下层混凝土50~100mm;必须振捣密实,直至混凝土表面停止下沉、不再冒出气泡、表面平坦、泛浆为止。

(10)混凝土养生期一般不少于7d。

(11)侧模在混凝土强度能够保证结构表面及棱角不因拆模被损坏时进行,上系梁底模的拆除应在混凝土强度达到设计值的75%后进行。

(12)复核施工测量放样数据,必要时抽测,审批承包商报送的开工申请单。

(13)对进场钢筋、水泥焊条等材料复验,并检查进场验收记录。

(14)检查垫层标高、厚度、尺寸是否符合设计要求,做好检验单的意见签署和按频率填写检验单,复核垫层面的墩台中心线及边线,合格后方可实施墩台钢筋、模板工序。

(15)按照设计图纸及施工组织设计,验收钢筋加工及安装、模板加工及支撑,合格后方可允许实施混凝土浇筑工序。监理工程师应在施工单位的钢筋检验单和隐蔽工程验收单上签署意见,并按频率填写检验单。

(16)检查混凝土拌制、运送设备是否满足施工要求,如是大体积混凝土浇筑,要检查采取的降低水化热措施是否落实到位,检查合格后方可开拌,混凝土必须采用强制式拌和机拌和。

(17)对混凝土灌注进行旁站监理,及时检查混凝土拌和、振捣情况,检查施工单位的混凝土浇筑记录,做好混凝土试块的抽检工作,并做好钢筋、混凝土内业抽检。

(18)检查混凝土养护情况,达到强度后做好各类测试工作,并填写混凝土工序检验单、隐蔽工程检验单签署意见并按规定频率填写监理检验单。

(19)墩台施工前,应将基础顶面冲洗干净,混凝土基础应凿除表面浮浆,修整接缝钢筋,施工缝及接缝钢筋应按规定设置。

(20)核查基础顶面划出的墩台位置、中线、水平是否正确。

(21)材料的质量、砌体工程、钢筋工程、混凝土工程、模板工程均应符合相应规范要求。

(22)应在确保坑底无水的情况下,灌注承台混凝土。

(23)需分节灌注的高大墩台,分层厚度按捣固条件决定,其一次灌注混凝土量控制在100m³左右,连续灌注的时间不宜过长,避免出现工作缝。灌注时自由倾落高度不得超过1.5~2m。

(24)采用滑动钢模板施工时,应按滑模施工的专门规定执行,提升时应经常检测中线尺寸和水平度,发现倾斜、扭转等问题应及时纠正。

(25)墩台施工完毕应对全桥中线、水平、跨度做贯通测量的检查。

(26)混凝土墩台施工允许偏差见表3-55。

(27)后台填土、锥体及调节建筑物。

表3—55 混凝土墩台允许偏差

序号	项目		允许偏差(mm)	检验方法
1	(1)墩台前后、左右边缘距设计中心线尺寸		±20	测量检查
	(2)采用滑模施工的墩身部分	①桥墩前后、左右边缘距设计中心线尺寸	±30	
		②桥墩平面扭角	<2°	
		③墩台支承垫石顶面高程	+0,-15	
2	简支混凝土梁	(1)每片混凝土梁一端两支承垫石顶面高差	3	测量检查
		(2)每孔混凝土梁一端两支承垫石顶面高差	5	
		(3)无支座梁垫石顶面高差	5	
3	简支钢梁	(1)一端两支承垫石顶面高差	钢梁宽度的1/150	测量检查
		(2)每一主梁两端支承垫石顶面高差 ①跨度≤56m	≤5	
		②跨度>56m	≤计算跨度的1/10000,且≤10	
		③前后两孔钢梁在同一墩支承垫石顶面高差	5	

注:连续钢梁、整孔混凝土梁或采用橡胶支座的支承垫石顶面高差,可另按各有关规定办理。

1)后台及锥体的填土宜用渗水土填筑,如渗水土源确有困难时,可用一般黏性土,但必须达到最佳密度的90%,并加强排水措施。

2)浆砌护坡所用片石抗压极限强度不得低于20MPa,砂浆强度设计无规定时,严寒地区不低于M7.5,其他地区不低于M5。采用漂石砌筑护坡和铺砌工程,应采用栽砌法。干砌片石砌筑护坡时应按规范规定砌实。

3)反滤层(垫层)应按设计要求分层做好,并须边做反滤层,边砌石,同时做好沉降缝和泄水孔。

4)调节建筑物的填土应达最佳密度90%以上。

采用混凝土板护面,板间砌缝为10~20mm,用沥青麻丝填塞。

抛石防护,石块宜大小掺杂,但底部及迎水面宜用较大石块。

石笼防护,基底应铺好垫层,大致平整,笼外用较大石块,内层用较小石块,码砌密实,用钢丝封口。石笼间用钢丝连接牢固。

二、钢筋混凝土墩柱监理

钢筋混凝土墩柱监理的规定如下:

(1)预制墩柱要有出厂合格证,几何尺寸、强度等必须满足设计要求。

(2)施工单位应认真审阅图纸和地质资料,现场踏勘,查清邻近的构造物和地下管线的设施类型、结构质量、分布情况,确定合适的施工工艺和技术措施。在施工组织设计或方案编制时作详尽设计,并取得监理工程师批准。

(3)做好对地下管道、管线保护监测工作。对妨碍施工的原有管道、管线能临时拆移或封堵的,应征得主管部门的同意方可操作,不可拆移的也应编制切实可行的保护措施,专人操作,妥善保护,加强施工过程的监测工作。

(4)安装前必须在杯口上放出墩柱中心纵横轴线,并弹好墨线,矩形墩柱还要弹出外边线。

(5)检查杯口底标高,高出部分应凿除修整。杯口底部用不同厚度钢板垫平,钢板间用高强度等级的水泥砂浆抹平,使底部标高达到设计要求。

(6) 检查杯口长、宽、高尺寸,对安装间隙不符合要求的(间隙应不小于 80mm)应修整合格。杯口与预制墩柱接触面均应凿毛处理,对预埋件应除锈并复核其位置,合格后安装。

(7) 在预制墩柱侧面用墨线弹出中线和标高控制线,以便就位时控制其位置。墩柱安装前对柱各部位尺寸进行丈量检验,保证墩柱安装后柱顶高程符合设计要求。

(8) 墩柱的运输应符合预制构件运输的有关规定,支垫位置应符合设计要求。

(9) 两面吊线校正位置,必要时用两台经纬仪从纵横轴线方向进行监测使墩柱垂直,误差较大时起吊重新就位,误差较小时可用丝杆千斤顶进行调整,准确就位后柱每侧用两个钢楔卡紧固定,并加斜撑保持柱体稳定,在确保稳定后方可摘去吊钩。

(10) 杯口混凝土浇筑:对墩柱就位再次复测无误后即可浇筑杯口豆石混凝土,混凝土应对称振捣,浇筑至楔底时停止浇筑。

(11) 拆除钢楔及斜撑:当杯口混凝土硬化后拆除钢楔,并按有关要求对施工缝进行处理,然后补浇二次豆石混凝土,并用抹子将顶面压光。待混凝土强度达到设计强度 75% 后方可拆除斜撑。

(12) 监理工程师应认真审阅图纸和地质资料,仔细查阅已审批的施工单位上报的施工组织设计或施工方案(包括相应的管线、管道防护、监测方案)。

(13) 对黄砂、石料、水泥、水、钢筋等原材料进行抽检试验。

(14) 检查施工现场的设备和场地布置是否按要求准备就绪,满意后签署意见。

(15) 施工单位放样复核工作完成后,监理工程师应进行复核并签署放样复核单,监理工程师复核检查合格后方可同意开始施工。

(16) 复核杯口尺寸、标高,并督促承包商修整以达到设计要求。同时复核杯口。

(17) 对预制墩柱进行外观检查,并复核墩柱尺寸及中线、标高控制线。

(18) 旁站预制墩柱吊装校正,控制墩柱下落速度,保证墩柱垂直度。

(19) 审核承包商提交的墩柱吊装校正记录。复核墩柱标高、就位偏差及垂直度。

(20) 旁站杯口混凝土浇筑,复检混凝土配合比。

(21) 待杯口混凝土强度达到设计强度 75% 后,检查拆除斜撑工作。

(22) 预制墩柱要有出厂合格证,几何尺寸、强度等必须满足设计要求不应有蜂窝、孔洞、裂缝及露筋现象。

(23) 预制墩柱与基础连接处必须接触严密,混凝土浇灌密实,强度应符合国家现行验收标准和设计要求。

(24) 设计要求预制墩柱与基础须焊接连接时,必须焊接牢固。

(25) 墩柱埋入杯口内的深度必须满足设计要求。

(26) 预制墩柱安装允许偏差,见表 3—56。

表 3—56 预制墩柱安装允许偏差

项　目	允许偏差(mm)	检验方法
平面位置	≤10	用经纬仪测量,纵横向各计 1 点
埋入基础深度	不小于设计规定	用钢尺量
相邻柱间距	±15	用钢尺量
垂直度	0.3%H 且不大于 20	用经纬仪或线附测量,纵横向各计 1 点
柱顶高程	±10	用水准仪测量

注:H 为混凝土柱高度,单位为 mm。

(27) 预制墩柱安装后不应有缺边掉角现象。

(28)现浇混凝土柱允许偏差,见表3—57。

表3—57 现浇混凝土柱允许偏差

项　　目	允许偏差(mm)	检验方法
混凝土强度		必须符合桥梁工程质量检验标准规定
长、宽(直径)	±15	用钢尺量,长、宽各1点,圆柱量2点
柱高	±15	用钢尺测量柱全高
垂直度	0.3%H且不大于20	用全站仪或线坠测量
轴线位移	≤10	用全站仪测量
平整度	≤5	用2m直尺取最大值
顶面高程	±10	用水准仪测量

注:H为混凝土柱高度,单位为mm。

(29)外露铁件必须做防锈处理。

(30)接缝表面混凝土应平整饱满。

第十五节　简支梁监理

一、现场预制钢筋混凝土简支梁监理

现场预制钢筋混凝土简文梁监理的规定如下:

(1)预制场地必须整平、坚实,底模宜采用钢板焊接并按设计要求设置预拱度。场地内应合理安排,充分考虑构件预制时立模、浇筑、养护、脱模等必需的间距,留出通道和为起吊构件所必需的空间与工作面,场地完成后应报验监理,验收合格后方可投入使用。

(2)模板宜采用定型钢模,模板支撑方案及混凝土施工方案,可参照本书有关条款及相关规范要求落实措施,报请监理工程师审批同意后方可实施。

(3)模板制作须有足够刚度、强度和稳定性,拼装后板面须平整,拼缝严密不漏浆。

(4)钢筋加工、绑扎焊接、安装也应按批准方案进行,钢筋接头在同一截面上不得超过50%。钢筋骨架应有足够刚度和稳定性,接头应符合规范要求,钢筋保护层厚度应符合设计要求,特别注意预埋件和预留孔的位置和数量。

(5)在模板安装和钢筋加工报请监理工程师验收合格后,方可实施混凝土浇筑施工。

(6)监理工程师应认真审阅图纸和资料,仔细审查施工单位上报的施工组织设计或施工方案。

(7)检查施工现场的材料、设备,场地布置等是否按要求准备就绪,监理工程师检查合格后,方可同意开始施工。

(8)底模检查要求主要有如下几方面:

1)梁长>20m的薄腹工字梁和T形梁的梁底须用附着式振动器助振,底模应能引起共振以保证梁底混凝土密实。

2)底模的尺寸必须准确,误差在允许范围内。

3)注意检查梁底端部,横向要保持水平,避免梁体两端支座发生扭曲,影响安装质量。

(9)对混凝土浇筑进行旁站监理,及时检查混凝土拌和、振捣情况,做好混凝土试块的抽检工作。

(10)达到强度后做好各类测试工作,并填写工序检验单,检查施工单位的资料收集和填写是否齐全和真实。

(11)梁体混凝土强度应达到设计要求,梁体外形尺寸允许偏差见表3-58。

表3-58 钢筋混凝土简支梁梁体外形尺寸允许偏差

序号	项 目		允许偏差(mm)	检验方法
1	梁长度	(1)跨度>16m	±30	尺量检查
		(2)跨度≤16m	±12	
2	梁跨度		±20	尺量检查支座中心到中心
3	下翼缘宽度		+20 -0	尺量检查1/4、跨中和3/4截面
4	腹板厚度		设计厚度+3% -0	尺量检查1/4、跨中和3/4截面
5	桥面内外侧偏离设计位置		+10 -5	由腹板中心拉线检查1/4,跨中和3/4截面及最大误差处
6	梁高度		+20 -5	尺量检查梁两端
7	挡砟墙厚度		+20 -0	尺量检查最大误差处
8	表面垂直度		4‰梁高	吊线尺量检查梁两端和抽查腹板
9	梁底上拱度		±4	测量检查,设计无上拱时梁在自重作用下不应有下弯
10	预埋配件	(1)U形螺栓 ①偏离设计位置	±12	尺量检查
		②外露长度	±10	尺量检查
		③两肢中心距	±1	尺量检查
		(2)连接角钢 ①偏离设计位置	±10	尺量检验
		②上下两端偏差不垂直度	20	吊线检查
		(3)支座板 ①每块四角高差	2	水平尺靠量检查四角
		②锚栓中心位置偏差	2	尺量检查,指每块板上四个锚栓中心距包括对角线

注:(1)外露螺栓应垂直梁底,正直无伤,丝扣完整,戴帽带垫并清洁涂油;
(2)挡砟盖板、泄水管及管盖应齐全、完整,安装牢固。

二、现场预制先张预应力钢筋混凝土简支梁监理

现场预制先张预应力钢筋混凝土简文梁监理的规定如下:

(1)浇筑预制机构件的场地必须平整坚实,充分考虑构件场内、外运输装卸方便等因素,合理安排布置,并根据构建类别、数量及其使用先后作场内布置。预制先张梁,应先制定施工工艺细则,包括技术安全措施。经监理工程师批准后,方可进行预制。

(2)根据设计图纸要求,选择符合规范和国家标准的预应力体系、预应力筋、非预应力钢筋和其他预应力混凝土材料,采购前应对生产厂家资质和产品质量进行验证,确定供应合同、运输方式等。

(3)采用的张拉设备(包括千斤顶、压力泵及压力表等)应由计量部门进行标定,合格后方可投入使用。

(4)张拉前应通知监理工程师旁站,张拉完毕后,立即由技术人员检查张拉记录,填报质量检验资料,报请监理工程师确认,经监理工程师同意,方可实施混凝土工序。如张拉后24h内

未浇筑混凝土,则在浇筑前应重新张拉,并要求达到规定张拉力方可允许浇筑。

(5)非预应力钢筋加工、绑扎焊接、安装也应按批准方案进行,钢筋骨架应有足够刚度和稳定性,接头应符合规范要求,钢筋保护层厚度应符合设计要求,特别注意预埋件和预留孔的预埋位置和数量。

(6)模板支撑系统应按批准方案实施,支撑系统应连接牢固,根据构件情况,宜用附着式振动器,模板制作须有足够刚度、强度和稳定性,拼装后板面须平整,拼缝严密不漏浆。

(7)在模板安装和钢筋加工报请监理工程师验收合格后,方可实施混凝土浇筑施工。

(8)每片梁须在放松预应力筋以前,检查梁体混凝土强度是否符合设计规定;表面若有缺陷,应于放松预应力筋以前修补完毕,并养护达到设计强度。

(9)混凝土浇筑如下:

1)浇筑宜整段一次完成,必须分段浇筑时,应自一端跨逐段向另一端跨推进,分段位置如设计无规定宜留梁跨1/4部位处,但不得与腹板的竖向施工缝贯通;

2)为避免收缩裂缝的出现,顶面整平后用木抹反搓压,搓压遍数不宜少于三遍,每遍间隔时间应视天气状况、混凝土凝结速度等原因确定,最后一遍应在混凝土可重塑之前完成;

3)拉毛应在混凝土初凝前按设计要求进行,设计未规定时按垂直桥梁轴线方向进行拉毛处理。

(10)施加预应力的施工要求主要有如下几方面:

1)施加预应力前,应对箱梁混凝土外观进行检查,且应将限制位移的模板全部拆除后方可进行张拉。

2)施加预应力前,应对千斤顶及压力表进行配对校验,当千斤顶使用超过6个月或200次或在使用过程中出现不正常情况及检修后,应重新进行校验。

3)张拉程序应满足设计要求,设计无要求时,可按以下步骤进行:

普通松弛力钢绞线 0→初应力→$1.03\sigma_{con}$(锚固);

低松弛力钢绞线 0→初应力→σ_{con}(持续2min锚固);

(注意,①σ_{con}为张拉控制应力,包括预应力损失值。②初应力取10%~20%σ_{con}。)

4)张拉力过程检查主要有如下几方面:

①张拉全过程应由监理监督检查。

②检查张拉应力(油压表读数)。

③用钢尺量测伸长量。应量测σ_0~σ_k之间的伸长量,并与理论计算值对比,差值应小于理论伸长量的6%,超过限值应暂停张拉,分析原因。

④要严格按施工方案的应力程序和钢绞线的次序张拉。

⑤控制断丝和锚头滑丝。断丝的钢绞线应更换,滑移的钢绞线要重新张拉,并调换锚具。

⑥张拉后,须静置4h方可进行绑扎钢筋等操作。

(11)孔道压浆施工要求主要有如下几方面:

1)预应力张拉完毕后应及时进行压浆,一般不宜超过14 t。

2)水泥浆的水灰比宜为0.40~0.45,掺入适量减水剂时,水灰比可减小到0.35。

3)水泥浆的泌水率最大不得超过3‰,拌和后3h泌水率宜控制在2‰,泌水应在24h内重新全部被浆吸回。

4)通过试验后,水泥浆中可掺入适量膨胀剂,但其自由膨胀率应小于10%。

5)水泥浆的稠度宜控制在14~18s之间。

6)压浆应从灌浆孔压入并应达到孔道另一端饱和出浆、从排气孔流出与原浆稠度相同的水泥浆为止。

7)压浆应缓慢均匀进行,不得中断并应排气通畅,在压满孔道后封闭排气孔及灌浆孔。

8)不掺膨胀剂的水泥浆,宜采用二次压浆以提高压浆的密实性,第一次压浆后,间隔30min左右再由另一端进行次压浆。

(12)封锚施工要求主要有如下几方面:

1)凿毛时不得振动锚头。

2)封锚混凝土强度应符合设计规定,设计无规定时,应不低于箱梁混凝土设计强度等级的80%。

3)封锚混凝土的浇筑应严格控制梁体的长度。

(13)对不同跨度的先张梁,每30孔抽查一孔,进行梁体抗裂性试验,试验方法应符合《预制后张法预应力混凝土铁路简支梁》有关静载试验方法的规定。

(14)做好钢筋、钢绞线检查记录,预应力张拉记录,梁体混凝土灌注记录,裂缝缺陷修补及特殊问题处理记录等。各种试验记录要齐全,在竣工验收时,连其他竣工资料一并交验。

(15)钢绞线及锚、夹具等预应力材料的各项技术性能必须符合国家现行标准规定和设计要求,经检验合格后方可使用。

(16)钢绞线应梳理顺直,不得有缠绞、扭曲现象。

(17)张拉时,单根钢绞线不允许有断丝现象。

(18)千斤顶与压力表必须配对校验。

(19)预应力混凝土预制梁允许偏差见表3-59。

表3-59 预应力混凝土预制梁允许偏差

项次	检查项目		允许偏差(mm)
1	长度	梁、板	+5,-10
2	宽度	梁、板 干接缝	±10
		梁、板 湿接缝	±20
		箱梁顶面宽	±30
3	高度	梁、板	±5
		箱梁	+5,-10
4	腹板厚度		+10,-0
5	跨度	支座中心至中心	±20
6	支座板平面高差		2

注:桥面板边缘位置偏差不得影响梁的组拼。

(20)预应力混凝土预制梁质量标准,见表3-60。

表3-60 预应力混凝土预制梁质量标准

项	目	质量标准	允许误差(mm)	检验频率	检验方法
横板	长度		-5,-10	逐片	钢尺 水平尺
	宽度	干接缝	±10		
		湿接缝	±20		
	高度		±5		
	腹板厚度		±10,-0		
	支座板平面高差		2		
钢筋	排距		±5	逐片	钢尺
	间距		±10		
	弯起位置		±20		
	箍筋间距		±20		
	保护层厚度		±5		
	主筋长度		+5,-10		

续上表

项目		质量标准	允许误差/mm	检验频率	检验方法
预埋件		中心位置	5	逐件	水准仪
		水平高差	3		
张拉	应力	按设计要求	<控制应力	逐束	油压表
	伸长量		<6%		钢尺
	锚固	锚具检验合格 断丝小于规定			合格证书 试验抽检
压浆	水泥浆	强度符合设计水灰比 0.14~0.45,稠度14~ 18,泌水24小时吸收	<4%	拦浆时抽验	试验检查
	压浆	孔道冲洗干净最 大压力(0.5~0.7)MPa		逐孔	油压表
松张(先张)		混凝土强度	>设计规定	逐批	试件
封堵		封堵混凝土强度	≥80%梁体	逐片	

三、后张法预应力钢筋混凝土简支梁监理

后张法预应力钢筋混凝土简支梁监理的规定如下:

(1)监理工程师应认真审阅图纸和有关资料,仔细审查施工单位上报的施工组织设计或设计方案。

(2)检查预制场地布置是否按施工方案实施,现场排水系统是否符合要求,留出的通道是否满足起吊构件起重设备必需的工作面与空间。

(3)监理工程师应严格按技术规范要求抽取各项材料进行平行试验,试验合格后方可同意使用。张拉设备必须到规定计量部门校验合格,出具计量证书后方允许投入使用。

(4)浇筑预制构件的场地必须平整坚实,充分考虑构件场内、外运输装卸方便等因素,合理安排布置,并根据构件类别、数量及其使用先后做出场内布置,完成后报验监理工程师,验收合格后方可实施预制工作。

(5)后张法预应力孔道的预留要求主要有如下几方面:

1)制孔管应有一定的强度,管壁严密不变形。应尽量减少制孔管接头,并采用连接器平顺连接,各接头处应适当地封闭,以防混凝土或水泥浆液进入,相邻制管器的接头应相互错开。

2)永久制孔器采用预埋铁皮波纹管,应保持波纹管与灰浆、混凝土结合处无任何有害物质。

3)由留置在梁体的制管器所构成的孔道内,不得进入水泥浆,制孔管应能传递要求的黏结应力,同时在混凝土重量下能保持形状。

(6)模板、钢筋、管道、锚具和预应力钢筋经监理工程师检查并批准后,方可浇筑混凝土。

(7)预应力结构混凝土的浇筑应符合下列要求:

1)浇筑混凝土时,应保持锚塞、锚圈和垫板位置的稳固。

2)在混凝土浇筑和预应力钢筋张拉前,锚具的所有支承表面(例如垫板)应加以清洗。

3)拌和超过45min的混凝土不得使用。

4)简支梁梁体混凝土应水平分层,一次浇筑完成。箱形梁梁体混凝土,应尽可能一次浇筑完成,梁体较高时,若分两次或三次浇筑完成,第一次浇筑应浇至底板承托顶部以上30cm,而

后按腹板、顶板、翼板的次序浇筑。

5)为避免孔道变形,不允许振捣器触及套管。

6)梁式空心板端部锚固区及预制构件,为了保证混凝土密实,应当使用外部振捣器加强振捣,且骨料尺寸不要超过两根钢筋或预埋件间距的一半。

7)按常规检查钢筋。逐根检查预埋管及其井字架,保证定位准确,无漏孔。

8)预埋锚件、垫板、支座等须定位准确、焊点牢固。

9)钢筋加工安装、模板支撑完成后,须认真检查预应力孔道坐标位置、钢筋保护层、锚固钢筋的布置等项目,检查合格后方可同意浇筑混凝土。

(8)对混凝土浇筑和预应力张拉、压浆进行旁站监理,及时检查张拉和混凝土拌和、振捣情况,做好混凝土、水泥浆试块的抽检工作。

(9)图纸所示的控制张拉力为锚固前锚具内侧的拉力。在确定千斤顶的拉力时,应考虑锚具摩阻及千斤顶内摩阻损失。这些增加的损失以采用的预应力系统及通过现场测验而定,但一般对钢绞线为3%的千斤顶控制张拉力,对钢丝为5%千斤顶控制张拉力。

(10)张拉步骤:

1)除非图内有规定或监理工程师另有指示外,张拉程序见表3-61。

2)预应力钢筋张拉后,应测定预应力钢筋的收缩与锚具变形。对于锥形锚具,其值不得大于6mm,对于夹片式锚具,不得大于5mm。如果大于上述允许值。应重新张拉,或更换锚具后重新张拉。

表3-61 后张法预应力钢筋张拉程序

预应力钢筋种类		张拉程序
钢筋束、钢绞束		0→初应力→1.05σ_k(持荷5min)→σ_k
钢丝束	夹片式锚具、锥销式锚具	0→初应力→1.03σ_k→锚固
	其他锚具	0→初应力→1.05σ_k→0→σ_k

注:(1)σ_k为张拉力、超张拉(1.05σ_k)的应力,对于钢绞线、钢丝不得超过80%标准强度,对于工地冷拉钢筋不得超过95%屈服强度。

(2)当采用松弛钢丝或钢绞线时,可不必超张拉到1.05σ_k及持荷5min。

3)预应力钢筋的断丝、滑丝不得超过表3-62规定,如超过限制数,应进行更换,如不能更换时可提高其他约束的控制张拉力,作为补偿,但最大张拉力不得超过千斤顶额定能力,也不得超过钢绞线或钢丝的标准强度的80%,对于工地冷拉钢筋,不超过其屈服强度的95%。

表3-62 预应力钢筋断丝、滑移限制数

预应力钢筋		控制数
钢丝束	每束钢丝或每根钢绞线的断、滑丝(根)	1
钢绞线	每个截面断丝、滑丝	1%
单根钢筋	断筋或滑移	不允许

4)当计算延伸量时,应根据试样或试验证书确定弹性模量。

5)在张拉完成以后,测得的延伸量与预计延伸量之差应在6%以内。

6)当监理工程师对预应力张拉认为满意后,预应力钢筋应予锚固。放松千斤顶压力时应避免震动锚具和钢筋。

7)预应力钢筋在监理工程师认可后方可截割露头。锚具的凹座应按图示用水泥砂浆封闭。

8)混凝土强度达到设计要求后方可张拉。

9)严格按施工方案的张拉应力程序和钢丝束的前后次序张拉。

10)检查和记录张拉力和伸长量。

11)控制断丝,只允许一根钢丝拉断,且断丝面积须小于截面钢丝总面积的1%。

12)预应力钢筋的预加应力必须符合以下规定:张拉应力必须符合设计规定。在顶塞锚固后,量测两端伸长值之和,不得超过计算值±6%;全梁断丝、滑丝总数不得超过钢丝总数的5‰,且一束内断(滑)丝不得超过一丝;每端钢丝回缩量不得超过8mm;每端锚塞或夹片外露量不得小于5mm。

(11)灌浆检查:

1)水泥强度不低于设计要求,水灰比0.4~0.45,泌水率4%,稠度14~18,可适当加减水剂和膨胀剂。加减水剂时,水灰比可相应调整,减至0.35。

2)灌浆前冲洗孔道,但孔内不可留有积水。

3)灌浆应从最低点进入,最高点排出空气和积水。孔道应两端各灌一次水泥浆,灌浆应连续进行一次完成。

4)灌浆开始48h内,混凝土温度不可低于5℃,气温不宜高于30℃。

5)最大灌浆压力控制在0.5~0.7MPa。

6)孔道灌浆及封端混凝土:孔道灌浆的水泥宜采用不低于32.5级硅酸盐水泥或普通硅酸盐水泥,其强度不得低于设计规定,压浆密实饱满;封端混凝土强度应符合设计要求。

(12)封堵检查:

1)封堵混凝土的强度等级应符合设计规定,不宜低于构件混凝土强度等级的80%,且不低于30MPa。

2)封堵前,先将锚固件周围冲洗干净并凿毛。

3)封堵时应严格控制梁体长度。

4)长期外露的金属锚具应采取防锈措施。

(13)吊运检查。灌浆水泥强度必须达到设计规定的要求后方可吊运。若设计无规定,应不低于梁体混凝土设计强度的55%,且不低于20MPa。

(14)梁体预留管道及钢筋绑扎允许偏差应符合表3-63的规定。

表3-63 预留管道及钢筋绑扎允许偏差

序号	项 目		允许偏差(mm)	检验方法
1	预留管道位置	(1)跨中4m范围内	6	尺量检查
		(2)其余部位	8	
2	桥面主筋间距与设计位置		15	尺量检查
3	箍筋间距		±15	尺量检查
4	腹板箍筋的不垂直度		15	吊线尺量检查
5	钢筋保护层		±5	尺量检查
6	其他钢筋偏移		20	尺量检查

(15)预应力筋张拉后张法允许偏差和检验方法,见表3-64。

表3-64 预应力筋张拉后张法允许偏差和检验

序号	项 目	允许偏差	检验频率		检验方法
			范围	点数	
1	△批拉应力值	±5%	每束(根)	1 1	用压力表量束或查张拉记录
2	△预应力筋断裂或滑脱数	总根数3%且每束≤2丝	每个构件	1	观察
3	△每端滑移量	符合设计规定	每束(根)	1	用尺量
4	△每端滑丝量	符合设计规定	每束(根)	1	用尺量

(16)预应力混凝土简支梁的梁体外形尺寸允许偏差见表3-65。

表 3—65 预应力混凝土简支梁的梁体外形尺寸允许偏差

序号	项目		允许偏差(mm)	检验方法
1	梁全长	(1)跨度>16m	±30	尺量检查
		(2)跨度≤16m	±12	
2	△梁跨度		±20	尺量检查支座中心至中心
3	支座中心至梁端	(1)跨度>16m	±15	尺量检查
		(2)跨度≤16m	±6	
4	梁高度		+20,−5	尺量检查跨中及两支座处截面
5	桥面内外侧偏离设计位置	(1)跨度>16m	+20,−10	由腹板中心拉线检查,尺量1/4、跨中和3/4截面
		(2)跨度≤16m	+10,−5	
6	下翼缘宽度		+20,−0	尺量检查1/4、跨中和3/4截面及两支座处截面
7	腹板厚度		+15,−0	尺量检查1/4、跨中和3/4截面及两支座处截面
8	表面垂直度		4‰梁高	吊丝尺量检查两支座处截面和抽查腹板
9	梁上拱		1/1000跨度	测量检查
10	端隔墙厚度		+20,−0	尺量检查最大误差处
11	挡砟墙厚度		+20,−0	尺量检查最大误差处
12	支座板平面四角高度		2	水平尺靠量检查支座板四角
13	支座板十字线扭转偏差		1	尺量检查支座板边缘
14	梁体非预应力部位表面裂缝		0.2	读数显微镜观察检查

(17)其他结构形式的桥跨结构,如拱桥、斜拉桥、斜腿钢构桥、预应力混凝土悬臂灌注的桥跨及不同方式架设的钢结构桥跨等,凡纳入部颁规范内容的结构形式,均需依据相应的规范条文严格进行监理。尚未纳入规范的新型结构或新工艺、新方法,应依据设计文件要求,编写监理实施细则进行监理。

四、现浇钢筋混凝土梁监理

现浇钢筋混凝土梁监理的规定如下:

(1)监理工程师应严格按技术规范要求抽取各项材料和混凝土配合比进行平行试验,试验合格后方可同意施工单位使用,张拉设备必须到规定计量部门校验合格、出具计量证书后方可投入使用。

(2)支架施工要求主要有以下几方面:

1)按支架施工方案设计的地基处理宽度,用钢尺从控制桩向轴线两侧放出地基边线控制桩。地基四周边线距支架外缘距离不宜小于500mm。

2)除非监理工程师批准,否则支架不得支承于除基础以外的结构物的任何部分。

3)在支架中应设有合适的千斤顶或楔块,以便用于调整在浇筑混凝土以前或浇筑混凝土时支架的沉降。

4)支架安装前必须依照施工图设计、现场地形、浇筑方案和设备条件等编制施工方案,按施工阶段荷载验算其强度、刚度及稳定性,报批后实施。

5)对支架基础处理、搭设按规范要求和施工方案进行检查验收,合格后方可同意实施底模铺设。

6)钢筋安装和模板安装工序完成后,浇筑混凝土前,应对支架、模板、钢筋、预留管道和预埋件进行全面的检查,验收合格后方可同意进行混凝土施工。监理工程师应按规定频率填写检验单。

(3)底模安装要求如下：

1)底模安装前根据结构设计尺寸编制盖梁整体模板拼装方案，底模铺设严格按拼装方案进行。

2)主龙骨宜采用型钢、方木或其他符合支架设计要求的材料，主龙骨宜垂直盖梁长度方向设置；次龙骨宜采用方木，以便固定模板，次龙骨宜顺盖梁长度方向设置。

3)应避免底模长期暴晒及模板暴露时间过长使其表面挠曲和鼓包，施工时应加强模板保护。

4)全桥宜使用同一种材质、同一种类型的模板，模板覆膜较好的一面应向上，确保混凝土外观色泽均匀一致。

5)模板应具有足够的刚度、强度和稳定性，模板表面应平整光滑，拼缝应严密不漏浆。

6)模板底部应设排渣口，以便于排出杂物；排渣口设在最低处。

(4)钢筋垫块及绑扎要求如下：

1)保护层垫块应具有足够的强度及刚度；底板宜使用混凝土预制垫块，必须严格控制其配合比，配合比及组成材料应与梁体一致，保证垫块强度及色泽与梁体相同；侧面宜使用塑料垫块；垫块设置宜按照梅花形均匀布置，间距不宜大于750mm。

2)绑扎过程中要注意预应力孔道的预留，以免钢筋成型后孔道预留难度增大。

(5)预应力筋穿束要求如下：

1)穿束牵引时应慢速进行，操作人员应在入孔端手扶配合进行，以减小阻力及避免预应力筋磨损。

2)穿束行进过程中，应逐个将绑丝解除。

3)后张预应力盖梁，两端设锚垫板的孔道可以先穿束，也可以后穿束；一端张拉一端设固定锚的预应力束，必须先穿束并且使用金属波纹管或塑料波纹管等有足够强度和刚度的防渗成孔材料成孔。

(6)侧模安装要求如下：

1)侧模板不应有水平接缝，在吊装条件允许的情况下应少设竖向接缝，接缝以企口为宜。

2)为增加侧模刚度及整体稳定性，宜上、下各设一排拉杆，上排拉杆宜走盖梁上方，下排拉杆宜走底模下方，即拉杆不穿过混凝土。拉杆及垫板应具有足够的刚度和强度。

3)宜采用侧模包底模的施工方法。

4)主龙骨竖向设置，次龙骨水平设置。

5)墩柱位置下侧无法设拉杆，其左右各1m范围内主龙骨应适当予以加密。

(7)浇筑梁体混凝土时，一般宜按梁的全部横断面斜向分段、水平分层地连续浇筑。上层与下层前后浇筑距离应不小于1.5m，每层浇筑厚度当用捅入式或附着式振捣器振捣时，不宜超过30cm。

分两次浇筑时，第一次浇筑到梁的底板的承托顶部以上30cm。第一次和第二次浇筑的时间应间隔至少24h。在第二次浇筑前，应检查脚手架有无收缩和下沉，并打紧各楔块，以保证最小的压缩和沉降。

悬出的承托及悬出板的底面，一般应在离外缘不大于15cm处设一个10mm深V形滴水槽以阻止水流污染混凝土表面，除非监理工程师另有指示。

(8)在混凝土施工过程中，监理工程师应严格检查混凝土供料、拌和、运输、浇筑、振捣等各项工作，特别注意混凝土浇筑的分层厚度、浇筑的顺序、施工接缝的预留等细节，做好混凝土试块的抽检工作。

(9)张拉、拆模、落架等工序必须有混凝土抗压强度试验报告,满足设计和规范要求,方可同意实施。

(10)对预应力张拉、压浆进行旁站监理,及时检查张拉和水泥浆拌和情况,做好水泥浆试块的抽检工作。

(11)混凝土浇筑时应设专人检查钢筋、模板、波纹管、锚垫板、预埋件等,出现位移、松动时,及时纠正修复。

(12)浇筑完毕后将混凝土顶面整平,并用木抹拍实、压平。

(13)一般应在混凝土抗压强度达到2.5MPa时,方可拆除侧模;混凝土抗压强度达到设计强度30%时,方可抽拔芯模;当混凝土强度不小于设计强度的70%时方可拆除各种梁的承重模板,对于预应力混凝土梁,应在预应力筋张拉完毕或张拉一定数量后,方可拆除承重模板,以免梁体混凝土受拉。模板拆卸前应报请监理工程师核准后方可实施。模板拆除后施工单位应进行自检并通知监理工程师验收。

(14)箱梁如分层浇筑或分项施加预应力,混凝土分层面必须清凿浮灰、裸骨料后按批准方案浇筑上一层混凝土。

(15)监理验收注意事项:

1)钢绞线及锚、夹具等预应力材料的各项技术性能必须符合国家现行标准规定和设计要求,经检验合格后方可使用。

2)钢绞线应梳理顺直,不得有缠绞、扭麻花现象。

3)张拉时,单根钢绞线不允许有断丝现象。

4)千斤顶与压力表必须配对校验。

5)钢筋、电焊条及混凝土的各种组成材料的各项技术性能必须符合国家现行有关标准要求。

6)盖梁混凝土及孔道灌浆的配合比必须按有关标准经过计算、试配,施工时按规定配合比进行,使用商品混凝土需有合格证明。

7)盖梁混凝土在浇筑前,必须先检查预埋件、锚固螺栓等,须保证位置准确,埋设牢固。

8)盖梁混凝土应振捣密实,不应有蜂窝、孔洞,混凝土及孔道水泥浆强度必须满足设计要求。

9)后张预应力和现浇混凝土盖梁允许偏差分别见表3-66和表3-67。

表3-66 后张预应力实施项目

项目		允许偏差(mm)	检查方法
管道坐标	梁长方向	30	抽查30%,每根查10个点
	梁高方向	10	
管道间距	同排	10	抽查30%,每根查5个点
	上下层	10	
张拉应力值		符合设计要求	查张拉记录
张拉伸长率		±6%	查张拉记录
钢绞线断丝滑丝数		每束一根,且每断面不超过钢丝总数的1%	查张拉记录
每端滑移量		—	用钢尺量,每束(根)1点
每端滑移量		—	用钢尺量,每束(根)1点

表3—67 现浇混凝土盖梁允许偏差

项目		允许偏差(mm)	检查方法
混凝土强度		必须符合桥梁工程质量检验标准的规定	
断面尺寸	长	±20	用钢尺量,两端及中间各计1点
	宽	±20	用钢尺量,两端及中间各计1点
	高	±20	
轴线位置		≤10	用全站仪放线,纵横各计2点
顶面高程		—	用水准仪,两端及中间各测1点
平整度		—	用2m直尺量
麻面		≤0.5%	用尺量麻面总面积
埋件位置	高程	±5	用水准仪测
	轴线	±5	全站仪放线用尺量

五、桥梁支座工程监理

桥梁支座工程监理的规定如下:

(1)安装前应将墩、台支座垫层表面及梁底面清理干净。支座垫石应用水灰比不大于0.5、不低于M20级的水泥砂浆抹平,使其顶面标高符合图纸规定,水泥砂浆在预制构件安装前,必须进行养护,并保持清洁。

(2)板式橡胶支座上的构件安装温度,应符合图纸规定。活动支座上的构件安装温度及相应的支座上、下部分的纵向错位(如有必要),应符合图纸规定。对于非桥面连续简支梁,当图纸未规定安装温度时,一般在5℃~20℃的温度范围内。

(3)预制梁就位后,应妥善支承和支撑,直到就地浇筑或焊接的横隔梁强度足以承受荷载。支承系统图纸应在架梁开始之前报请监理工程师批准。

(4)简支架、板的桥面连续设置,应符合图纸要求。

(5)预制板的安装直至形成结构整体,各个阶段都不允许板式支座出现脱空现象。

(6)各种支座都要有产品合格证明,规格符合设计规定检验合格后安装。

(7)支座安装后应使上下面全部密贴,不得有个别支点受力或脱空现象。

(8)支座黏结材料产品应符合要求,黏结层均匀不空鼓。

(9)支座锚固长度符合设计要求,安装锚固螺栓时,其外露螺母顶面的高度不得大于螺母的厚度。

(10)混凝土或砂浆要饱满密实,强度满足设计要求。

(11)支座安装允许偏差见表3—68。

表3—68 支座安装允许偏差

项目	允许偏差(mm)	检查方法
支座高程	±2	用水准仪测支座,计取最大值
支座位置	≤3	用全站仪测,纵、横各计2点
支座平整度	≤2	用铁尺水平检测对角线

(12)支座外观不得有影响使用的外观。

(13)多余混凝土或砂浆应清理干净,外露面应拍实压平。

(14)材料质量监理见表3—69。

表3—69 桥梁支座施工材料检验

项　目	材　料　要　求
支座	(1)支座成品应由指定厂家生产,并附有检验合格证,经监理工程师调查审批同意后再与指定厂家签约供货。 (2)对已定型的支座型式,经过鉴定和工程实际应用,证明其指标符合规范要求的,可以不再做试验验收,否则应抽样做试验
环氧砂浆材料	二丁酯、乙二胺、环氧树脂、二甲苯、细砂,除细砂外其他材料应有合格证及使用说明书,细砂品种、质量应符合有关标准规定
水泥	(1)宜采用硅酸盐水泥和普通硅酸盐水泥。进场应有产品合格证或出厂检验报告,进场后应对强度、安定性及其他必要的性能指标进行取样复试,其质量必须符合现行国家标准《通用硅酸盐水泥》(GB 175)等的规定。 (2)当对水泥质量有怀疑或水泥出厂超过三个月时,在使用前必须进行复试,并按复试结果使用。不同品种的水泥不得混合使用
砂	砂的品种、质量应符合国家现行标准《公路桥涵施工技术规范》(JTJ 041)的要求,进场后按国家现行标准《公路工程骨料试验规程》(JTJ 058)的规定进行取样试验合格
石子	应采用坚硬的卵石或碎石,并按产地、类别、加工方法和规格等不同情况,按国家现行标准《公路工程骨料试验规程》(JTJ 058)的规定分批进行检验,其质量应符合国家现行标准《公路桥涵施工技术规范》(JTJ 041)的规定
外加剂	外加剂应标明品种、生产厂家和牌号。外加剂应有产品说明书、出厂检验报告及合格证、性能检测报告,有害物含量检测报告应由有相应资质等级的检测部门出具。进场后应取样复试合格,并应检验外加剂的匀质性及与水泥的适应性。外加剂的质量和应用技术应符合现行国家标准《混凝土外加剂》(GB 8076)和《混凝土外加剂应用技术规范》(GB 50119)的有关规定
掺和料	掺和料应标明品种、生产厂家和牌号。掺和料应有出厂合格证或质量证明书和法定检测单位提供的质量检测报告,进场后应取样复试合格。掺和料质量应符合国家现行相关标准规定,其掺量应通过试验确定
焊条	进场应有合格证,选用的焊条型号应与母材金属强度相适应,品种、规格和质量应符合现行国家标准的规定并满足设计要求
支座垫石	(1)顶面标高应精确测定,允许偏差见表3—70。 (2)垫石砂浆或细石混凝土应满足设计要求且大于墩柱的设计强度。 (3)垫石顶面应划十字线标志支座中心位置,支座偏位允许值应符合表3—71的规定

表3—70 顶面标高允许偏差

项　目	允许偏差(mm)
连续梁	±5
简支梁	±10
顶面水平高差	2

表3—71 支座偏位允许值

项　目		允许偏差(mm)
梁长	≤60m	<10mm
	>60m	<20mm

六、钢箱梁制作监理

钢箱梁制作监理的规定如下：
(1) 材料质量监理见表3-72。

表3-72 钢箱梁制作材料要求

项 目	材 料 要 求
钢材	品种、规格必须符合设计要求和现行国家标准的规定，有质量证明书、试验报告单，进厂后做探伤试验，合格后方可使用。 采用进口钢材时，应按合同规定进行商检，应按现行标准检验其化学成分和力学性能，并应按现行有关标准进行抽查复验，还要与匹配的焊接材料做焊接试验，不符合要求的钢材不得使用
高强度螺栓	螺栓的直径、强度必须符合设计要求和现行国家标准的规定，并有出厂质量证明书，在复试合格后方可使用
焊接材料	所有焊接用材料必须有出厂合格证，并与母材强度相适应，其质量应符合现行国家标准
油漆	品种、规格应符合设计图纸要求，并有出厂合格证
剪力钉	应有材料合格证，其质量应符合设计和现行国家标准有关规定

(2) 材料监理内容如下：
1) 审批材料报审表。
2) 核查材料质量证明书，其订货技术条件要求的检测数据必须齐全，性能指标必须符合相应标准规定。
3) 对材料外观质量、标志及包装进行抽查。
4) 审查施工单位材料入库、保管、发放等管理制度，并对材料仓库进行检查，使每个环节得到有效控制。
5) 审查施工单位对钢材炉罐号及焊接材料批号跟踪的方法及管理制度，抽查其执行情况，以排料图为控制依据，跟踪零部件炉罐号移植应准确和齐全，并有详细记录。
6) 材料复验。
7) 平行抽检。
①监理抽检比例不得少于施工单位检验数量的10%。
②监理单位试验室资质、试验人员及见证员资格必须符合相应要求。
③对于试验不合格材料及制作过程中发现的材料缺陷应及时处理，并应扩大检查，若存在数量较多的严重缺陷，必须及时通知建设单位处理。
8) 当钢材表面有锈蚀、麻点或划痕等缺陷时，其深度不得大于该钢材厚度允许负偏差值的1/2。
9) 钢材切割后应矫正，其质量标准应符合以下规定：
①矫正的钢板表面无明显凹面和损伤，表面划痕深度不大于0.5mm；
②型钢不垂直。每米范围不超过0.5mm，并无锐角；
③冷压折弯的部件边缘无裂纹。
10) 号料、切割、机械剪切矫正和边缘加工允许偏差分别见表3-73～表3-77。

表 3-73 号料的允许偏差

项目	允许偏差
零件外形尺寸	±1.0
孔距	±0.5

表 3-74 气割的允许偏差

项目	允许偏差(mm)
零件宽度、长度	±3.0
切割面平整度	$0.05t$ 且不大于 2.0
割纹深度	0.2
局部缺口深度	1.0

表 3-75 机械剪切的允许偏差

项目	允许偏差(mm)
零件宽度、长度	±3.0
边缘缺棱	1.0
型钢端部垂直度	0.2
工字钢、H形钢翼缘板的垂直度	$b/100$ 且不大于 2.0

表 3-76 钢材矫正的允许偏差

项目		允许偏差(mm)
钢板的局部平面度	$t \leqslant 14mm$	1.5
	$t > 14mm$	1.0
型钢弯曲矢高		$L/1000$ 且不大于 5.0
角钢肢的垂直度		$b/100$
槽钢翼缘对腹板的垂直度		$b/80$

注:L 为型钢长度。

表 3-77 边缘加工的允许偏差

项目	允许偏差(mm)
零件宽度、长度	±1.0
加工边直线度	$L/3000$ 且不大于 2.0
相邻两边夹角	±6′
加工面垂直度	$0.025t$ 且不大于 0.5

注:t 为钢板厚度。

11)刨(铣)加工质量应符合下列规定:

除施工图另有规定者外,刨(铣)范围及允许偏差应符合表 3-78 的规定。

表 3—78　栓焊梁(板梁)刨(铣)范围及允许偏差

序号	项目		刨边范围	允许偏差(mm)	检验频率		检验方法
					范围	点数	
1	弦、斜、竖杆，纵、横梁，板梁，托架，平联杆件	盖板型	两边	±2.0	每件(每批抽查10%，且不少于2件)	2	用尺量
		竖板(箱型)	两边	±1.0			
		腹板	两边	+0.5 −0(注(1))			
2	主桁节点板孔边距		3边	±2.0			
3	底板宽度		4边	±1.0			
4	拼接板、鱼形板、桥门节点弯板的宽度		两边	±2.0			
5	支承节点板、拼接板、支承角的孔边距		支承边端	+0.3 +0.5			
6	填板宽度		按工艺要求(两边)	±2.0			
7	焊接坡门		开口(B)	+1.0 0			
			钝边(a)	±0.5			
8	箱型杆件内隔板宽度		4边	+0.5 −0(注(2))			
9	工型、槽型隔板的腹板宽度		两边	−0.5 −1.5			
10	加劲肋宽度		焊接边(端)及顶紧端	按工艺要求			

注：(1)腹板加工公差是按盖板厚度偏正公差不大于0.4mm而定的，如盖板厚度为负公差，则腹板加工公差必须随之相应改变。

(2)箱型杆件内隔板要求相互垂直。

(3)平联、横联结点板刨焊接边，公差±0.3mm。

(4)马刀形弯曲10m以下允许偏差2mm；10m以上允许偏差3mm，但不得有锐弯。

(3)钢构件工厂加工前，监理工程师应会同承包人对工厂进行考察，证明生产厂家的加工工艺和生产能力符合工程要求才能同意委托加工。若有不足之处，应提出改换生产厂家或要求生产厂家改进工艺或增加设备。

(4)审查放样、号料和切割施工工艺方案。检查施工单位的计量工作任务及职责、计量检定手段、计量器具流转控制，核查计量器具、仪器、仪表鉴定合格证书，并在有效期内。

对钢材的要求必须符合设计要求或规范的规定。承包人驻厂工作人员必须监督加工厂按图下料，按工艺要求加工并保证生产进度。检查放样平台、组装工作平台、组装胎膜等应符合技术要求，并对实物进行抽测。检查施工单位设备数量和技术性能应满足生产需求，并应有设备的操作规程和对设备的选用、保管、使用、维护、检修等重要过程的管理制度。对杆板和样板的放样精度、切割面质量、矫正和热加工的加热温度控制、边缘加工、制孔、弯曲加工、组装质量、预拼装质量、涂装质量等进行检查，并作详细记录，验收合格后签署合格证书。

(5)审查焊接施工方案，重点审查施工单位的焊接管理措施，包括焊接材料、焊接设备、焊接工具、焊接工艺、焊接环境、技术文件、特殊工种人员资格、焊接施工等管理措施，以实现对焊接质量、安全、进度的控制。参与焊接工艺评定试验。

1)焊接连接组装的允许偏差应符合表 3—79 的规定。

2)焊接质量应符合下列要求：

①焊缝金属表面焊波均匀，无裂纹，沿边缘或角顶的未熔合、溢流、烧穿、未填满的火口和

超出允许限度的气孔、夹渣、咬肉等缺陷。

②对接焊缝要求熔透者,咬合部分不小于21mm,角焊缝(船型焊)正边尺寸允许偏差+2.0～-1.0mm。

表3-79 焊接连接组装允许偏差

序号	项目		允许偏差(mm)	检验频率		检验方法
				范围	点数	
1	间隙δ		±1.0	每件(每批抽查10%,且不少于2件)	2	用尺量
2	边缘高度δ	4mm<δ≤8mm	1.0			
		8mm<δ≤20mm	2.0			
		δ>20mm	δ/10,但不大于3.0			
3	坡口	角度σ	±5°			
		钝边σ	±1.0			
4	搭接	长度L	±5.0			
		间隙	1.0			
5	最大间隙e		1.0			
6	宽(高)度	B	+1.0 0			
		H	(有水平拼接时)±1.0			
7	竖板中线与水平板中线的偏移s		≤1.0	每件(每批抽查10%,且不少于2件)	2	用尺量
8	两竖板中线偏移s		≤0.5			
9	盖板的倾斜		<0.5			
10	板梁、纵横梁加劲肋间距L	有横向连接关系者	±1.0			
		无横向连接关系者	±3.0			
11	纵、横梁腹板的局部不平度f		<1.0			

③在双侧贴角焊缝时,焊缝不必将板全厚熔透,箱型组合构件用单侧焊缝连接时。其未熔透部分的厚度不大于0.25倍板厚,最大不大于4.0mm。

④对所有焊缝都应进行外观检查,内部检查以超声波探伤为主。

3)钢结构的焊缝质量检验分三级,各级检验项目、检查数量和检验方法应符合表3-80的规定。

表3-80 焊缝质量检验级别

级别	检验项目	检查数据	检查方法
1	外观检查	全部	检查外观缺陷及几何尺寸,有疑点时用磁粉复验
	超声波检验	全部	
	X射线检验	抽查焊缝长度的2%至少应有一张底片	缺陷超出表3-79的规定时,应加倍透照,如不合格应100%的透照
2	外观检查	全部	检查外观缺陷及几何尺寸
	超声波检验	抽查焊缝长度50%	有疑点时,用X射线透照复验,如发现有超标缺陷,应用超声波全部检验
3	外观检查	全部	检查外观缺陷及几何尺寸

4)焊接缝外观检验质量标准应符合表3-81的规定。

表 3－81　焊接缝外观检验质量标准

级 别	检验项目	检查数据	检查方法
2	外观检查	全部	检查外观缺陷及几何尺寸
2	超声波检验	抽查焊缝长度50%	有疑点时,用X射线透照复难,如发现有超标缺陷,应用超声波全部检验
3	外观检查	全部	检查外观缺陷及几何尺寸

5) 对接焊缝外形尺寸允许偏差应符合表3－82的规定。

表 3－82　对接焊缝外形尺寸允许偏差

序号	项　目		允许偏差(mm)	检验频率 范围	检验频率 点数	检验方法
1	间隙 δ		±1.0	每件(每批抽查10%,且不少于2件)	2	用尺量
2	边缘高度 δ	4mm<δ≤8mm	1.0			
2	边缘高度 δ	8mm<δ≤20mm	2.0			
2	边缘高度 δ	δ>20mm	δ/10,但不大于3.0			
3	坡口	角度 σ	±5°			
3	坡口	钝边 σ	±1.0			
4	搭接	长度 L	±5.0			
4	搭接	间隙 e	1.0			
5	最大间隙 e		1.0			
6	宽(高)度	B	+1.0 / 0			
6	宽(高)度	H	(有水平拼接时)±1.0			
7	竖板中线与水平板中线的偏移 s		≤1.0	每件(每批抽查10%,且不少于2件)	2	用尺量
8	两竖板中线偏移 s		≤0.5			
9	盖板的倾斜		<0.5			
10	板梁、纵横梁加劲肋间距 L	有横向连接关系者	±1.0			
10	板梁、纵横梁加劲肋间距 L	无横向连接关系者	±3.0			
11	纵、横梁腹板的局部不平度 f		<1.0			

6) 贴角焊缝外形尺寸允许偏差应符合表3－83的规定。

表 3－83　贴角焊缝外形尺寸允许偏差

序号	项　目		允许偏差(mm)	检验频率 范围	检验频率 点数	检验方法
1	焊脚宽 B	B≤6	+1.5 / 0	抽查累计焊缝长度的20%且不少于2m	2	用焊缝卡尺量
1	焊脚宽 B	B>6	+3.0 / 0			
2	焊缝余高 C	C≤6	+1.5 / 0			
2	焊缝余高 C	C>6	+3.0 / 0			

注:(1) 表中 B 为设计要求的焊脚尺寸,单位为 mm。
　　(2) B>8.0mm 贴角焊缝的局部焊脚尺寸,允许低于设计要求值的1.0mm,但不得超过焊缝长度的10%。
　　(3) 焊接梁的腹板与翼缘板间焊缝的两端,在其两倍翼缘板宽度范围内,焊缝的实际焊脚尺寸不允许低于设计要求值。

7) T形接头设计要求焊透的K型焊缝,外形尺寸的允许偏差应符合表3－84的规定。

表 3－84　T 形接头焊缝外形允许偏差

序号	项　目	允许偏差(mm)	检验频率 范围	检验频率 点数	检验方法
1	接头焊缝 δ	±1.5 0	抽查累计焊缝长度的 20%，且不少于 2 件	2	用焊缝卡尺量

8）X 射线检验焊缝缺陷分两级，质量标准应符合表 3－85 的规定，检查方法应按现行《金属熔化焊焊接接头射线照相》(GB/T 3323－2005)规定执行。

表 3－85　X 射线检验质量标准

序号	项　目		质量标准 一级	质量标准 二级
1	裂纹		不允许	不允许
2	未熔合		不允许	不允许
3	未焊缝	对接焊缝及要求焊透的 K 型焊缝	不允许	允许
3	未焊缝	管件单面焊	不允许	深度不大于 10%δ，且不得大于 1.5mm；长度不得大于条状夹渣总长度
4	气孔和点状夹渣	母材厚度(mm)	点数	点数
4	气孔和点状夹渣	5.0	4	6
4	气孔和点状夹渣	10.0	6	9
4	气孔和点状夹渣	20.0	8	12
4	气孔和点状夹渣	50.0	12	18
4	气孔和点状夹渣	120.0	18	24
5		单个条状夹渣	$1/3\delta$	$2/3\delta$
5		条状夹渣总长	在 12δ 的长度内，不得超过 δ	在 6δ 的长度内，不得超过 δ
5		条状夹渣间距	$6L$	$3L$

注：(1)表中 δ 为母材厚度，单位为 mm。
　　(2)表中 L 为相邻两夹渣中较长者，单位为 mm。
　　(3)点数是一个计数指数，是指 X 射线底片上任何 $10mm^2$ 焊缝区域内（宽度小于 10mm 的焊缝，长度仍用 50mm）允许的气孔点数。母材厚度在表中所列厚度之间时，其允许气孔点数可用插入渣计算取整数。各种不同直径的气孔应按表 3－86 换算点数。

表 3－86　气孔换算点数

气孔直径(mm)	<0.5	0.6～1.0	1.1～1.5	1.6～2.0	2.1～3.0
换算点数	0.5	1	2	3	5
气孔直径(mm)	3.1～4.0	4.1～5.0	5.1～6.0	6.1～7.0	
换算点数	8	12	16	20	

9）超声波检验焊缝质量，应符合表表 3－85 和现行的《承压设备无损检测》(JB/T 4730.1～4730.6)的规定。

10）焊接后的焊件应矫正，其允许偏差应符合相关的规定。

11）工制孔(采用机器样板或精确划线法钻孔)孔距公差应符合下列要求：
①两相邻孔距±0.35mm、个别两邻孔距±0.5mm；
②板边孔距±0.5mm；
③两组孔群中心距±0.5mm；
④孔群中心线与杆件中心的最大偏差 1.5mm。

12）采用号孔钻孔(冲孔)孔距公差应符合下列要求：
①两相邻孔距±0.5mm；

②板边及对角线孔距±1.0mm；

③孔中心与孔中心线的横向偏差不大于1.0mm。

(6)精制螺栓孔的直径应与螺栓公称直径相等，孔应具有的精度，其允许偏差应符合表3-87的规定。

(7)高强度螺栓(六角螺栓、扭剪型螺栓等)孔的直径应比螺栓杆公称直径大1~3mm，螺栓孔应具有的精度，孔的允许偏差应符合表3-88的规定。

(8)零件、部件上孔的位置度如设计无要求时，成孔后任意两孔距离的允许偏差应符合表3-89的规定。

表3-87 精制螺栓杆、螺栓孔径允许偏差

序号	项 目		允许偏差(mm)	检验频率		检验方法
				范围	点数	
1	螺栓杆公称直径	10~18mm	0 -0.18	每件(每批抽查10%，且不少于2件)	2	用游标卡尺或量规量
	螺栓孔直径		+0.18 0			
2	螺栓杆公称直径	18~30mm	0 -0.21			
	螺栓孔直径		+0.21 0			
3	螺栓杆公称直径	30~50mm	0 -0.25			
	螺栓孔直径		+0.25 0			

表3-88 高强度螺栓制孔允许偏差

序号	项目		公称直径及允许偏差(mm)						检验频率		检验方法
									范围	点数	
1	螺栓	公称直径	12	16	20	(22)	24	(27) 30	每件(每批抽查10%且不少于2件)	2	用游标卡尺或量规量
		允许偏差	±0.43		±0.52			±0.84			
2	螺栓孔	直径	13.5	17.5	22	(24)	26	(30) 33			
		允许偏差	±0.43 0		±0.52 0			±0.84 0			
3	不圆度(最大和最小直径之差)		1.0			1.5					
4	中心线倾斜度		应不大于板厚的3%，且单层板不得大于2.0mm，多层板叠加组合不得大于3.0mm								用芯棒和框式水平尺检验

表3-89 孔距允许偏差

序号	项 目	允许偏差(mm)	允许偏差(mm)	检验频率		检验方法
				范围	点数	
1	同一组内相邻两孔距(mm)	≤500	±0.7	每件(每批抽查10%，且不少于2件)	2	用游标卡尺或尺量
2	同一组内任意两孔距(mm)	≤500	±1.0			
		500~1200	±1.2			
3	相邻两组的端孔距(mm)	≤500	±1.2			
		500~1200	±1.5			
		1200~3000	±2.0			
		>3000	±3.0			

注：孔的分组规定：
(1)在节点中接板与一根杆件相连的所有连接孔划为一组。
(2)接头处的孔，通用接头——半个拼接板上的孔为一组，阶梯接头——两接头之间的孔为一组。

(3)在相邻节点或接头间的连接孔为一组,但不包括注1、注2所指的孔。

(4)受弯构件翼缘上,每1m长度内的孔为一组。

(9)板上所有螺栓孔,均应采用量规检查,其通过率标准如下:

1)用比孔的公称直径小1.0mm的量规检查,应通过每组孔数的85%。

2)用比螺栓公称直径大0.2～0.3mm的量规检查应全部通过。

(10)端部铣平允许偏差应符合表3—90的规定。

表3—90 端部铣平允许偏差

序号	项目	允许偏差(mm)	检验频率		检验方法
			范围	点数	
1	两端铣平时构件长度	±2.0	每件(每批抽查10%,且不少于2件)	2	用尺量
2	铣平面的不平直度	0.3			用刀口尺、水准仪或平台千分表量
3	铣平面的倾斜度(正切值)	不大于1/1500			用框式水准仪或卡尺量
4	表面粗糙度	0.03			用光洁度样板比较

(11)涂层的质量应符合下列要求:

1)涂层前钢材表面无锈、无氧化铁皮和无油污。

2)油漆表面均匀,不得有缺漏、皱纹、油滴等现象。两度漆漆膜厚度不小于5%。

(12)钢箱梁尺寸允许偏差见表3—91。

表3—91 钢箱梁尺寸允许偏差

项目名称		项目检查方法	允许偏差(mm)
梁高	$h \leqslant 2m$	测量两端腹板处高度	±2
	$h > 2m$		±4
跨度		测两支座中心距离,L以m计	±(5+0.15L)
全长		—	±15
腹板中心距		测两腹板中心距	±3
盖板宽		—	±4
横断面对角线差		测两端端面对角线差	<4
盖板、腹板平面度		h为盖板与加劲肋或加劲肋与加轻肋之间的距离	<h/250 且≤8
扭曲		每段以两端隔板处为准	每料≤1,且每段≤10
旁弯		测量腹板中线与两端中心连线在平面内的偏差	3+0.1L
拱度		当L≤40m时	−5～+1.0
支点高低差		支点处相邻面的高低差	≤5

七、水泥混凝土构件制作监理

水泥混凝土构件制作监理的规定如下:

(1)监理工程师应审阅设计图纸,了解现场情况和施工条件,审核起吊安装方案。监理工程师应对到场的块件质量、拼装情况进行检查,符合施工要求,方可允许投入使用。审查安装的指挥人员、机械操作手的上岗证书。施工前,监理工程师对施工有关人员进行安全技术交底,监理工程师做好交底记录。

(2)预制构件的起吊、纵向移动、落低、横向移动及就位等工序都必须服从统一指挥,缓慢稳妥地进行。

起吊过程进行检查,督促安全施工,检查安装质量,检验合格后方可同意进入下道工序。

(3)安装中,应随时注意构件移动可于就位后临时固定(撑固),防止倾侧。

(4)安装时,从墩台开始逐块悬臂安装,逐渐向跨中延伸。此类桥梁在安装过程中,必然需要在块体与相邻块体之间用预应力钢筋(或束)进行张拉。

(5)构件安装就位在固定前应进行测量校正,符合设计要求后,才允许焊接或浇筑接头混凝土,在固定完后必须进行复查,并作好记录,填报检验资料,报请监理工程师验收,合格后方可实施下道工序。

(6)在块体悬臂拼装时,应严格控制块体与桥梁纵轴线的一致,和块件两侧高程的一致,因为这是确保块件悬臂拼装质量的要点。每个块件的外端高程,必须符合设计要求(最终设计高程加上预留抛高)。在拼装完成之后还应对各部位块件的高程再做一次全面检验。与设计高程相比较,不得大于允许误差。

(7)在块体逐个拼装过程中,应以每个块体作为一检验单位,逐个检查;当块件全部拼装完毕,则应以每个梁端为单位进行检查。

悬臂拼装块体,如无设计规定时,其允许偏差应符合表3-92的规定。

表3-92 悬臂拼装块体允许偏差

序号	项目		允许偏差(mm)	检验频率		检验方法
				范围	点数	
1	块件与桥纵轴线偏差	1号块件	不大于2,且与桥纵轴线平行	每块	2	用经纬仪测量
		其他块件	不大于5		2	
2	1号块件四角相对高差		不大于2		4	用水准仪测量,四角各计1点
3	块件间连接缝高差	0号块件与1号块件	不大于2		2	用尺量
		其他块件	不大于3		2	
4	块件拼装立缝宽度		+10 -5		2	
5	拼装完成后累计差	半跨端部块件高程差	±L/2000,且不小于-20和不大于+50	每端部	1	用水准仪测量
		上、下游块件相对高差	不大于25		1	
		全跨端部块件相对高差	不大于30		1	

注:L 表中为悬臂拼装跨长度,单位为 mm。

第十六节 安装监理

一、预制梁板安装监理

预制梁板安装监理的规定如下:

(1)检查梁、板的起拱值,起吊运输中是否损伤以及梁的长度等。

(2)预制梁、板的安装应确保安全、准确。开工前,承包人应递交附有详尽吊装方案的开工报告,经监理工程师审查批准后方能开工。监理工程师审批安装施工前,应先检查支座及垫石的质量及吊装设备的安全情况。检查合格后,方可同意吊装。安装前,墩台支座垫板必须稳固。

(3)梁、板就位前应在支座处划十字线标明支座中心位置,就位时应对齐落梁。就位后,梁两端支座应对位,板梁与支座须密合。

(4)落梁后用水平尺检查梁体的垂直度,检查合格后再用横撑固定。

(5)吊装就位时,注意不要移动板式橡胶支座的位置。

(6)梁、板安装允许偏差应符合表3-93的规定。

表3-93 梁、板安装允许偏差

序号	项目		允许偏差(mm)	检验频率		检验方法
				范围	点数	
1	平面位置	顺桥纵轴线方向	10	每个构件	1	用经纬仪测量
		垂直桥纵轴线方向	5		1	
2	焊接横隔梁相对位置		10	每处	1	用尺量
3	湿接横隔梁相对位置		20		1	用尺量
4	伸缩缝宽度		+10 -5		1	用尺量
5	支座板	每块位置	5	每个构件	2	用尺量,纵、横向各计1点
		每块边缘高差	1		2	用水准仪测量,纵、横向各计1点
6	焊缝长度		+10 0	每个构件(每孔抽查25%)	1	用尺量
7	梁间焊接板高差				1	
8	梁间焊接离缝		20		2	

(7)架桥机架设混凝土梁应按《铁路架桥机架梁规则》进行。

架桥前,应对桥头线路进行加固与预压,压道一般可用单机进行。如路基较差或采用悬臂式架桥机时,须用超重车压道(轴重不小于架梁计算轴重的1.1倍)。

桥梁作业工序分为捆梁、吊梁、拨道、移梁、落梁就位、安装支座、焊接横隔板等步骤,须认真按照上述架梁规则进行,符合其允许偏差。

(8)悬拼架设预应力混凝土梁、顶推架设预应力混凝土梁,均应按有关规范规定执行。

二、钢桁梁拼装监理

钢桁梁拼装监理的规定如下:

(1)钢桁梁杆件和连接件的规格和质量必须符合设计要求及有关规范的规定。成品出厂应具备产品合格证、钢材质量证明书及其他技术文件。

(2)拼装钢桁梁所用的冲钉和螺栓,其安装数量应符合下列规定:

1)满布式脚手架拼梁时,冲钉和粗制螺栓占总数的1/3,其中冲钉占2/3;孔眼较少的部位,冲钉和粗制螺栓数量不少于6个或全部放足。

2)悬臂拼梁的冲钉用量应按受力计算确定,但不得少于孔眼总数的50%,其余孔眼布置精制螺栓。冲钉和螺栓应均匀安放。

3)栓合结构拼装时,冲钉数量比照上述规定办理,其余孔眼布置高强度螺栓。

(3)铆钉填充质量和其他缺陷的容许限度应按《铁路桥涵工程施工质量验收标准》(TB 10415—2003)规定,进行铲除抽查和逐个外观检查及锤击检查。

(4)高强螺栓施拧前应作试验,确定"规定值"。施拧完毕,应按下述规定检查:

1)当天拧好的螺栓宜当天检查完。

2)主桁节点及纵横梁连接处,每一个螺栓群检查的数量为其总数的5%,每个主桁节点不得少于5个。如未按工艺施拧,则应返工重拧后再检查。

3)采用螺母退扣检查时,刚刚转动的扭矩值,其超拧值及欠拧值均不大于"规定值"的10%者为合格。

4)每个节点抽验的螺栓,其不合格者不得超过抽查总数的20%;如超过此值,则应继续抽查,直至累计总数达80%的合格率为止;然后对欠拧者补拧,超拧者应更换。

(5)钢桁梁安装的节点位置尺寸允许偏差见表3-94。

表3-94 钢桁梁安装的节点位置尺寸允许偏差

序号	项 目		允许偏差(mm)	检验频率		检验方法
				范围	点数	
1	平面位置	顺桥纵轴线方向	10	每个构件	1	用经纬仪测量
		垂直桥纵轴线方向	5		1	
2	焊接横隔梁相对位置		10	每处	1	用尺量
3	湿接横隔梁相对位置		20		1	
4	伸缩缝宽度		+10 -5		1	用尺量
5	支座板	每块位置	5	每个构件	2	用尺量,纵、横向各计1点
		每块边缘高差	1		2	用水准仪测量,纵、横向各计1点
6	焊缝长度		+10 0	每个构件(每孔抽查25%)	1	用尺量
7	梁间焊接板高差				1	
8	梁间焊接离缝		20		2	

(6)钢桁梁与设计中线和高程允许偏差见表3-95。

表3-95 钢桁梁与设计中线和高程允许偏差

序号	项 目	允许偏差(mm)	检验方法
1	墩、台处横梁中线对设计中线偏移	10	尺量检查
2	简支梁与连续梁间、两联(孔)间相邻横梁中线相对偏移	5	尺量检查
3	墩、台处横梁顶高程	±10	测量检查
4	两联(孔)相邻横梁相对高差	5	尺量检查

(7)支座安装

1)支座的质量、规格应符合设计规定及规范规定。

2)支座固定端、活动端在墩台上的安置方向必须符合设计规定,支座顶底面与梁底、墩台顶面、上下座板之间应无缝隙。

3)支座安装后,与设计中线及高程的允许偏差见表3-96。

表3-96 支座与设计线路中线允许偏差

序号	项 目	允许偏差(mm)	检验方法
1	支座十字线扭转误差		尺量检查
	支座尺寸>2000mm	边宽的1/1000	
	支座尺寸≤2000mm	±1	
2	固定支座十字线中点与全桥贯通测量		尺量检查
	后墩、台中心线纵向偏差	2	
	连续梁或60m以上简支梁	20	
	60m以下的简支梁	10	
3	辊轴位置纵向位移	±3①	尺量检查
4	支座底板四角相对高差		测量检查

注:按气温安装灌注定位前±3mm。

(8) 悬臂拼装架设：

1) 每拼装一个大节点，对钢梁的平面和立面（拱度）位置应进行测定和记录。在拼装下弦杆及下平面连接系过程中，应及时观测调整中线位置，尽可能使偏差不大于跨度的1/5000，每拼完1~2个大节间，测量的悬臂挠度应不大于理论计算值。

2) 采用跨中合拢时，应在最后节间的杆件安装前，调整钢梁的平面和立面位置，达到两端主桁平面中线偏差小于2mm，两悬臂端间隔距离大于设计尺寸10~20mm，方能拼装合拢节间的杆件。节点合拢时应使两悬臂端的标高一致，间隔距离与设计尺寸相符，转角一致。

(9) 拖拉架设钢梁：

安装上下滑道的允许偏差应符合规范规定。拖拉时，两主桁的拉速应一致，钢梁中线、墩台中线的偏移不得大于50mm，且钢梁两端不得同时偏向于设计中线的一侧。在拖拉过程中，各主要阶段的悬臂挠度值不应大于理论计算值。

三、钢箱梁安装监理

钢箱梁安装监理的规定如下：

(1) 螺栓、螺母、垫圈均应附有质量证明书，并应符合设计要求和国家标准的规定。高强度螺栓（六角头螺栓、扭剪型螺栓等）、半圆头铆钉等孔的直径应比螺栓杆、钉杆公称直径大1.0~3.0mm。螺栓孔应具有H14(H15)的精度。

(2) 高强度螺栓不允许存在任何淬火裂纹。高强度螺栓表面要进行发黑处理。

(3) 施工使用的高强度螺栓必须符合《钢结构用高强度大六角头螺栓》(GB/T 1228)、《钢结构用高强度大六角螺母》(GB/T 1229)、《钢结构用高强度垫圈》(GB/T 1230)、《钢结构用大六角螺栓、大六角螺母、垫圈技术条件》(GB/T 1231)、《钢结构用扭剪型高强螺栓连接副》(GB/T 3632)以及其他有关标准的质量要求。

(4) 高强度螺栓连接剐必须经过以下试验，符合下列规范要求时方可出厂：

1) 材料、炉号、制作批号、化学成分与机械性能证明或试验数据。

2) 螺栓的楔负荷试验。

3) 螺母的保证荷载试验。

4) 螺母及垫圈的硬度试验。

5) 连接剐的扭矩系数试验（注明试验温度）。大六角头连接副的扭矩系数平均值和标准偏差，扭剪型连接副的紧固轴力平均值和标准偏差。

(5) 高强度螺栓入库应按规格分类存放，防雨、防潮；遇有螺栓、螺母不配套，螺纹损伤时不得使用。螺栓、螺母、垫圈有锈蚀应抽样检查紧固轴力，达到要求后方可使用。螺栓不得被泥土、油污沾染，保持洁净、干燥状态。

1) 要确保钢梁的安装拱度及中心线位置。在支架上拼装钢梁时，冲钉和粗制螺栓总数不得少于孔眼总数的1/3，其中冲钉不得多于2/3。

2) 安装过程中，每完成一节间应测量其位置、标高和预拱度，如不符合要求时应进行校正。

3) 螺栓安装次序一般从节点板中央以辐射形式向四周边缘对称地进行，最后拧紧固端螺栓。特殊情况时，从板材刚度大、缝隙大的地方开始安装螺栓。

4) 高强度螺栓的紧固顺序从刚度大的部位向不受约束的自由端进行，同一节点内从中间向四周，以使板面密贴。

5) 采用带扭矩计的扭矩扳手旋拧高强螺栓时应防止漏拧或超拧，在作业前后均应进行校正，其扭矩误差不得大于使用扭矩的±5%。

6)构件定位。在高强度螺栓连接工程中,有时采用一些冲钉或临时螺栓来承受安装时构件的自重及连接校正时外力的作用,防止连接后构件位置偏移,同时起到促使钢板间的有效夹紧,尽量消除间隙的目的。但在施工过程中,要控制以下几点:

①每个节点所需用的临时螺栓和冲钉数量,应按安装时可能产生的荷载计算确定。

②为了有效地防止构件产生偏移,临时螺栓与冲钉之和不应少于该节点螺栓总数的1/3。

③临时固定螺栓不应少于2个。

④所用冲钉数不宜多于临时螺栓的30%。其目的是为了加大对板叠的压紧力,且冲钉不得强行敲入。

⑤连接用的高强度螺栓不得兼做临时螺栓,以防止损伤和连接剐表面状态改变,引起扭矩系数的变化。

7)安装高强度螺栓时,严禁强行穿入螺栓(如用锤敲打)。如不能自由穿入时,该孔应用铰刀进行修整,修整后最大直径应小于1.2倍螺栓直径。修孔时,为了防止铁屑落入板叠缝中,铰孔应将四周螺栓全部拧紧,使板叠密贴后再进行。严禁气割扩孔。

8)对大六角高强度螺栓的检查。

①用小锤敲击法对高强度螺栓进行普查,防止漏拧。"小锤敲击法"是用手指紧按住螺母的一个边,按的位置尽量靠近螺母近垫圈处,然后宜采用0.3~0.5kg重的小锤敲击螺母相对应的另一个边(手按边的对边),如手指感到轻微颤动即为合格,颤动较大即为欠拧或漏拧,完全不颤动即为超拧。

②进行扭矩检查,抽查每个节点螺栓数的10%,但不少于1个。即先在螺母与螺杆的相对应位置划一条细直线,然后将螺母拧松约60°,再拧到原位(即与该细直线重合)时测得的扭矩,该扭矩与检查扭矩的偏差在检查扭矩的±10%范围以内即为合格。

③扭矩检查应在终拧1h以后进行,并且应在24h以内检查完毕。

④扭矩检查为随机抽样,抽样数量为每个节点的螺栓连接副的10%,但不少于1个连接副。如发现不符合要求的,应重新抽样10%检查,如仍是不合格的,是欠拧、漏拧的,应该重新补拧,是超拧的应予更换螺栓。

9)扭剪型高强度螺栓连接副的检查。

①扭剪型高强度螺栓连接副,因其结构特点,施工中梅花杆部分承受的是反扭矩,因而梅花头部分拧断,即螺栓连接副已施加了相同的扭矩,故检查只需目测梅花头拧断即为合格。但个别部位的螺栓无法使用专用扳手,则按相同直径的高强度大六角螺栓检验方法进行。

②扭剪型高强度螺栓施拧必须进行初(复)拧和终拧才行。初拧(复拧)后,应做好标志。此标志是为了检查螺母转角量及有无共同转角量或螺栓空转的现象产生之用,应引起重视。

(6)钢桥所有构件运往工地时,必须妥善包装并编号,先用先运,避免堆压翻乱。运输时要防止损伤涂层或杆件扭曲弯形,防止紧固件丢失。

监理工程师对运到工地的杆件进行目测鉴定,对外观有损伤不符合质量要求者,应立即退回原生产厂或由厂派员到工地修整。

钢梁在发运装车时,应采取可靠措施防止构件运输途中变形或损坏漆面。严禁在工地安装具有变形构件的钢梁。

(7)所使用的焊接材料和紧固件必须符合设计要求和现行标准的规定。焊缝不得有裂纹、未熔合、夹渣和未填满弧坑等缺陷。高强螺栓施拧前,必须进行试装,求得参数,作为施拧依据。扭矩扳手应校正。

(8)钢杆件表面必须除锈清净,符合规范规定和设计要求的清净度后才能涂装。防护涂料的质量与性能,应符合规范规定和设计要求。

(9)临时支架搭设。

1)钢箱梁临时支架施工前必须通过荷载验算,在支架设计的安全系数范围内可采用碗扣式脚手架或型钢支架,并严格按照支架安装方案组织施工。

2)根据测量放线确定临时支架位置,支架基底要坚实,如落在土基上,则必须进行承载力检测,必要时做混凝土扩大基础或桩基。

3)支架搭设高度,应考虑地基沉降、支架变形、设计预留拱度。

4)支架搭设后,需组织有关人员验收合格,方可进行下道工序施工。

(10)砂箱安装。

1)砂箱安装数量根据设计要求确定。

2)砂箱底面要与临时支架焊接,以保证钢箱梁安装时砂箱受水平推力作用不致移位。

3)钢梁分段接口处,要设置分段横向、纵向定位钢板,作为钢梁放置时的现场依据。

4)为观察钢梁安装后的沉降变形,砂箱安装完成后应对基础、支架、砂箱顶面标高进行测量。

5)为防止砂箱在支撑过程中沉陷,在使用前应对砂箱进行预压和密封处理。

(11)钢箱梁吊装。

1)钢箱梁吊装前,应对桥台、墩顶面高程、中线及各孔跨径进行复测,误差在允许范围内方可吊装,并放出钢箱梁就位线。

2)钢梁安装。应根据现场情况、钢梁重量、跨径大小选择安装方法,如单机吊、双机抬吊、架桥机等;吊点位置必须经设计计算确定。

3)钢梁起吊提升和降落速度应均匀平稳,严禁忽快忽慢和突然制动。

4)箱梁起吊接近就位点时,应及时调整对中后方可下落。

5)钢梁吊装就位必须放置平稳牢固并支设临时固定装置,经检查确认安全后方可摘钩。

6)钢梁吊装时,应有专人负责观察支架的强度、刚度和位置,检查钢梁杆件的受力变形情况,如发现问题及时处理。

(12)钢箱梁安装与防护实测项目允许偏差见表3—97。

表3—97 钢箱梁安装与防护实测项目及允许偏差

检查项目			允许偏差	检查方法和频率
轴线偏位 (mm)	钢梁中线		10	用经纬仪测量2处
	两孔相邻横梁中线相对偏位		5	
梁底标高 (mm)	墩、台处梁底		±10	用水准仪检查4处
	两孔相邻横梁相对高差		5	
支座偏位 (mm)	支座纵、横线扭转		1	用经纬仪检查
	固定支座顺桥向偏差	连续梁	20	
		>60m简支梁		
		<60m	10	
	活动支座按设计气温,定位前偏差		3	
	支座底板四角相对高差(mm)		2	用水准仪检查
连接	对接焊缝的焊接尺寸,气孔率		符合规范要求	用超声波探伤,抽10%用射线擦伤
	高强螺栓扭矩(%)		±10	用扭矩扳手检查,每螺栓群查5%,每主桁节点不少于5个
	涂膜厚度		不小于设计要求	用测厚仪检查,每杆件3处

四、其他项目安装监理

其他监理项目内容见表3—98

表3—98 监理项目内容

项 目	内 容
放样	(1)按1∶1放样,曲线桥放样时应注意内外环方向和钢箱梁中间的连接关系。 (2)预留钢箱梁在长度和高度方向上的合理焊接收缩量。 (3)根据各制作单元的施工图,严格按照坐标尺寸,确定其底板、腹板、横隔板、接口板的落料尺寸。 (4)对较难控制的弧形面,根据其实际尺寸放大样,做出铁样板,以备随时抽样检查。 (5)在整体放样时应注意留出余量,尺寸应根据排料图确定
号料	(1)首先对钢板进行除锈、矫平,并确认其牌号、质量合格方可下料。 (2)核实来料,注意腹板接料线与顶板接料线错开200mm以上、与底板接料线错开500mm以上,横向接口应错开1000mm以上,筋板焊接线不得与接料线重合。底板、腹板、上翼板和横隔板的号料必须按照整体尺寸号料
切割	(1)机械剪切时,其钢板厚度不宜大于12mm,剪切面应夹带。剪切钢料边缘应整齐、无毛刺、咬口、缺肉等缺陷。 (2)气割钢料割缝下面应留有空隙。切口处不得出现裂纹和缺棱。切割后应清除边缘的氧化物、熔瘤和飞溅物等
矫正	(1)钢料切割后应矫正,冷矫施力不能过急,热矫温度应严格控制。 (2)热矫温度应控制在600℃~800℃(用测温笔测试),温度尚未降至室温时,不得锤击钢料。用锤击方法矫正时,应在其上放置垫板。热矫后缓慢冷却,严禁用冷水急冷。 (3)主要受力零件冷弯时,内侧弯曲半径不得小于板厚的15倍,小于者必须热诚,冷作弯曲后零件边缘不得产生裂缝。热诚温度控制在900℃~1000℃,冷矫总变形率不得大于2%,时效冲击值不满足要求的拉力杆件不得冷矫
装配	(1)将装配件表面及沿焊缝每边30~50mm范围内的铁锈、毛刺和油污清理干净。 (2)底板整体应对接定位、点焊牢靠,并进行局部处理、调直,以达到设计要求。 (3)对两侧腹板进行组装时应注意对准底板上的坐标等分线。 (4)定位焊所采用的焊接材料型号应与焊件材质相匹配。焊缝厚度不宜超过设计焊缝厚度的2/3,且不应大于7mm。焊缝长度50~100mm,间距100~600mm。定位焊缝必须布置在焊道内并距端头30mm以上。 (5)钢箱梁组装后,对无用的夹具及时拆除,拆除夹具时不得损坏母材,不得锤击
焊接	(1)钢箱梁结构件的所有焊缝必须严格按照焊接工艺评定报告所制定的焊接工艺执行。 (2)焊工应经过考试并取得合格证后方能从事焊接工作,焊工停焊时间超过六个月,应重新考核。 (3)焊缝金属表面焊波均匀,无裂纹。不允许有沿边缘或角顶的未熔和溢流、烧穿、未填满的火口和超出允许限度的气孔、夹渣、咬肉等缺陷。 (4)焊丝在使用前应清除油污、铁锈。焊剂的粒度,对埋弧自动焊宜用1.0~3.0mm,埋弧半自动焊宜用0.5~1.5mm。 (5)为防止气孔和裂纹的产生,焊条使用前应按产品说明书规定的烘焙时间和温度进行烘焙,低氢型焊条经烘焙后应放入保温桶内,随用随取。 (6)采用专用螺栓焊钉焊机进行施焊,其焊接设备设置专用配电箱及专用线路。 (7)焊钉必须符合规范和设计要求。焊钉有锈蚀时,需经除锈后方可使用,特别是焊钉和大头部位不可有锈蚀和污物。严重锈蚀的焊钉不可使用。 (8)每层焊接宜连续施焊。每一层焊道焊完后应及时清理检查清除缺陷后再焊。施焊时母材的非焊接部位严禁引弧

续上表

项 目	内 容
制孔	(1)制孔必须在所有焊缝焊接完毕后,通过专检机构对桥体拱高、侧弯及接口部位进行认真检验合格后方能制孔。 (2)在接头连接口 500mm 范围内,必须平整、厚度一致,不得有油漆、划伤现象。 (3)制成的孔应成正圆柱形,孔壁光滑,孔缘无操作,刺销消除不净,组装中可预钻小孔,组装后进行扩孔,配钻孔径至少应比设计孔径小 3mm
预接装	(1)钢箱梁制作完成后应在工厂进行预拼装。预拼装必须在自由状态下完成,不得强行固定。 (2)预拼装前必须根据施工图坐标尺寸,搭设柱间组装胎进行试装。 (3)试装时,螺栓要紧固到板层密贴。在一般情况下冲钉不得少于孔眼总数的 5%,螺栓不得少于孔眼总数的 25%。 (4)试装平直情况和尺寸须检验合格后,再进行试孔器通过检查。 (5)度装时,每一节点孔就有 85% 的孔,能自由通过小于螺栓公称孔径 1.0mm 的试孔器;100% 的孔,能自由通过大于螺栓公称直径 0.2~0.3mm 的试孔器。
喷砂	(1)在钢桥组装焊接完成后,喷漆前进行整体喷砂。喷砂应在制作质量检验合格后进行。 (2)构件表面除锈方法与除锈等级应与设计要求相适应
涂装	(1)钢梁用涂料应符合设计要求,不同品种、牌号不得混用。 (2)涂装施工前,将钢梁表面油污、铁锈等彻底清除干净。除锈清洁度应符合有关标准规定。 (3)钢梁涂装的层次和涂膜厚度应符合设计和有关标准规定。 (4)涂装应做到底面涂刷光滑、颜色一致、刷纹顺直,不允许有剥落、漏涂、流坠及皱皮等质量通病。 (5)所有板层间 0.3mm 以下的缝隙、杆件互相结合有存水之处及漏风不良的空洞,均应在第一层涂料干燥后用油腻子塞平再涂涂料。

第十七节 桥面工程监理

桥面工程监理的规定如下:

(1)道床及排水的要求,轨道铺设的要求,桥上线路铺设的要求,桥上的基本轨、护轨、桥枕、护木的铺设以及人行道、栏杆、避车台、检查设备等,均应符合设计要求和有关检验标准的规定。

(2)钢筋混凝土桥面工程注意检查:

1)人行道、避车台支架与梁体必须连接牢固,每根连接螺栓按规定个数上足;

2)墩台和梁体检查设备必须按设计位置安装正确;

3)预制钢筋混凝土步行板,应铺设齐全牢固。

(3)桥上钢轨接头宜用对接式,并不得铺设短轨,必要时,应设在桥头引线上。

(4)明桥面在下列位置不得有钢轨接头,必要时应用焊接:

1)梁端前后各 2m 范围内;

2)横梁顶上;

3)设有温度调节器的钢梁,在温度跨度范围内。

第十八节 隧道工程监理

一、隧道工程测量监理

隧道工程测量监理的规定如下：

(1)检查接桩后的施工复测资料,特别注意在一个曲线内有桥隧相连的建筑物,以及在隧道群地段内,先复核两点相邻的曲线完全闭合后,才能考虑进洞前的控制测量。

(2)按《铁路工程测量规范》(TB 10101－2009)的要求,进行施工控制测量,隧道中线及高程贯通误差限值应符合表3－99要求。检查有关项目时,注意应以隧道贯通后进行调整闭合的中线、高程为准。

表3－99 贯通误差限值

两开挖洞口间长度(km)	<4	4～8	8～10	10～13	13～17	17～20
横向贯通限差(mm)	100	150	200	300	400	500
高程贯通限差(mm)	50					

(3)隧道(含明洞、棚洞)各式衬砌结构与洞门的内轮廓线(隧道净空)必须满足隧道建筑限界的要求。

二、隧道洞门监理

隧道洞门监理的规定如下：

(1)检查洞门实际地形、地质情况是否符合设计要求,设计里程是否合适。洞门结构形式是否符合设计要求。施工前要做好弃砟位置的选择工作,妥善做好排水处理。

(2)洞门基础质量要求。

1)洞门基础承载力应满足设计要求,基础必须置于稳固的地基上。土质地基埋入深度应不小于1m。在冻胀土壤上设置基础时,基底应置于冻结线以下0.5m。

2)基坑断面尺寸应满足设计要求。基底无虚砟、杂物及积水。

(3)洞门结构施工质量要求。

1)端墙尺寸及基础埋深允许偏差按表3－100的规定,墙身砌石偏差应满足规范要求。

表3－100 洞门允许偏差

序号	项目		允许偏差	检查数量	检验方法
1	构造尺寸	水平距离	+100,－20	3～7点	查阅设计图,尺量
		高 差	+50,－10		
2	基础埋深	石质基础	+50,－100	不少于7点	查阅设计图,工程检查证及施工记录
		高 差	+50,－0		
3	墙身	断面厚度	混凝土 +20,－0	不少于7点	查阅设计图,尺量
			砌 石 +40,－0		
		垂直度	<5m 不大于10		尺量
			≥5m 不大于15		
		表面平整度	混凝土 不大于5		观察、尺量
			砌 石 不大于10		
		墙面坡度	±5%		尺量

2)洞门拱墙与洞内相邻拱墙衬砌应同时施工,连成整体。

3)圬工强度应符合设计要求,模板及支撑有足够的强度、刚度和稳定性。

4)伸缩缝、沉降缝位置合适,填塞符合要求。

5)洞门端墙、翼墙、挡土墙墙背后应回填密实。墙身砌筑与回填应从两侧同时进行,防止对衬砌产生偏压。

6)洞门端墙顶宜高出仰坡坡脚不小于0.5m,坡脚至洞门端墙顶帽背的水平距离不小于1.5m,线路中线沿轨枕底面水平至翼墙(或挡土墙)面的距离,一般不应小于3.5m。洞门顶水沟沟底至拱顶衬砌外缘的高度不小于1.0m,水沟沟底如有填土应夯实紧密。

(4)洞口边坡和仰坡施工质量要求。

隧道洞口的边坡和仰坡坡度允许偏差±5%,刷坡不宜过高,坡面要平顺、稳定,应达到以下质量要求:

1)边坡和仰坡坡顶无危石,当山坡局部土、石有可能失稳时,应结合洞口的地形、地质特点,采取清刷,或设置支挡建筑物,不留后患。

2)坡面有剥落、松软不稳,应进行防护。

(5)洞口排水系统施工质量要求。

洞口排水的好坏,直接影响洞门结构的稳定性,因此在施工过程中应注意检查:

1)洞口附近的坑洼、黄土陷穴和岩溶孔洞应用不透水土壤分层回填夯实,严防地表水渗入洞内。

2)根据设计要求,洞口应设置截水沟和排水沟,并和路堑排水系统统一考虑。水沟断面尺寸应符合设计要求。

3)填土上的水沟应基底密实,沟槽稳定,出水口无冲刷现象。

4)在出洞方向路堑为上坡时,洞外侧沟应做成反向排水,路堑水不宜流入洞内。

5)检查洞门排水设施是否满足质量要求:顺坡单向排水应做好吊沟铺砌、防止漏水,并在底部设置圬工基础。龙嘴排水,龙嘴应有足够长度,以不使水滴在洞门上为妥。端墙、翼墙、挡土墙上的泄水孔通畅。

三、隧道洞身监理

隧道洞身监理的规定如下:

(1)洞身开挖的质量将直接影响到结构的稳定性和工程投资。超挖过多不但造成浪费,而且超挖部分如回填不好,支护结构背后留有空隙,使支护结构与围岩不能紧密结合共同作用,可能引起结构受力性能变化,引起支护结构开裂甚至破坏。因此,严格控制超挖、欠挖是洞身开挖中的重要问题。

1)整体式衬砌断面开挖:开挖断面形状、尺寸应符合设计要求。拱墙脚以上1m内断面无欠挖。只有在岩层完整、抗压强度大于30MPa时,围岩个别突出部分(每平方米内不大于$0.1m^2$)可侵入衬砌断面不大于5cm。

隧道断面允许超挖应符合表3-101的规定。

表3-101 隧道允许超挖值

围岩条件 类别 开挖部位	硬岩一般 相当Ⅵ类 围岩	中硬岩、软岩相 当于Ⅴ～Ⅲ类 围岩	破碎松散岩石及土质相 当于Ⅱ、Ⅰ类围岩(一般 不需爆破开挖)	检查数量	检验方法
拱部	平均10 最大20	平均15 最大25	平均10 最大15	每5～10m检查一次,衬砌紧跟时,每衬砌前检查一次	量测周边轮廓断面,绘断面图核对
边墙、仰拱、隧底	平均10	平均10	平均10		

2)锚喷衬砌断面开挖:在坚硬岩层中局部断面岩石突出部分每平方米内不大于$0.1m^2$,侵

入断面不大于3cm。允许超挖值不得大于表3-102的规定。

表3-102 允许超挖值

围岩类别	平均线性超挖	最大超挖	检查数量	检验方法
硬岩	<10	<20	每5~10m检查一次	测绘周边轮廓断面
中硬岩	<13	<25		核对设计断面

3）复合式衬砌断面开挖：其超、欠挖值同锚喷衬砌断面开挖允许值。并应按设计要求预留变形量或参照规范规定参考值。

4）在含瓦斯地层开挖隧道，要重点检查机电设备防爆性能及瓦斯自动检测、报警、断电装置等安全措施。

（2）整体式衬砌

1）衬砌材料和圬工强度及衬砌类型、截面形式、衬砌抗冻、抗渗、抗侵蚀及耐久性等均须符合设计和规范要求。

2）灌注拱墙混凝土的模板工作状态应符合：拱墙模板的位置满足隧道净空的要求。先拱后墙法施工时，拱架（包括模板）预留的沉落量能满足衬砌不侵入隧道净空的要求。

3）边墙基底稳固，无虚砟、杂物及积水，拱墙背后回填密实，并符合设计要求。边墙基底以上1m范围内的超挖，宜用与边墙同材料一次施工。其余部位超挖在允许范围内，可用与衬砌同样材料回填；超挖大于规定值时，要用片石混凝土或用浆砌片石回填。当围岩稳定，干燥无水时，必须在衬砌背后压浆的地段，方可用干砌片石回填。

4）塌方地段衬砌后应及时回填。当塌穴较小时，可用浆砌片石或干砌片石将塌穴填满；当塌穴较大时，要先用浆砌片石回填一定厚度，再以弃砟填实；如塌穴很大，全部填满有困难时，可请设计单位共商处理办法。

5）拱圈组砌及墙身砌石组砌偏差要符合规范要求。

（3）锚喷衬砌

1）喷射混凝土强度和建筑材料质量应符合设计规定和规范要求。受喷面无松动岩块，墙脚无岩砟堆积，喷射混凝土与围岩（受喷面）黏结紧密。喷层厚度符合设计要求和规范规定。

2）锚杆质量。锚杆的材质、规格、安装位置及胶结材料质量均应符合设计要求。锚杆孔偏差不得大于20cm，一般应沿隧道周边径向钻制，但钻孔不得平行于岩层层面，锚杆孔应保持一定准直度。

砂浆锚杆孔深误差不宜大于±10cm，孔径应大于锚杆直径15mm；缝管锚杆孔深不得小于杆体长度，孔径应根据设计要求并经试验确定；楔缝锚杆孔深应保证尾部垫板、螺栓安设紧固，孔径应根据围岩的软硬程度以及楔缝的张开度严格掌握。

锚杆的抗拔力应符合规范规定，每300根锚杆至少抽取3根作抗拉拔试验。

3）钢筋网的材质、规格、网络结构形式应符合设计要求，钢筋网与锚杆或其他固定装置连接牢固。喷射混凝土时，钢筋网不得晃动。

4）喷射衬砌外观检查应符合规范规定，不允许有钢筋外露、锚杆外露、空鼓、裂缝脱落等缺陷存在。

（4）复合式衬砌

1）初期支护的检验：喷射混凝土、锚杆、钢筋网三项质量标准同锚喷衬砌。

2）塑料防水板的材质、性能、规格应符合设计要求，防水板的铺设质量应符合规范要求。

3）钢架支撑的检验：钢架材质、规格、强度和刚度应符合设计要求；钢架各部接头及纵向拉杆等安装齐全,连接牢固;底板安置稳定,在同一断面上的钢架与锚杆焊接成一体。

4)二次衬砌(模筑混凝土的检验):二次衬砌施作时间应在实际量测隧道周边位移量有明显收敛趋势;拱脚水平收敛速度小于 0.2mm/d,或拱顶位移速度小于 0.15mm/d;其收敛量已超过总收敛量的 80% 以上,且初期支护表面没有再发展的明显裂缝时。施作二次模筑混凝土检验要求:每灌注一次检查一次,每完成 100m,抽查 5m。

(5)电气化铁路隧道下锚段衬砌。

在电气化隧道内,每隔 1500~2000m 须将接触网及承力索进行锚固(下锚),此段称接触网锚段。下锚区段两段交错设置下锚段衬砌断面,下锚段隧道净空高比一般衬砌加高 0.5m 及以上,其宽度比一般衬砌宽 0.7m 及以上,纵向长度为 3m。隔断开关衬砌断面比一般衬砌宽 1m,纵向长度为 4m。下锚段衬砌检查应注意:

1)衬砌结构形式及圬工强度应符合设计要求;
2)衬砌构造允许偏差应符合规范要求。

四、隧道排水监理

隧道排水监理的规定如下:

隧道防排水应采取"防、截、排、堵结合,因地制宜,综合治理"的原则,以保证结构和设备的正常使用和安全行车。

(1)隧道地段防排水应注意覆盖层较薄或渗透性强的洞顶地表,应督促施工单位及早按设计或有关规范认真处理,以免造成后患或事故。洞顶施工使用高压水池必须有防渗和疏导设施。修筑的边、仰坡天沟、截水沟,其断面形状、尺寸应符合设计要求,出水口必须防止顺坡漫流。

(2)隧道衬砌背后设置纵、横向盲沟、暗沟、泄水槽及其中配集的集水钻孔、排水孔(槽)和水管等均应符合设计要求。检查要求:盲沟过滤层级配均匀、回填良好;盲沟、暗沟、排水槽等无堵塞现象,水流畅通。

(3)衬砌应做到拱部不滴水、边墙不淌水、道床不积水、安装的设备孔眼不渗水。衬砌的施工缝、沉降缝、伸缩缝等的特殊水处理,电气化隧道严格防水部位及衬砌局部铺设防水层范围均应符合设计要求。

(4)隧道防排水应注意洞门排水沟与路堑边沟衔接坡度平顺。洞内外水沟与汇水坑的衔接,盲沟、暗沟(或暗管)与洞内水沟或泄水沟相通的泄水孔(槽)、横沟等连接应形成系统。断面尺寸及坡度搭配恰当、排水顺畅。

第十九节 涵洞、明洞监理

一、涵洞工程施工监理

涵洞工程施工监理的规定如下:

(1)涵洞工程开工前应根据设计资料,结合现场实际地形、水文及线路设计情况,对其位置、方向、长度、出入口高程以及与既有沟槽及排灌系统的连接等进行核对,如有与实际不相适应之处,及时与设计单位联系处理。

(2)基坑开挖后,地质与承载力应符合设计要求,基底应按设计进行处理。

(3)涵身应按设计位置做好沉降缝。沉降缝面应垂直、整齐、表面平正、不得交错,并以具有弹性不透水的材料填塞紧密。基础和涵身沉降缝应在同一竖直面上,不得错牙。

(4)涵身应按设计做好拱度,以及在软土地区预留沉降量。

(5)涵洞出入口沟床应整理顺直,按设计做好铺砌加固。

(6)灌注混凝土涵洞的允许偏差见表3-103。

(7)装配式涵洞混凝土构件外形尺寸的允许偏差见表3-104。

表3-103 混凝土涵洞允许偏差

序号	项目			允许偏差	检验方法
1	边翼墙、中墩前后、左右距设计中心线尺寸			±20	测量检查
2	墙顶、拱座顶面高程			±15	测量检查
3	孔径及涵壁（拱圈）	(1)孔径		±20	尺量检查
		(2)厚度	①钢筋混凝土	+10,-5	
			②混凝土	±15	
4	涵身接头错牙			10	尺量检查
5	箱形涵同	(1)钢筋混凝土盖板厚度		+10,-5	尺量检查
		(2)混凝土盖板厚度		±15	
6	矩形涵底板、顶板厚度			+10,-5	尺量检查

表3-104 构件允许偏差

序号	项目	项目	允许偏差	检验方法
1	基础边翼墙块体	(1)长度	±10	尺量检查
		(2)横截面尺寸	±5	
2	钢筋混凝土圆管	(1)长度	+0,-10	
		(2)内外直径	±10	
		(3)管壁厚度	+10,-5	
3	钢筋混凝土盖板	(1)长度	+0,-10	
		(2)宽度	+0,-10	
		(3)厚度	+10,-5	
		(4)对角线差	<5	
4	混凝土拱圈	(1)长度	+0,-10	
		(2)宽度	±10	
		(3)厚度	±15	
5	矩形涵洞	(1)长度	±20	
		(2)宽度	±20	
		(3)高度	±15	
		(4)顶、底板厚度	+10,-5	

二、明洞、棚洞工程监理

明洞、棚洞工程监理的规定如下:

(1)明洞基础埋置深度、地质条件、基坑断面尺寸应符合设计要求,边墙的基础应设置在稳固的地基上。如基底松软,应采取补强措施。

(2)拱形明洞采用外贴式防水层时应注意检查:

1)明洞外表面用水泥砂浆涂抹平顺;

2)卷材接头搭接长度不小于100mm;

3)拱背的黏土隔水层与边、仰坡搭接良好。

(3)拱背、洞顶回填应满足规范要求。

(4)棚洞结构形式、构造及混凝土质量、墙柱基础埋置深度、断面尺寸及地质条件等均应符合设计要求。按设计要求做好防排水措施,棚洞内表面无渗水。

三、洞内道床监理

洞内床监理主要包括对混凝土宽轨道床和整体道床的监理,具体规定如下:
(1)混凝土宽轨道床
1)道砟槽基底稳固无虚砟、杂物及积水,其底纵坡应与隧道纵坡一致。
2)道砟槽混凝土厚度及其横向排水坡度符合设计要求,槽内无水,保持干净。
3)道砟槽混凝土达到设计强度等级的50%及以上时,方可进行铺砟;达到100%时可进行压实。
4)道床面标高符合设计要求,误差不大于50mm。
(2)整体道床
1)基底处理要求:开挖时不得有欠挖,超挖深度在200mm以内,可用与道床同强度混凝土一次填筑;等于或大于200mm时,应先用C15混凝土铺底后再灌注道床混凝土。基底清理后应无虚砟、淤泥、积水,对软弱基岩面应做好封闭。
2)道床标注和施工桩的测设误差应符合规范要求。
3)支承块与钢轨应扣紧,承轨槽垫板与轨底应密贴。支承块位置逐块检查时,应掌握沿线路纵向为±10mm;横向为±2mm;水平高差为±2mm。
4)钢轨调整后的误差应符合:轨距误差为+2mm、-1mm,水平误差为±2mm,曲线圆顺符合轨道工程要求。
5)混凝土道床在灌注混凝土时,应注意检查铺底或仰拱填充的表面,及人行道与道床混凝土接触面是否凿毛并冲洗干净、无存水;支承块四周及底部需捣固密实并与道床混凝土结合良好;道床表面抹平,排水坡度及其支承块承轨槽面高差、伸缩缝设置等符合设计要求。

第二十节 铁路铺轨监理

1. 铺轨前检查
(1)轨道施工前应具备有关的路基竣工资料,主要有:路基有无路拱地段表、软土路基地段表、铺轨前路基检查证、桥头路基填土密实度检查记录等。
(2)铺轨前,必须检查路基面尺寸和高程是否符合设计要求,其偏差要符合规范要求。
(3)铺轨前,应按规定钉设线路中桩、水平桩和坡度标。
(4)隧道内铺轨的条件是:在隧道内铺轨前,应具备以隧道贯通后进行调整闭合的中线和高程为准,所变更的平面和纵断面设计文件,并按此敷设中桩、水平桩和坡度标。各式衬砌结构和洞内的内轮廓线,均必须满足隧道建筑限界的要求,落实隧道内照明条件。

2. 道床
(1)道砟材料必须清洁,无土块、杂物,其物理力学指标应符合铁道部现行的道砟技术要求。采石场供应的每批道砟应按标准进行质量检验,并报送证明书,用料单位有权按照规定和要求程序、试验方法检验道砟质量(如颗粒成分、韧度试验、耐冻性试验等)。
我国铁路使用的标准道砟有以下五种:碎石道砟、筛选卵石道砟、天然级配卵石道砟、砂子道砟及熔炉矿渣道砟。根据道床的铺设地点、用轨道类型按表3-105选用道床材料。

表3-105 正线轨道类型

条件	项 目			单位	特重型	重型	次重型	中型	轻型
运营条件	年通过总重密度			Mt. km/km	>60	60~30	30~15	15~8	<8
	量高行车速度			km/h	≥120	≥120	120	100	80
轨道结构	钢轨			kg/m	≥70	60	50	43	43~38
	轨枕根数	预应力混凝土枕(混凝土枕)		根/km	1840~1760	1760	1760~1680	1680~1600	1600~1520
		木枕			1840	1840	1840~1760	1760~1600	1600
	道床厚度	非渗水土路基	面层	cm	30	30	25	20	20
			垫层		20	20	20	20	15
		岩石、渗水土路基			35	35	30	30	25

注:(1)计算年通过总重,应包括净载、机车和车辆的质量,并将旅客列车的质量计算在内。单线应按往复总重计算,双线应按每一条线的通过总重计算。

(2)重型及以上轨道宜采用预应力混凝土宽枕(混凝土宽枕),混凝土宽枕每千米配置根数为1760根;

(3)非渗水土路基宜采用双层道床,只有在垫层材料供应困难,且不致造成路基病害的情况下,方可采用单层道床。其厚度比照岩石、渗水土路基增加5cm。

(2)碎石道砟粒径应符合下列要求:

1)大于或小于规定尺寸者,不得超过总重的5%。

2)最大粒径:

①标准砟:20~70mm,不得大于100mm(标准道砟应用于新建、大修和维修);

②中砟:15~40mm,不得大于70mm(中砟供维修用);

③细砟:3~20mm,不得大于40mm(细道砟用于垫砂起道)。

(3)道床断面一般采用梯形断面,其厚度标准如下:

1)正线道床厚度见表3-105正线轨道类型表。

2)单线铁路道床顶面宽度见表3-106。

表3-106 单线铁路道床顶面宽度

轨道类型	直线或半径R≥600m的曲线地段	半径R≤600m的曲线地段
特重型、无缝线路	3.1	3.2
重型、次重型和中型	3.0	3.1
轻 型	2.9	3.0

4)道床边坡坡度见表3-107。

表3-107 道床边坡坡度

线 别	轨道类型	道床边坡坡度
正线	特重型~中型	1:1.75
	轻 型	1:1.5
站 线		1:1.5

3. 枕木

(1)新建和改建铁路应采用混凝土枕,但下列地段及下列地段间的长度小于50m时应铺设木枕:

1)半径为300mm以下的曲线;

2)设护轮轨的桥或路肩挡土墙在护轮轨铺设范围内;

3)转车盘、轨道衡、脱轨器及铁鞋制动地段;

4)无砟桥的桥台挡砟墙范围内及其两段各15根轨枕;

5)道岔及其前后两端各15根轨枕(后端包括辙叉跟端以后的岔枕)。

6)木枕:包括普通枕木、道岔枕木和桥梁枕木。普通枕木又分Ⅰ、Ⅱ两类。其尺寸见表3-108。

表 3-108　混凝土枕外形主要尺寸　　　　　　　　　　（单位：mm）

类型	长度	轨下载面厚度	外螺旋道钉孔处			中间部分			承轨槽坡度	适用范围
			厚度	顶宽	底宽	厚度	顶宽	底宽		
61型	2500	200	197.5	162	268.5	155	166	250	1/40	
69型	2500	200	203	170	280	155	166	250	1/40	
S-1	2500	200	204	169.5	280	165	161	250	1/40	中型、轻型轨道
S-2	2500	200	204	169.5	280	165	161	250	1/40	重型、次重型轨道
J-2	2500	200	204	169.5	280	165	161	250	1/40	重型、次重型轨道
S-3	250	200	204	169.5	280	165	161	250	1/40	特重型轨道

注：(1)类型中，"S"表示配筋采用高强度钢丝，"J"表示配筋采用钢筋。"—"后边的1、2、3表示轨枕生产的先后顺序，又表示轨枕强度等级的发展；

(2)"S-1型"原称"丝78型"，"S-2型"原称"丝81型"，"J-2型"原称"筋81型"。

7)混凝土枕：按结构强度分为S-1型、J-2型和S-2型、S-3型三级。各型号混凝土枕尺寸亦见表3-108。

(2)轨枕类型、规格、数量应符合设计要求。

(3)轨枕的铺设应注意：

1)不同类型的轨枕不得混铺，不同轨枕的分界处如遇有钢轨接头，接头前后应保持不少于5根同类的轨枕。

2)同一种类的轨枕应集中连续铺设。

3)木枕必须经过注油防腐处理，铺设时树心面朝下并一端取齐。

4)混凝土枕端部埋入道床深度应为150mm，其中部600mm范围内，道床顶面应低于轨枕底30mm，S-2、J-2型等采用增大中间截面承载能力的混凝土枕中部道床可不掏空，但应保持疏松。

5)木枕轨道的道床顶面应低于轨枕顶面30mm。

(4)按规定的轨枕失效、失修标准检查轨枕质量，保证轨枕无失效、失修。

4. 钢轨铺设

(1)钢轨铺设

1)类型及标准。

我国国家铁路用轨一般按其每米的重量分类。列入国家标准的计有75kg/m、60kg/m、50kg/m、43kg/m、38kg/m五种。

38~50kg/m标准轨的定尺长度为12.5m和25m；其他类轨的定尺长度为25m。各类钢轨均有几种缩短轨类型。

2)钢轨铺设。

①铺设不同类型的钢轨时，宜将同类型钢轨集中连续铺设在一个区间或车站内。区间的同类型钢轨，其延续长度不得小于1km。调车线的同一股道应铺设同类型的钢轨。

②正线和到发线上的钢轨，其长度不得小于9m，其他线上钢轨应不小于7m。同一长度的钢轨应该集中连续铺设，其延续长度，在正线上大于12.5m的钢轨不得小于1km，12.5m及以下的钢轨不得小于0.5km。除到发线以外的站线，同一股道可集中铺设两种不同长度的钢轨。非标准长度钢轨宜集中铺在车站内或车站附近。

轨道上个别插入短轨时，正线不得小于6m，站线不得小于4.5m。下列情况应插入短轨：需要调节钢轨接头位置时；调整桥上接头位置时，应在离桥台尾10m外；经合理移动道岔的设计位置后，其龙口长度仍小于整轨时；轨道电路的绝缘接头位置，经按规定调整后，其龙口长度仍小于整轨时。

(2)钢轨接头

1)直线和半径大于或等于350m的曲线地段的轨距均为1435mm，其轨距允许偏差+6mm，-2mm；半径小于350m的曲线地段的轨距按规范规定进行加宽。

2)下列位置铺设的钢轨不得有钢轨接头。如不可避免，应将接头焊接或冻结。

①桥台挡砟墙间的长度为20m及以上的明桥面上；
②钢梁端部、拱桥温度伸缩缝和拱顶等处前后各2m范围内；
③设有温度调节器的钢梁的温度跨度范围内；
④钢梁的横梁顶上；
⑤平交道口。
3）钢轨接头应采用对接式。曲线内股应使用厂制缩短轨调整钢轨接头位置。曲线上铺设的旧轨或非标准长度的钢轨，应铺成对接式接头。如配轨有困难时，可采用错接式头，但接头相错量应符合规范规定。
4）根据温度变化计算轨缝宽度。
（3）无缝线路轨道
1）无缝线路的铺设：先在工厂将标准长度的端部未钻眼和淬火的钢轨焊成长250～500m的长轨条，用专门的长轨列车运到工地，在工地把它们焊接成设计长度的长轨条，再用换轨小车把长轨条换上线路，在规定的温度范围内拧紧扣件，把线路"锁定"。
当温度发生变化时，钢轨将要发生伸缩。无缝线路按对长钢轨伸缩量处理方法的不同，分为温度应力式和放散温度应力式两种。放散温度应力式又分为自由放散式和定期放散式两种。在我国铁路上，除特大桥和个别处所外，均为温度应力式无缝线路。
2）由于无缝线路轨道内存在着巨大的温度应力，为了保证轨道的稳定，要求道床具有较大的阻力，同时要尽量减少线路上的原始不平顺。这就要求铺设无缝线路轨道的地段，道床应有较高的密实度。路基应该稳定、牢固。
①路基必须稳定，无冻胀、下沉和翻浆等病害；
②道砟清洁、道床密实、断面应符合设计要求；
③铺设的无缝线路轨道应符合《铁路轨道工程施工质量验收标准》（TB 10413—2003）要求。
3）无缝线路轨道整道允许偏差应符合表3－109的标准。

表3－109 正、站线整道允许偏差

序号	项目			允许偏差(mm)		检验数量	检验方法
				正线和到发线	其他线		
1	中线及线间距		△轨道中心线与线路中心线	<50		每千米抽验100m	尺量
			△相邻下线和站线、站线和站线的间距	±20			
		区间	在钢梁上线路	±10	—		
			在混凝土梁上和隧道内的线路	±20	—		
			△区间线间距设计为4m和倒装线设计为3.6m时	不得有负值			
2	轨距		△轨距	+6 -2		每节轨三处	轨距尺量
			△轨距变化率	<2‰	3‰		
		曲线轨距加宽递减率	应在缓和曲线全长范围内	均匀递减		全验	
			无缓和曲线时应在直线上递减	<1‰			
			道岔连接曲线递减率	<3‰			
3	高低		△轨面目视平顺，前后高低差	<4	<6	每千米抽验100m	10m弦量
4	水平		△两股轨面左右水平差	<4	<6		轨距尺量
			△在延长18m距离内的三角坑	<4	<6		
5	方向		△直线远视顺直	<4	<6	全验	10m和20m弦量
			△曲线圆顺，正矢容许误差				
			△曲线头尾	无硬弯或鹅头			

续上表

序号	项目		允许偏差(mm)		检验数量	检验方法
			正线和到发线	其他线		
6	捣固	接头处	无空吊板		每千米抽验100m	2m塞尺量
		其他站位处	无连续空吊板			
		空吊板率	<8%	<12%		
7	钢轨接头	使用厂制缩短轨,其接头相错量： 对接时：△直线 错接时：△曲线	<40 <40 +缩短量之半	<60 <60 +缩短量之半	全验	方尺量
		使用旧轨或非标准长度钢轨时,其接头相错量： 对接时：△曲线 错接时：△曲线	<120 >3000	<140 >3000	全验	方尺量
		连续瞎缝	<3个		全验	目测
		△每个轨缝实际尺寸与检查段内的轨缝平均值差	±2		每千米抽验100m	尺量
		△接头处轨面高差和轨距线错牙	1	2	全验	
8	连接零件	各种零件	齐全、无失效		全验	目测
		道钉浮起2mm以上或歪扭、仰俯者	<8%	<12%	每千米抽验100m	塞尺量
		轨枕扣件不良者	<8%	<10%		目测
9	轨枕	△失效轨枕	无		每千米抽验100m	尺量
		转枕间距和偏斜	<40	<50		
10	道床	厚度	±50		3处/km	尺量

(4) 预应力混凝土宽枕轨道铺设。

1) 主要用于隧道内特大桥桥头及大型客运站的重型及以上轨道。

2) 铺设条件：

① 曲线半径不小于300m；

② 路基坚实、稳定，排水良好，无病害，无积水；

③ 混凝土宽枕与普通轨道连接处应有长度不短于25m的混凝土枕过渡。

3) 混凝土宽枕轨道整道允许偏差见表3－110。

表3－110 混凝土宽枕轨道整道允许偏差

序号	项目		允许偏差	检验数量(mm)	检验方法
1	道床	粒径、断面和分层铺设	符合设计	全验	对照文件、尺量、目测
		△底砟夯实压缩率	8%	每100m抽验一处	查试验记录
		面砟应平整、高程差	±5	全验	水平仪量
2	平面位置	△轨道中心线与线路中心线偏离值	<10	每公里100m	尺量
3	间距	混凝土宽枕方正误差和偏斜	<30	每股道100m	
4		垫片总厚度	<6	全验	
5		△轨距、水平、高低、方向等		见表3－109	

(5) 整体道床轨道铺设。

1) 主要用于隧道、地下铁路及站内有特殊要求的线路上。对基底处理和排水要求很高。

2) 铺设条件和要求：

① 曲线半径为400m及以上的地段。

② 做好综合排水和加强地段设计，确保基底干燥稳定。

③道床基础必须坚实可靠,基底不得欠挖。基底超挖在200mm以内者,应与道床一起一次灌注同级混凝土;大于200mm时,用C15混凝土回填。

④灌注混凝土前,应将基底风化层、虚砟、杂物等彻底清除干净。

3)混凝土道床面应平整,其允许偏差应符合表3-111的规定。

表3-111 混凝土道床允许偏差

序号	项目	允许偏差(mm)	检验数量	检验方法
1	△混凝土强度	符合设计	全验	试件压强
2	△道床面高度	±6		水平仪
3	排水沟尺寸和坡度	符合设计		对照文件

4)混凝土支承块允许偏差见表3-112。

表3-112 混凝土支承块允许偏差

序号	项目	允许偏差(mm)	检验数量	检验方法
1	预留孔中心间距	±2	每100块抽验5块	尺量
2	预留孔直径	+3,-2		
3	承轨槽内边缘至预留孔中心间距	±2		
4	承轨槽挡肩高	+3,-1		
5	承轨槽挡肩坡度	±2		
6	承轨槽面凹凸	<1	每100块抽验5块	尺量
7	支承块长、宽、厚	+10,-5		
8	表面应涂环氧树脂层,其层厚	0.5	抽验	目测
9	△混凝土强度	不低于设计强度	全验	查试验报告

5)整体道床轨道允许偏差见表3-113。

表3-113 整体道床轨道允许偏差

序号	项目		允许偏差	检验数量	检验方法
1	△轨距		见表3-109	全验	轨距尺量、尺量
2	△水平				
3	△方向	直线	<4	全验	轨距尺量、尺量
		曲线正矢差	见表3-118		
4	△高低		见表3-109		
5	支承块间距		±10		
6	轨底坡		符合设计	抽验	对照文件

6)曲体道床轨道允许偏差见表3-114。

表3-114 曲线正矢允许偏差

曲线半径(m)	缓和曲线正矢与计算正矢差(mm)	圆曲线正矢连续差(mm)	圆曲线正矢最大最小值差(mm)
251~350	5	10	15
361~450	4	8	12
451~650	3	6	9
650以上	3	4	6

注:检验数量:全验。

第二十一节 轨道安装配件的监理

1. 正、站线整道

(1) 曲线外轨超高。

曲线外轨超高值根据设计客、货列车速度计算决定。新建铁路的曲线外轨最大超高不得大于150mm,单线铁路上、下行行车速度相差悬殊时,不得大于125mm。道岔后连接曲线的外轨超高不宜大于15mm。

外轨超高应在缓和曲线全长内递减顺接。未设缓和曲线时,可按不大于2‰的递减率在直线段顺接(道岔连接曲线的外轨超高递减率不宜大于2.5‰)。

(2) 曲线正矢按计算决定,其允许偏差见表3-115。

表3-115 曲线正矢允许偏差

曲线半径(m)	缓和曲线的正矢与计算正矢差(mm)		圆曲线正矢连续差(mm)		圆曲线正矢最大最小值差(mm)	
	正线和到发线	其他线	正线和到发线	其他线	正线和到发线	其他线
250及以下	7	8	14	16	21	24
251~350	6	7	12	14	18	21
351~450	5	6	10	12	15	18
451~650	4	5	8	10	12	15
650以上	3	4	6	8	9	12

(3) 轨面高程应符合设计要求,其竣工轨顶标高与设计标高的允许偏差见表3-116。

表3-116 轨面高程允许偏差

序号	项目	允许偏差(mm)	检验数量	检验方法
1	在路基上	+50,-30	全验	水平仪抄平
2	在建筑物上	±10		
3	紧靠进站台的线路	+50,-0		

2. 道岔安装

(1) 正线上的道岔,其轨型应与线路轨型一致:

1) 到发线、其他站线和次要站线上的道岔,其轨型不应低于各该线路轨型;

2) 如道岔与各该线路轨型不同时,道岔前后应各铺设有长度不小于6.25m且与道岔同类型的钢轨,在困难条件下也不应小于4.5m。

(2) 使用旧道岔,应符合下列规定:

1) 尖轨无损伤。在尖轨顶面宽度等于及大于50mm处,其轨面不低于基本轨面2mm。

2) 尖轨顶铁长度应保证在尖轨尖端板靠基本轨时,顶铁恰好与基本轨腰部密贴。

3) 基本轨无损伤。其垂直磨耗:正线上不大于2mm,到发线上不大于4mm,其他线上不大于6mm,转辙器侧向基本轨的曲折量应符合规定。

4) 辙叉心、辙叉翼无损伤。在辙叉心宽40mm的断面处,正线上垂直磨损不大于2mm,到发线上不大于4mm,其他线上不大于6mm。

5) 护轮轨螺栓无损伤。

6) 全组道岔拼装后,各部尺寸应符合标准要求。

(3) 道岔铺设允许偏差见表3-117。

表 3－117 道岔铺设允许偏差

序号	项目		允许偏差	检验数量	检验方法
1	基本轨和引轨	技术要求	无硬弯曲(基本轨弯折点不计)、无裂纹、无倾斜	全验	对照文件尺量目测
		长度	符合设计		
2	△转撤器		扳动灵活		扳动
3	轨距	△轨距(mm)	＋3，－2		轨距尺量
		△装设控制锁设备的尖轨尖端处(mm)	±1		
4	铺设旧道岔	技术要求	见本节第2条中(2)		尺量探伤
		未经整修	不得使用		

(4)道岔整道允许偏差见表 3－118。

表 3－118 道岔整道允许偏差

序号	项目		允许偏差(mm)		检验数量	检验方法
			正线和到发线	其他线		
1	轨距	△轨距	＋3，－2		全验	轨距尺量
		△装设控制锁设备的尖轨尖端处	±1			
		道岔连接曲线递减率	＜3‰			
		△撤叉心作用面至护轨头部外侧距离	≥1391			
		△翼轨作用面至护轨头部外侧距离	≤1348			
2	高低	△道岔全长范围内前后高低差	＜4	＜6		10m弦量
3	水平	△两轨面左右水平差	＜4	＜6		轨距尺量
		△导曲线反超高	无			
4	方向	△直线远视顺直	＜4	＜6		5m和10m弦量
		导曲线圆顺,支距正确	＜2			
		△连接曲线连续正矢差	＜3	＜4		
5	捣固	接头处	无空吊板			2mm塞尺量
		其他部位处	无连续空吊板			
		空吊板率	＜8％	＜12％		
6	钢轨接头	△轨面高低差及轨距一内侧错牙	1			尺量
		钢轨接头	方正			
		绝缘接头轨缝	10～15			
7	水平	铺设根数与规格	符合设计		全验	对照文件尺量
		间距	＜40	＜50		
8	水平	△滑床板与尖轨有2mm以上空隙者	每侧1块	每侧2块		2mm塞尺量
		浮离2mm以上的道钉	＜8％	＜10％		
		螺栓、扳道器螺栓、弹簧垫圈、连接杆、间隔铁、顶铁	无缺少、无松动、无折损			

3.配件安装

(1)接头连接配件。

钢轨接头分为普通接头、传电接头、绝缘接头和异型接头。除绝缘接头可采用胶结绝缘接头外,其余均采用夹板、螺栓结构,只是在传电接头上需增加2根接续线,在普通绝缘接头上需配套使用轨端绝缘、绝缘槽垫、绝缘管和绝缘管垫。

1)夹板(鱼尾板):分普通夹板、异型夹板和绝缘夹板;

2)接头螺栓、螺母和垫圈:接头螺栓分普通螺栓和高强螺栓;

3)绝缘器材:绝缘管、垫和管垫配套使用。

(2)扣件。

1)木枕扣件系用道钉将钢轨、垫板、枕木共同连接起来。

2)混凝土枕扣件。我国铁路上目前使用的混凝土枕扣件主要有 67 型拱型弹片扣件、70 型扣板式扣件和弹条 I 型扣件,其中 67 型扣件已停止发展。扣件应根据轨道类型选用:次重型及以上轨道宜采用弹性扣件,中型及轻型可采用刚性扣件。

混凝土轨枕用螺栓道钉连接扣件并采用硫磺锚固与混凝土轨枕连接,硫磺锚固的材料和施工方法均应符合有关规定。锚固后每个道钉的抗拔力不小于 60kN;灌浆深度比螺栓道钉插入长度小 2mm;螺旋道钉与承轨槽面垂直,歪斜度不大于 2°,中线偏离预留孔中心不得大于 2mm。轨道电路防锈绝缘,应在锚固孔顶面和道钉方盘及其以下四周均匀涂抹防锈绝缘材料。

(3)轨道加强设备的技术要求如表 3-119 所示。

表 3-119 轨道加强设备的技术要求

序号	项目		技术要求	检验数量	检验方法
1	防反爬设备	防爬支撑断面	>120cm^2	全验	对照文件目测
		防爬器和防爬支撑安装位置和数量	符合规定		
		防爬器承力板和防爬支撑与混凝土枕间			
2	轨距杆或轨撑	有轨道电路的地段	应安装绝缘轨距杆		目测
		安装位置和数量	符合设计		

(4)铺设的护轮轨应符合下列规定:
1)特大桥及大中桥上;
2)桥长 10m 及以上的小桥上,当曲线半径小于或等于 600m 或者桥高(轨底至河床最低处)大于 60m 时;
3)跨越铁路、重要公路、城市交通要道的立交桥上;
4)多线桥上的各线;
5)立交桥下的轨道上,自轨道中心至立交桥的支柱距离小于 3m 时;
6)路肩挡土墙及其两端各 5m 范围内,当墙顶高出地面 6m、墙址下为悬崖陡坎或地面横坡大于 1:0.75 的山坡,且连续长度大于 20m 时,应铺设单侧护轮轨;
7)道口铺面宽度范围内。

(5)桥面护轮轨两端伸出桥台挡砟墙外不小于 5m(在直线上桥长大于 50m、曲线上桥长大于 30m 的桥上为 10m)后再弯曲,弯轨部分长度不得小于 5m。轨端切成斜面结成梭头,梭头超出桥台尾大于 2m。轨道电路上两护轮轨交汇处设置绝缘衬垫。

其他地段的护轮轨(包括单侧护轮轨)两端伸出防护地段不小于 5cm 后再弯曲,弯曲长度与桥面护轮轨同。

(6)护轮轨与基本轨应符合表 3-120 的规定。

表 3-120 护轮轨与基本轨允许偏差

序号	项目		技术要求(mm)	检验数量	检验方法
1	护轮轨与基本轨	△护轮轨与正轨头部间净距 200mm	±10	全验	对照文件目测
		△护轮轨面不得高出正轨面,低于正轨面	<25		
		护轮轨下木垫板需经防腐处理,其厚度	<30		
2	连接零件	每根护轮轨在每根木枕上至少钉两个道钉	符合设计		目测
		当木枕净距小于或等于 15cm 时,可每隔一根木枕钉两个道钉			

第二十二节 工程质量缺陷与工程质量事故处理

一、事故处理一般规定

工程质量事故处理的一般规定如下：

(1)监理人员发现施工过程中存在质量缺陷时，监理工程师应及时下达通知，责令承包单位进行整改，并对整改过程和结果进行检查验收。

(2)施工过程中存在工程质量事故隐患或发生工程质量事故时，总监理工程师应下达工程暂停令，责令承包单位停工处理和整改。处理和整改完毕经专业监理工程师验收后，由总监理工程师签署工程复工报审表。总监理工程师在下达工程暂停令或签署工程复工报审表前，应向建设单位报告。

(3)当发生工程质量事故时，项目监理机构应做好以下工作：

1)责令承包单位立即采取措施保护事故现场，同时向建设单位报告；

2)责令承包单位尽快进行事故分析，及时报送《工程质量事故报告单》(表3—121 TA9)；

3)参与质量事故调查，研究事故处理方案；

4)对工程质量事故调查，研究事故处理方案；

5)向建设单位及时提交由总监理工程师签署意见的质量事故报告，并将质量事故处理记录整理归档。

表3—121 TA9 工程质量事故报告表

工程项目名称：　　　　　　施工合同段：　　　　　　编号：

致＿＿＿＿＿＿＿＿＿＿(项目监理机构)： 　　＿年＿月＿日＿时，在＿＿＿＿＿＿＿＿＿＿发生工程质量事故，报告如下： 1.事故经过及原因简要说明(详见附件)： 2.事故性质： 3.预计造成损失： 4.应急措施： 5.初步处理意见： 待进场现场调查后，另行详细报告。 承包单位(章)＿＿＿＿＿＿＿＿＿＿ 项目经理＿＿＿＿＿＿＿＿＿＿　　年　月　日　时
收件人＿＿＿＿＿＿＿＿＿＿　　＿年 月 日 时

注：本表一式4份，施工单位2份，监理单位、建设单位各1份。

二、工程质量评定

1. 监理人员职责

(1)工程质量检验评定应执行铁道部发布的现行工程质量检验评定办法及标准。

(2)工程质量检验评定应按以下程序进行:

1)承包单位按工程质量检验评定标准进行自检;

2)承包单位自检合格后,填写工程质量检验评定表,在规定的时限内向项目监理机构报验;

3)专业监理工程师在现场对承包单位提交的工程质量检验评定表进行审核,对施工质量进行验收;

4)分项、分部工程施工质量经专业监理工程师验收后,承包单位方可进入下一道工序施工。如专业监理工程师验收不合格,通知承包单位进行返工处理,重新向项目监理机构报验。

2. 见证取样和送检规定

见证取样和送检是指在建设单位或工程监理单位人员的见证下,由施工单位的现场试验人员对工程中涉及结构安全的试块、试件和材料在现场取样,并送至经过省级以上建设行政主管部门对其资质认可和质量技术监督部门对其计量认证的质量检测单位进行检测。

(1)见证取样、送样的范围

施工过程中,对于涉及结构安全的试块、试件、材料见证取样和送检的比例不得低于有关技术标准中规定应取样数量的30%。下列试块、试件和材料必须实施见证取样和送检。

1)用于承重结构的混凝土试块。

2)用于承重墙体的砌筑砂浆试块。

3)用于承重结构的钢筋及连接接头试件。

4)用于承重墙的砖和混凝土小型砌块。

5)用于拌制混凝土和砌筑砂浆的水泥。

6)用于承重结构的混凝土中使用的掺加剂。

7)地下、屋面、厕浴间使用的防水材料。

8)国家规定必须实行见证取样和送检的其他试块、试件和材料。

(2)见证取样、送检的程序

1)建设单位应向质检站和工程检测单位递交《见证单位和见证人员授权书》。授权书应写明本工程现场委托的见证单位名称和见证人员姓名,以便质检机构和检测单位检查核对。

2)承包单位的取样人员在现场进行原材料取样和试块制作时,见证人员必须现场监督见证。

3)见证人员应对试样进行监护,并和承包单位取样人员一起将试样送全监测单位或采取有效的封样措施后送样。

4)检测单位在接受委托任务时,须由送检单位填写委托单,见证人应在检验委托单上签名。

5)检测单位应在检查报告单备注栏中注明见证单位和见证人姓名,发生异常情况时,首先要通知见证单位。

(3)见证取样、送检工作的监管

国务院建设行政主管部门对全国房屋建筑工程和市政基础设施工程的见证取样和送检工

作实行统一监督管理。县级以上地方人民政府建设行政主管部门对本行政区域内的房屋建筑工程和市政基础设施工程的见证取样和送检工作实施监督。

三、重大质量事故鉴定

1. 范围

工程建设过程中，由于设计错误，原材料、半成品、构配件、设备不合格，施工工艺或施工方法错误，施工组织、指挥不当等责任过失的原因，造成工程质量不符合规定的质量标准或设计要求的，或造成工程倒塌、报废或重大经济损失的事故，都是工程质量事故。

工程建设中所称重大质量事故，系指在工程建设过程中由于责任过失造成工程倒塌或报废、机械设备毁坏和安全设施失当造成人身伤亡或者重大经济损失的事故。其范围包括以下几方面：

(1)工程建设过程中发生的重大质量事故。

(2)由于勘察设计、施工等过失造成质量低劣，而在交付使用后发生的重大质量事故。

(3)因工程质量达不到合格标准。而需加固补强返工或报废，且经济损失额达到重大事故级别的。

2. 重大质量事故的分级

国务院《生产安全事故报告和调查处理条例》中将重大质量事故分以下为四个等级：

(1)特别重大事故，是指造成30人以上死亡，或者100人以1上重伤(包括急性工业中毒，下同)，或者1亿元以上直接经济损失的事故；

(2)重大事故，是指造成10人以上30人以下死亡，或者50人以上100人以下重伤，或者5000万元以上1亿元以下直接经济损失的事故；

(3)较大事故，是指造成3人以上10人以下死亡，或者10人以上50人以下重伤，或者1000万元以上5000万元以下直接经济损失的事故；

(4)一般事故，是指造成3人以下死亡，或者10人以下重伤，或者1000万元以下直接经济损失的事故。

注：所称的"以上"包括本数，所称的"以下"不包括本数。

3. 质量问题成因

(1)违背建设程序。如不经可行性论证；无工程地质调查；任意修改设计等。

(2)工程地质勘察原因。如地质勘察有误等。

(3)未加固处理好地基。

(4)设计计算问题。如设计考虑不周，结构构造不合理等。

(5)建设材料及制品不合格。

(6)施工和管理问题。

(7)自然条件影响。

(8)建设结构使用问题。

四、质量问题分析处理程序

质量问题分析处理的程序如下：

(1)事故报告

施工现场发生质量事故时，施工负责人(项目经理)应按规定的时间和规定的程序，及时向企业报告事故状况，内容包括：

1)事故发生的工程名称、部位、时间、地点;
2)事故经过及主要状况和后果;
3)事故原因的初步分析判断;
4)现场已采取的控制事态的措施;
5)对企业紧急请求的有关事项等。
(2)现场保护

当施工过程发生质量事故,尤其是导致土方、结构、施工模板、平台坍塌等安全事故造成人员伤亡时,施工负责人应视事故的具体状况,组织在场人员果断采取应急措施,保护现场,救护人员,防止事故扩大。同时,做好现场记录、标识、拍照等,为后续的事故调查保留客观真实场景。

(3)事故调查

事故调查是搞清质量事故原因,有效进行技术处理,分清质量事故责任的重要手段。事故调查包括现场施工管理组织的自查和来自企业的技术、质量管理部门的调查;此外,根据事故的性质,需要接受政府建设行政主管部门、工程质量监督部门以及检察、劳动部门等的调查,现场施工管理组织应积极配合,如实提供情况和资料。事故发生后应及时组织调查处理。调查的主要目的,是要确定事故的范围、性质、影响和原因等,通过调查为事故的分析与处理提供依据,一定要力求全面、准确、客观。调查结果,要整理撰写成事故调查报告,其内容包括:

1)工程概况,重点介绍事故有关部分的工程情况;
2)事故情况,事故发生时间、性质、现状及发展变化的情况;
3)是否需要采取临时应急防护措施;
4)事故调查中的数据、资料;
5)事故原因的初步判断;
6)事故涉及人员与主要责任者的情况等。

(4)事故处理

1)事故处理包括两大方面,即:
①事故的技术处理,解决施工质量不合格和缺陷问题;
②事故的责任处罚,根据事故性质、损失大小、情节轻重,对责任单位和责任人做出行政处分直至追究刑事责任等的不同处罚。

2)事故处理结论主要有:
①事故已排除,可以继续施工;
②隐患已经消除,结构安全可靠;
③经修补处理后,完全满足使用要求;
④基本满足使用要求,但附有限制条件,如限制使用荷载,限制使用条件等;
⑤对耐久性影响的结论;
⑥对建筑外观影响的结论;
⑦对事故责任的结论等。

此外,对一时难以作出结论的事故,还应进一步提出观测检查的要求。

3)事故处理后,还必须提交完整的事故处理报告,其内容包括:
①事故调查的原始资料、测试数据,事故的原因分析、论证;
②事故处理的依据;
③事故处理方案、方法及技术措施;

④检查验收记录；

⑤事故勿需处理的论证，以及事故处理结论等。

4）恢复施工。

对停工整改、处理质量事故的工程，经过对施工质量过程和处理结果的全面检查验收并明确的质量事故处理鉴定意见后，报请工程监理单位批准恢复正常施工。

五、工程地质勘察质量处理

工程地质勘察的质量问题分为一般质量问题、较大质量问题和重大质量问题三级。

当监理单位与勘察单位对质量问题的判定发生分歧时，应由建设单位组织相关人员调查后确定。

1．一般质量问题

（1）一般质量问题判定：

1）地质调绘不细，遗漏一般地质界线、与线路关系不密切的不良地质现象或特殊岩土类型，经补充后不影响工程地质勘察工作的整体质量；

2）勘探、测试点的数量偏少或勘探方法欠妥，经补充后不影响定性和总体勘察质量；

3）室内试验环境条件、仪器设备、试验过程有缺陷，但试验结果可基本满足要求；

4）计算、评价及工程措施建议存在一般性的差、错、漏、碰等类型的错误，不影响整体勘察水平；

5）工程地质说明、原始资料及图件等较混乱，但不存在漏项，经重新整理后可基本满足要求。

（2）出现一般质量问题或隐患时，监理人员应及时填写《工程地质勘察监理工程师通知单》，以书面形式通知勘察单位，责令尽快改正，并要求勘察单位将整改情况以表3-122《工程地质勘察监理工程师通知回复单》书面回复。

（3）监理人员应到现场对改正后的情况进行检查。

表3-122　A8　工程地质勘察监理工程师通知回复单

工程项目名称：	编号：
致＿＿＿＿＿＿＿＿＿＿（监理单位）： 　　（此表主要用于对监理通知单的书面回复，如对监理工程师提出的整改意见的回复、对一般质量问题处理情况的书面回复等。） 　　　　　　　　　　　　　　　　　　　　　　　　　现场勘察机构（章）： 　　　　　　　　　　　　　　　　　　　　　　　　　负责人：　　　日期：	
     　　　　　　　　　　　　　　　　　　　　　　　　　现场监理机构（章）： 　　　　　　　　　　　　　　　　　　　　　　　　　　　　　　　日期：	

注：本表一式3份，勘察单位、建设单位、监理单位各1份。

2.较大质量问题判定与处理

(1)较大质量问题判定:

1)地质调绘不细,遗漏与线路关系密切的地质界线、不良地质现象或特殊岩土类型,经补充后不影响线路方案及地质勘察工作质量;

2)勘探、测试点的数量不足或勘探方法不当,未按规定完成勘察大纲的要求,造成返工,已影响地质条件的定性和总体勘察质量;

3)室内试验环境条件、仪器设备、试验过程有缺陷,部分试验结果不能满足要求,已影响试验工作质量;

4)计算、评价及工程措施建议存在较多的差、错、漏、碰等类型的错误,已影响整体勘察水平;

5)工程地质说明、原始资料及图件等混乱,存在漏项,经补充整理后基本满足要求;

6)多次发生一般质量问题,已影响总体的地质勘察质量。

(2)出现较大质量问题时,监理人员应及时填写表3-123《工程地质勘察质量问题通知单》,以书面形式通知勘察单位。勘察单位应填写表3-124《工程地质勘察质量问题调查报告单》,提出纠正方案及方法,经监理单位同意后执行。

(3)监理人员应到现场对改正情况进行监督和检查。

表3-123 B5 工程地质勘察质量问题通知单

工程项目名称: 编号:

勘察项目名称		里　　程	
检查日期		整改里程/部位	
		现场监理机构(章): 监理工程师:　　　年　月　日　时	
		勘察单位签收人:　　　年　月　日　时	
勘察单位处理结果: 负责人:　　　日期:			

注:本表一式3份,建设单位、勘察单位、监理单位各1份。

表 3-124　A9 工程地质勘察质量问题调查报告单

工程项目名称：　　　　　　　　　　　　　　　　　　　　　　　　　　编号：

致×××总监理工程师：
　　表中应简要说明如下内容：
　　1.质量问题发生的时间、地点；
　　2.质量问题的经过、发生的原因；
　　3.事故性质、估计造成的原因；
　　4.应急措施及初步处理意见；
　　5.附件：详细的质量问题说明及必要的图件

现场勘察机构(章)：
负责人：　　　日期：

现场监理机构收件人(章)：
日期：

注：本表一式3份，建设单位、勘察单位、监理单位各1份。

3.重大质量问题

(1)重大质量问题判定：

1)遗漏与线路关系密切的、重要的不良地质现象或特殊岩土类型的地质勘察工作；

2)因地质勘察的原因遗漏重大工点、造成大规模补充勘察工作；

3)勘探点的数量、位置、深度、取样及岩芯鉴定成果等多项不符合规范要求，影响地质评价，必须返工且造成较大工作量者；

4)工点地质资料严重不足或错误，必须进行重新勘察者；

5)勘探、测试有造假行为。

(2)出现重大质量问题或隐患，监理人员应及时填写《工程地质勘察质量问题通知单》或《工程地质勘察暂停通知单》，以书面形式分别通知勘察单位、建设单位。

(3)监理人员应督促勘察单位尽快组织自查，填写《工程地质勘察质量问题调查报告单》，提出调查报告及处理方案，报监理单位和建设单位。

(4)总监理工程师组织监理、建设和勘察单位研究、审定处理方案，在报建设单位批准、下达复工令后，由勘察单位实施。

(5)监理人员应对勘察单位的执行过程和结果进行检查，必要时应旁站监理。

(6)重大质量问题处理完毕，监理单位应向建设单位书面报告处理经过及结果。

第四章 安全生产监理工作

第一节 安全生产监理工作内容

安全生产监理工作主要包括以下几个方面的内容：

(1)项目监理机构应依据国家和铁道部规定的工程监理安全责任，建立安全生产监理工作制度，明确安全生产监理工作范围、内容、程序、措施，确定安全生产专职或兼职监理人员及其职责。

(2)项目监理机构应将安全生产监理工作内容编入监理规划并纳入监理实施细则，对危险性较大的分部、分项工程应单独编制安全生产监理实施细则。监理实施细则应明确安全生产监理工作的方法、措施和控制要点，以及对承包单位安全技术措施的检查方案。

(3)项目监理机构应审查承包单位、分包单位的安全生产许可证及特种作业人员的资格证、上岗证是否有效，检查安全生产规章制度、机构及专职安全生产管理人员配备情况；督促承包单位检查各分包单位的安全生产规章制度的建立情况。

(4)总监理工程师应组织审查承包单位编制的施工组织设计中的安全技术措施和危险性较大的分部、分项工程专项施工方案，并签署审查意见。包括：

1)地下管线保护措施；

2)基坑支护与降水、围堰、沉井、高陡坡土石方开挖、起重吊装、钢结构安装、爆破工程、隧道开挖、高空、水上、潜水作业等施工方案；

3)高墩、大跨、深水和结构复杂桥梁工程的专项施工方案；

4)架梁、营业线施工防护方案；

5)冬季、雨季等季节性施工方案；

6)施工总平面布置图及排水、防火措施。

专业监理工程师在审查承包单位编制的施工组织设计中的安全技术措施和专项安全施工方案时，应结合项目工程特点，有针对性地进行审查。

(5)项目监理机构应审查承包单位的安全防护用具，机构设施工机具是否符合国家有关安全规定，施工人员的安全教育和安全交底安排。

(6)项目监理机构应审核承包单位应急救援预案和安全防护措施费用使用计划，核查承包单位提交的有关施工机构、安全设备验收记录并备案。

(7)项目监理机构应检查施工现场各种安全标志和安全防护是否符合强制性标准要求。

(8)营业线改建及增建二线施工，项目监理机构应督促承包与运输设备管理部门和行车组织单位按铁道部有关规定办理线施工安全协议，并监督承包单位按规定设置防护。凡发现涉及营业线行车、人身安全的违章作业，应立即下达工程暂停，同时向有关各方报告，并在现场督促承包单位迅速采取措施，确保行车安全。

营业线改造及营业线增建二线的施工系指影响营业线设备稳定、设备使用和行车安全的各种施工。营业线施工必须把确保行车安全放在首位，对影响行车和施工安全的每个环节都必须强化管理,除严格执行国家、铁道部的有关规定外,还必须遵守施工地段所在的铁路局关于营业线施工及安全管理的各项规定。

第二节 安全生产管理工作程序

安全生产管理工作程序如下:

(1)总监理工程师应组织专业监理工程师编制包括施工安全监理内容的实施细则或专项安全监理实施细则,制定安全施工监理目标及措施,并将安全生产控制要点分解到各专业,形成控制网络。

(2)在施工准备阶段,审查承包单位有关安全技术文件,并由总监理工程师在技术文件上签署意见。审查未通过的,不得批准开工。

(3)在施工阶段,项目监理机构应对施工现场安全生产情况进行巡视,对危险性较大工程作业进行定期检查。

巡视、定期检查时,发现违规行为应及时制止,发现存在安全事故隐患,应当要求承包单位整改;情况严重时,总监理工程师应及时下达工程暂停令,并同时报告建设单位。承包单位拒不整改或者不停止施工,项目监理机构应及时向有关主管部门报告,以电话形式报告应当有通知记录,并及时补充书面报告。检查、报告等情况应记载在监理日志、监理月报中。

(4)工程竣工验收后,项目监理机构应将包括施工安全监理工作的技术资料归档。

第三节 施 工 安 全

一、施工机械安全

1. 起重机

(1)作业前,必须对工作现场周围环境、行驶道路、架空电线、建筑物以及构件重量和分布等情况进行全面了解并采取对应安全保护措施。作业时,应有足够的工作场地,起重臂杆起落及回转半径内无障碍物。

(2)操作人员在进行起重机回转、变幅、行走和吊钩升降等动作前,应鸣声示意。操作时应严格执行指挥人员的信号命令。

(3)遇到六级以上大风或大雨、大雪、大雾等恶劣天气时,应停止起重机露天作业。起重机在雨雪天气作业时,应先经过试吊,确认制动器灵敏可靠后方可进行作业。

(4)起重机的变幅指示器、力矩限制器以及各种行程限位开关安全保护装置,必须齐全完整可靠,不得随意调整和拆除。

(5)起重机作业时,重物下方不得有人停留或通过。严禁用非载人起重机载运人员。

(6)起重机械必须按规定的起重性能作业,不得超载和起吊不明重量的物件。在特殊情况下需超载荷使用时,必须有保证安全的技术措施,严禁使用起重机进行斜拉、斜吊和起吊地下埋设或凝结在地面上的重物。

(7)起重机在起吊满载或接近满载时,应先将重物吊起离地面20～50cm停止提升并检查起重机的稳定性、制动器的可靠性、重物的平稳性、绑扎的牢固性。确认无误后方可再行提升。

(8)起重机使用的钢丝绳,其结构形式、规格、强度必须符合该型起重机的要求,并要有制造厂的技术证明文件作为依据。每班作业前,应对钢丝绳所有可见部分以及钢丝绳的连接部位进行检查。

2. 推土机

(1)车辆发动前应对车辆进行详细检查,严禁带病出车。

(2)开始推土前,如工作地区有大块石头或坑穴时,应先清除或填平。

(3)机械运转中,不得进行任何紧固、保养、润滑工作。禁止用手触摸钢丝绳、滑轮、绞盘等转动部件,以防发生人身事故。在工作和行走中,起落刀架时,勿使刀架伤人。

(4)行驶中,禁止人员上下机械或传递物件,禁止在陡坡上转弯、倒车和停车,下坡禁止空档滑行。

(5)在高速行驶时,切勿急转弯,尤其是在石子路上和黏土路上,不能高速急转弯,否则,会严重损坏行走装置,甚至使履带脱轨。

(6)推土时,要了解地下有无埋设物,不要损坏地下埋设物。

(7)不得用推土机推石灰、烟灰等粉尘物料和碾碎石块的工作。

(8)推土机越障碍物时,必须低速行驶,在浅水地带行驶,必须查明水深,应以托带轮全部露出水面,冷却风扇叶不接触水面为限,不得在有淤泥的水塘或沼泽地带作业。

(9)履带式推土机上下坡时,坡度不得超过30°,上下坡应用低速档行驶,不得换档;下陡坡时,可将推土机铲刀放下接触地面,并应倒车行驶。横向行驶的坡度不能超过30°,如需在陡坡上推土时,需先进行挖填,使推土机能保持本身平衡后,方可作业。

(10)推土机在作业过程中,不得进行侧面推土和转弯铲土。

(11)在深沟基坑或陡坡区作业,必须有专人指挥,其垂直边坡深度一般不超过2m。如若超过时,放出安全坡,推一般的房屋围墙或旧房墙面时其高度不得超过2.5m,严禁推带有钢筋或与地基基础连接的混凝土桩等建筑物。

(12)在电杆附近推土时,应保持一定的土堆,土堆大小,可根据电杆的情况、土质、埋入深度等由施工负责人确定。用推土机推倒树干时,应注意高空架物和树的倾倒方向。

(13)两台以上推土机在同一地区作业时,前后距离应大于8m,左右距离应大于1.5m。

二、防火安全

在编制施工组织设计时,应将施工现场的平面布置图、施工方法和施工技术中的消防安全要求一并结合考虑,如施工现场的平面布置,暂设工程的搭建位置;用火用电和使用易燃物品的安全管理;各项防火安全的规章制度的建立;消防设施和消防组织是否齐全等。

在施工现场明确划分用火作业区,易燃和可燃材料场、仓库区、易燃废品集中地点和生活区等。注意将火灾危险性大的区域设置在其他区域的下风向,各区域之间的防火间距为:

(1)用火作业区距修建的建筑物和其他区域不小于25m,距生活区不小于15m。

(2)易燃材料堆放处和仓库区距建筑物和其他区域不小于20m。

(3)易燃废品堆放处距修建的建筑物和其他区域不小于30m。

(4)施工现场道路,夜间要有照明,在高压线下面不要搭设临时性建筑物或堆放可燃性材料。

(5)施工现场的消防车道必须保证畅通无阻,其宽度不小于3.5m。

(6)工地要设有足够的消防水源(给水管道或蓄水池),对有消防给水管道设计的工程,最好在施工时,先敷设好室外消防给水管道与消火栓,以便在施工中使用。

(7)临时性的工棚、仓库以及在建的建筑物近旁,都要配置适当种类和一定数量的灭火器,并布置在明显和便于取用地点。在冬期应对消防栓、蓄水池和灭火器等做好防冻工作。

(8)工棚或临时宿舍的搭建,必须符合下列要求:

①临时宿舍尽可能搭建在离建筑物20m以外的地方,并不要搭在高压架空线路下面,距高压线水平距离不小于6m。

②临时宿舍距厨房、锅炉房、变电所和汽车库的距离不应小于12m。

③临时宿舍距铁路中心线及少量的易燃易爆物贮藏室间距不小于30m。

④在独立场地上修建成批临时宿舍,应分组布置,每组最多不超过12栋,组与组间的防火距离在城市不小于10m,在农村不小于15m,栋与栋之间不小于5~7m。

⑤工棚内的高度一般不低于2.5m。

⑥采用稻草、秫秸、芦苇、竹子等易燃材料修建临时宿舍时,其内外要抹一层混合砂浆。接近火炉、烟囱的部位,必须用砖砌或者采取其他措施。

⑦20层以上的高层建筑,应设专用的高压防火水泵,每层装设消防栓,配水龙带;8层以上20层以下高层建筑,每层必须设有两只灭火器,并不得堆放易燃易爆危险物品。

施工现场必须配备防火工具,设防火架,架上配有铁锹、水桶(并涂刷红色以示醒目)、砂箱、防火缸等,以备消防应用。

第五章 工程进度控制

第一节 施工组织设计编制

施工组织设计按编制对象范围的不同可分为施工组织总设计、单位工程施工组织设计和分部分项施工组织设计三种。

施工组织设计是根据不同的施工对象、现场实际施工条件等主客观因素，在充分调查分析的基础上编制。编制依据的主要内容有：

(1)国家(地方)的技术标准、规范、规程。

(2)计划和设计文件。主要包括已批准的计划任务书、初步设计或扩大初步设计、施工图纸。

(3)自然条件资料。主要包括地形资料、工程地质资料、水文地质资料、气象资料等。

(4)建设地区的技术经济资料。主要包括建设地区的地方工业、农业、交通运输、资源、供水、供电、生产、生活基地等。

(5)国家和上级的有关指示。主要包括上级主管部门对建设项目的要求、工程交付使用的期限、推广新结构及新技术和有关的先进技术指标等。

(6)施工中可能配备的人力、机械设备、施工经验、技术状况等。

(7)如系引进的成套设备或中外合资经营的工程，应当具体了解国外设备、材料供应日期、施工要求以及有关的合同规定。

施工组织设计的编制方法大致相同，只是繁简程度有所差异。下面仅介绍施工组织总设计和单位工程施工组织设计的编制。

(1)施工组织总设计的编制程序和步骤：

1)进行调查研究，获得编制依据；

2)划分施工项目，计算工程量；

3)进行施工部署，对重大问题作出原则规定；

4)确定施工顺序并根据有关资料编制施工总进度计划；

5)计算劳动力和各项资源的需要量和确定供应计划；

6)设计施工现场的各项业务。包括水电、道路、仓库、附属生产企业和临时建筑等；

7)设计施工总平面图。

(2)单位工程施工组织设计的编制程序和步骤：

1)熟悉、会审图纸，进行调查研究，收集工程施工资料；

2)划分施工项目，计算工程量；

3)确定施工方案；

4)编制施工进度计划；

5)计算各种资源的需要量和确定供应计划；

6）确定临时生产、生活设施所用临时建筑面积；
7）确定临时供水、供电、供热的管线布置；
8）制订运输计划；
9）编制施工准备工作计划；
10）设计施工平面图。

第二节 施工进度计划

一、施工进度计划编制

单位工程施工进度计划是在既定施工方案的基础上，根据规定工期和各种资源供应条件，按照施工过程的合理顺序及组织原则，用横道图或网络图对单位工程从施工准备开始至工程竣工验收的全部施工过程在时间上的合理安排。

单位工程施工进度计划通常以图表形式来表示。有水平图表、垂直图表和网络图表三种。常用的水平图表格式见表5－1。

表5－1 施工进度计划表

序号	分部分项工程名称	工程量		定额	劳动量		机械名称	每天工作班	每天工作人数	持续天数	施工进度表
		单位	数量		工种	数量					

水平图表，亦称横道图。由左、右两大部分所组成，表的左边部分列出了分部分项工程的名称、数量、定额（劳动定额或时间定额）和劳动量、人数、持续时间等计算数据；表的右边部分规定的开工日期起到竣工之日止的进度指示图表，用不同线条来形象地表现各个分部分项工程的施工进度和搭接关系。有时也在进度指示图表下方汇总每天的资源需要量，组成资源需求。

二、施工进度计划审核

专业监理工程师应审核承包单位报送的施工进度计划，报总监理工程师审批。控制工期工程的施工进度计划还应报建设单位审批。

施工进度计划审核的主要内容包括：

(1)施工进度计划是否符合施工承包合同的工期要求；

(2)主要工程项目是否有遗漏，总承包、分包单位分别编制的各单项工程进度计划之间是否相互协调；

(3)施工安排是否符合施工工艺的要求；

(4)施工组织是否进行优化，进度安排是否合理；

(5)劳动力、材料、构配件、设备及施工机具、设备、水、电等生产要素供应计划能否保证施工进度计划的需要，供应是否均衡；

(6)承包单位提出的应由建设单位提供的施工条件是否合理，是否有造成建设单位违约而导致工程延期和费用索赔的可能。

项目监理机构应对承包单位施工进度的实施情况进行跟踪检查和分析。当发现偏差时，应指令承包单位采取纠正措施。

第三节 流水施工编制

流水施工是指所有的施工过程按一定的时间间隔依次投入施工,各个施工过程陆续开工、陆续竣工,使同一施工过程的施工班组保持连续、均衡,不同施工过程尽可能平行搭接施工的组织方式,如图5－1所示。

施工过程	施工天数(d)	每天人数(人)	施工进度(d)								
			3	6	9	12	15	18	21	24	27
支模板	3	3									
绑扎钢筋	3	3									
浇混凝土	3	3									

图5－1 依次施工

为了说明建筑工程中采用流水施工的优越性,可将流水施工同其他施工方式进行比较。除上述流水施工方式外,常用的施工组织方式有:依次施工、平行施工、搭接施工。

1. 流水施工条件

(1)划分施工过程就是把拟建工程的整个建造过程分解为若干施工过程。划分施工过程的目的,是为了对施工对象的建造过程进行分解,以便于逐一实现局部对象的施工,从而使施工对象整体得以实现。也只有这种合理的解剖,才能组织专业化施工和有效协作。

(2)根据组织流水施工的需要,将拟建工程尽可能地划分为劳动量大致相等的若干个施工段(区),也可称为流水段。

建筑工程组织流水施工的关键是将建筑单件产品变成多件产品,以便成批生产。由于建筑产品体形庞大,通过划分施工段(区)就可将单件产品变成"批量"的多件产品,从而形成流水作业前提。没有"批量"就不可能也就没有必要组织任何流水作业。每一个段(区),就是一个假定"产品"。

(3)在一个流水分部中,每个施工过程尽可能组织独立的施工班组,其形式可以是专业班组也可以是混合班组,这样可使每个施工班组按施工顺序,依次地、连续地、均衡地从一个施工段转移到另一个施工段进行相同的操作。

(4)主要施工过程是指工作量较大、作业时间较长的施工过程。对于主要施工过程,必须连续、均衡地施工;对其他次要施工过程,可考虑与相邻的施工过程合并。如不能合并,为缩短工期,可安排间断施工(必要时,可以采用流水施工与搭接施工相结合的方式)。

(5)不同施工过程之间的关系,关键是工作时间上有搭接和工作空间上有搭接。在有工作面的条件下,除必要的技术和组织间歇时间外,应尽可能组织平行搭接施工。

2. 流水施工参数

主要有工艺参数、时间参数和空间参数。

(1)工艺参数

1)施工过程数 n

施工过程数是指一组流水的施工过程个数,以符号"n"表示。一幢房屋的建造过程,通常由许多过程组成。施工过程可以是一道工序,如绑扎钢筋;也可以是一个分项或分部工程。施工过程数目与施工进度的粗细、施工方案、劳动量大小等有关。

2)流水强度 v

流水强度是每一个施工过程在单位时间内所完成的工程量。

①机械施工过程的流水强度按下式计算:

$$v = \sum_{i=1}^{x} RS \tag{5-1}$$

式中　R——某种施工机械台数;

S——该种施工机械台班生产率;

x——用于同一施工过程的主导施工机械种类数。

②手工操作过程的流水强度按下式计算:

$$v = RS \tag{5-2}$$

式中　R——每一工作队工人人数(R 应小于工作面上允许容纳的最多人数);

S——每一工人每班产量定额。

(2)时间参数

1)流水节拍 t_i

流水节拍的大小决定着施工速度和施工的节奏性。影响流水节拍数值大小的因素主要有:施工方案、劳动力人数或施工机械台数、工作班次以及工程量的多少。其数值的确定可按以下各种方法进行:

①定额计算法。是根据各施工段的工程量、能够投入的资源量(工人数、机械台数和材料量等),按公式(5-3)或(5-4)进行计算。

$$t_i = Q/(SRz) = P/(Rz) \tag{5-3}$$

或

$$t_i = QH/(Rz) = P/(Rz) \tag{5-4}$$

式中　t_i——某施工过程流水节拍;

Q——某施工过程在某施工段上的工程量;

S——某施工过程的每工日产量定额;

R——某施工过程的施工班组人数或机械台数;

z——每天工作班制;

P——某施工过程在某施工段上的劳动量;

H——某施工过程采用的时间定额。

②工期计算法。对某些施工任务在规定日期内必须完成的工程项目,往往采用倒排进度法。具体步骤如下:

根据工期,按经验估算出各分部所需的施工时间;

根据各分部估算出的时间,确定各施工过程时间,然后根据公式(5-3)或(5-4)求出各施工过程所需的人数或机械台数。但在这样的情况下,必须检查劳动力和工作面以及机械供应的可能性,否则,就需采用增加工作班次来调整解决。

③经验估算法。是根据以往的施工经验进行估算。一般为了提高其准确程度,往往先估算出该流水节拍的最长、最短和正常(即最可能)三种时间值,然后据此求出期望时间值,作为某专业工作队在某旋工段上的流水节拍。一般按下面公式进行计算:

$$t_i = (a + 4c + b)/6 \tag{5-5}$$

式中　t_i——某施工过程在某施工段上的流水节拍;

a——某施工过程在某施工段上的最短估算时间;

b——某施工过程在某施工段上的最长估算时间;

c——某施工过程在某施工段上的正常估算时间。

这种方法适用于没有定额可循的工程。

2) 流水间歇时间 t_j

流水间歇时间是指在组织流水施工中,由于施工过程之间的工艺或组织上的需要,必须要留的时间间隔,用符号 t_j 表示。

技术间隔时间是指在同一施工段的相邻两个施工过程之间必须留有的工艺技术间隔时间。如混凝土浇筑施工完成后,后续施工过程不能立即投入作业,必须有足够的时间间隔。

组织间歇时间是指由于施工组织上的需要,同一段相邻两个施工过程在规定流水步距之外所增加的必要的时间间隔。如标高抄平、弹线、基坑验槽、浇筑混凝土前检查预埋件等。

3) 流水步距 $B_{i,i+1}$

流水步距是两个相邻的施工过程先后进入同一施工段开始施工的时间间隔,用符号 $B_{i,i+1}$ 表示(i 表示施工过程,$i+1$ 表示后一个施工过程)。在施工段不变的情况下,流水步距越大,工期越长;流水步距越小,则工期越短。

流水步距的数目等于 $(n-1)$ 个参加流水施工的施工过程数。确定流水步距的基本要求是:

①应保证相邻两个施工过程之间工艺上有合理的顺序,不发生前一个施工过程尚未全部完成而后一个施工过程便提前介入的现象。有时为了缩短时间,在工艺技术条件许可的情况下,某些次要专业队也可以搭接施工。

②应使各个施工过程的专业工作能连续施工,不发生停工现象。

③应考虑各个施工过程之间必需的技术间歇时间和组织间歇时间。

④流水工期 T_L:

工期是指完成一项过程任务或一个流水组施工所需的时间。一般可采用下式计算:

$$T_L = \sum_{i=1}^{n-1} B_{i,i+1} + T_n \tag{5-6}$$

式中 $\sum_{i=1}^{n-1} B_{i,i+1}$ ——流水施工中各流水步距之和;

T_n ——流水施工中最后一个施工过程的持续时间 $T_n = mt_n$。

(3) 空间参数

1) 施工段数 m

施工段是组织流水施工时将施工对象在平面上划分为若干个劳动量大致相等的施工区段,它的数目以 m 表示。每个施工段在某一段时间内只供一个施工过程的工作队使用。

施工段的作用是为了组织流水施工,保证不同的施工班组在不同的施工段上同时进行施工,并使各个施工班组能按一定的时间间隔转移到另一个施工段进行连续施工,既消除等待、停歇现象,又互不干扰。

划分施工段要考虑施工段数目、分界线与施工对象的结构界限、劳动量、主导施工过程等有关。

当组织流水施工对象有层间关系时,应使各队能够连续施工。即各施工过程的工作从做完第一段,能立即转入第二段;做完第一层的最后一段,能立即转入第二层的第一段。因而每层最少施工段数目 m 应满足:$m \geq n$。

当 $m = n$ 时,工作队连续施工,施工段上始终有施工班组,工作面能充分利用,无停歇现象,也不会产生工人窝工现象,比较理想。

当 $m > n$ 时,施工班组仍是连续施工,虽然有停歇的工作面,但不一定是不利的,有时还是必要的,如利用停歇的时间做养护、备料、弹线等工作。

当$m<n$时,施工班组不能连续施工而造成窝工。因此,对一个建筑物组织流水施工是不适宜的,但是,在建筑群中可与另一些建筑物组织大流水。

2)工作面n

工作面是表明施工对象上可能安置多少工人操作或布置施工机械场所的大小。

在确定施工过程时,不仅要考虑前一施工过程为这个施工过程所可能提供工作面的大小,也要保证安全技术和施工技术规范的规定。

3.流水施工分类

流水施工方式根据流水施工节拍特征的不同,可分为有节奏流水、无节奏流水。有节奏流水又可分为全等节拍流水、成倍节拍流水、异节拍流水。

(1)有节奏流水施工

等节拍流水施工是指各个施工过程的流水节拍均为常数的一种流水施工方式。即同一施工过程在各施工段上的流水节拍都相等,并且不同施工过程之间的流水节拍也相等的一种流水方式。根据其间歇有否又可分为无间歇全等节拍流水施工和有间歇全等节拍流水施工。

1)无间歇全等节拍流水施工。

同一施工过程流水节拍相等,不同施工过程流水节拍也相等,即:$t_1=t_2=t_3=t_i=$常数,要做到这一点的前提是使各施工段的劳动量基本相等。

各施工流程之间的流水步距相等,且等于流水节拍,即:
$$B_{1,2}=B_{n-1,n}=t_i$$

2)无间歇全等节拍流水步距的确定:
$$B_{i,i+1}=t_i \tag{5-7}$$

式中 t_i——第i个施工过程的流水节拍;

$B_{i,i+1}$——第i个施工过程和第$i+1$个施工过程的流水步距。

③无间歇全等节拍流水施工的工期计算:
$$T_L=\sum B_{i,i+1}+T_n$$

因为 $\sum B_{i,i+1}=(n-1)t_i$; $T_n=mt_n=mt_i$

所以 $T_L=\sum B_{i,i+1}+T_n=(n-1)t_i+mt_i=(m+n-1)t_i \tag{5-8}$

式中 T_L——工程流水施工工期;

$\sum B_{i,i+1}$——所有步距的总和;

T_n——最后一个施工过程流水节拍的总和。

(2)有间歇全等节拍流水施工

1)有间歇全等节拍流水施工是指各个施工过程之间有的需要技术或组织间歇时间,有的可搭接施工,其流水节拍均为相等的一种流水施工方式。

同一施工过程流水节拍相等,不同施工过程流水节拍也相等。

各施工过程之间的流水步距不一定相等,因为有技术间歇或组织间歇。

2)有间歇全等节拍流水步距的确定:
$$B_{i,i+1}=t_i+t_d \tag{5-9}$$

式中 t_i——第i个施工过程与第$i+1$个施工过程之间的间歇时间;

t_d——第i个施工过程与第$i+1$个施工过程之间的搭接时间。

3)有间歇全等节拍流水施工的工期计算:

$$T_L = \sum B_{i,i+1} + T_n$$

因为 $\quad\quad\quad\quad \sum B_{i,i+1} = (n-1)t_i + \sum t_i - \sum t_d$

所以 $\quad\quad\quad\quad T_L = (n-1)t_i + mt_i + \sum t_i - \sum t_d$

$$= (m+n-1)t_i + \sum t_i - \sum t_d \tag{5-10}$$

式中 $\sum t_i$——所有间歇时间总和；

$\quad\quad \sum t_d$——所有搭接时间总和。

(3) 成倍节拍流水施工

成倍节拍流水施工是指同一施工过程在各个施工段的流水节拍相等，不同施工过程之间的流水节拍不完全相等，但各个施工过程的流水节拍均为其中最小流水节拍的整数倍的流水施工方式。

1) 同一施工过程流水节拍相等，不同施工过程流水节拍等于或为其中最小流水节拍的整数倍。

2) 各个施工段的流水步距等于其中最小的流水节拍。

3) 每个施工过程的班组数等于本过程流水节拍与最小流水节拍的比值，即：

$$D_i = t_i / t_{\min} \tag{5-11}$$

式中 D_i——某施工过程所需班组数；

$\quad\quad t_{\min}$——所有流水节拍中最小流水节拍。

4) 成倍节拍流水步距的确定：

$$B_{i,i+1} = t_i \tag{5-12}$$

5) 成倍节拍流水工期的计算：

$$T_L = (m+n'-1)t_i \tag{5-13}$$

式中 n'——施工班组总数目，$n' = \sum D_i$。

从前两式可以看出，成倍节拍流水实质上是一种全等节拍流水施工。成倍节拍流水施工是通过对于流水节拍大的施工过程相应增加班组数，使它转换为流水步距的全等节拍流水。

(4) 无节奏流水施工

无节奏流水施工是指各个施工过程的流水节拍均不完全相等的一种流水施工方式。在实际工程中，无节奏流水施工是较常见的一种流水施工方式，因为它不像有节奏流水那样有一定的时间规律约束，在进度安排上比较灵活、自由。

1) 同一施工过程流水节拍不完全相等，不同施工过程流水节拍也不完全相等。

2) 各个施工过程之间的流水步距不完全相等，且差异较大。

3) 无节奏流水步距的确定

无节奏流水步距的计算是采用"累加斜减取大差法"，即：

①将每个施工过程的流水节拍逐段累加；

②错位相减，即从一个工班组由加入流水起到完成该段工作止的持续时和减去后一个工班组由加入流水起到完成前一个施工段工作止的持续时间和（即相邻斜减），得到一组差数；

③取上一步斜减差数中的最大值作为流水步距。

第四节　双代号网络计划编制

网络计划是以网络模型的形式来表达工程的进度计划，并表明各项工作的相互联系和制约关系。计算出工程各项工作的最早或最晚开始时间，从而找出关键工作和关键路线，通过不断改善网络计划，求得各种优化方案。

(1)双代号网络计划

它由若干表示工作的箭线和节点所组成,其中每一项工作都用一根箭线和两个节点来表示,每个节点都编以号码,箭线前后两个节点的号码即代表箭线所表示的工作,"双代号"的名称即由此而来。图5-2表示的就是双代号网络图,用这种网络图表示的计划叫做双代号网络计划。双代号网络图也是由箭线、节点和线路所组成。

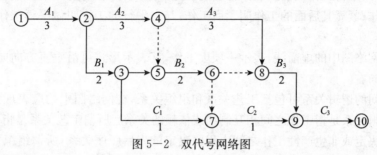

图5-2 双代号网络图

1)节点及其编号

节点在双代号网络图中表示一项工作的开始或结束,用圆圈表示;箭线尾部的节点称开始节点,箭线头部的节点称结束节点,如图5-3所示。节点只是一个"瞬间",它既不消耗时间,也不消耗资源。网络图中第一个节点叫起点节点,它意味着一项工程或任务的开始;最后一个节点叫终点节点,它意味着一项工程或任务的完成;网络图中的其他节点称为中间节点。为了使网络图便于检查和计算,所有节点均应统一编号,编号的顺序是:从起点节点开始,依次向终点节点进行。编号的原则是:每个箭线箭尾节点的号码必须小于箭头节点的号码,所有节点的编号不能重复。

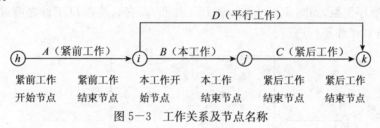

图5-3 工作关系及节点名称

2)箭线

①在双代号网络图中,一条箭线与其两端的节点表示一项工作(又称工序、工作、活动),如支模板、绑钢筋、浇混凝土、拆模板等。

②一项工作要占用一定的时间,一般地讲,都要消耗一定的资源(如劳动力、材料、机具、设备等)。因此,凡是占用一定时间的过程,都应作为一项工作来看待。例如,混凝土养护,这是由于技术上的需要而引起的间歇等待时间,在网络图中也应用一条箭线来表示。

在双代号网络图中,除有表示工作的实箭线外,还有一种一端带箭头的虚线,标为虚箭线,它表示一项虚工作。虚工作是虚拟的,工程中实际并不存在,因此它没有工作名称,不占用时间,不消耗资源,它的主要作用是在网络图中解决工作之间的连接关系问题。在网络图中引进虚箭线的目的是为了确切地表达网络图中各工作之间相互联系和相互制约的逻辑关系,在绘制双代号网络图中要注意正确运用。

③虚线所指示的方向表示工作进行的方向,箭线箭尾表示该工作的开始,箭头表示该工作的结束,一条箭线表示工作的全部内容。工作名称应注在箭线水平部分的上方,工作的持续时间(又称作业时间)则注在下方如图5-4所示。

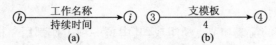

图5-4 工作名称及持续时间标注法

④两项工作前后连续进行时,代表两项工作的箭线也前后连续画下去。工程施工时还经常出现平行工作,平行工作其箭线也平行绘制,如图5-2所示。就某工作而言,紧靠其前面的工作叫紧前工作;紧靠其后面的工作叫紧后工作;与之平行的工作叫做平行工作;该工作本身则可叫"本工作"。

⑤双代号网络图中的虚箭线,表示一项虚工作,其表示形式可沿垂直方向向上或向下,也可沿水平方向向右。

⑥工作之间的逻辑关系可包括工艺关系和组织关系,在网络图中均应表现为工作之间的先后顺序。逻辑关系是指工作之间相互制约或依赖的关系。所谓工艺关系是指生产性工作之间由工艺技术决定或非生产性工作之间由程序决定的先后顺序关系;所谓组织关系是指工作之间由于施工组织安排需要或资源调配需要而规定的先后顺序关系。

3)线路

从网络图的起点节点到终点节点,沿着箭线的指向所构成的若干条"通道",即为线路。每条线路上所需的时间之和往往各不相等,其中线路上总的工作持续时间最长的线路称为关键线路,其余线路为非关键线路。位于关键线路上的工作称为关键工作,它直接影响整个网络计划完成的时间,通常用粗箭线或双箭线表示。

(2)双代号网络的编制

1)网络逻辑关系,是指工作进行时客观存在的一种先后顺序关系,是指工作进行时客观存在的一种先后顺序关系,如图5-5所示,就B工作而言,它必须在D工作之前进行,在A工作之后进行,且与C工作平行进行。

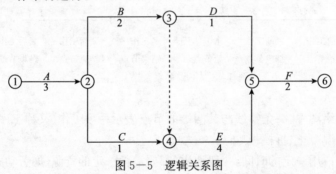

图5-5 逻辑关系图

2)虚箭线(虚工作)

在双代号网络图中,为了正确地表达逻辑关系,往往要应用虚箭线,若A、B、C、D四项工作其相互关系是:A完成后进行B,A、C均完成后进行D,图中必须用虚箭线把A和D的前后关系连接起来如图5-6所示。

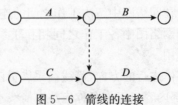

图5-6 箭线的连接

3)在一个网络图中只能有一个起点节点和一个终点节点。不允许出现循环线路,不允许出现双向箭头或无箭头的"连线"。

(3) 双代号网络计划时间参数

网络图上各工作标注时间后,可进行时间参数计算。双代号网络计划的时间参数有"按工作计算法"和"按节点计算法"两种。

1) 时间参数及标注方法

① 网络图时间参数有工作的持续时间、最早开始时间、最早完成时间、最迟开始时间、最迟完成时间、总时差 TF、自由时差、节点的最早时间和最迟时间、计算工期、计划工期、要求工期等。

② 按工作计算法计算时间参数,其计算结果应标注在箭线之上,如图 5-7 所示。

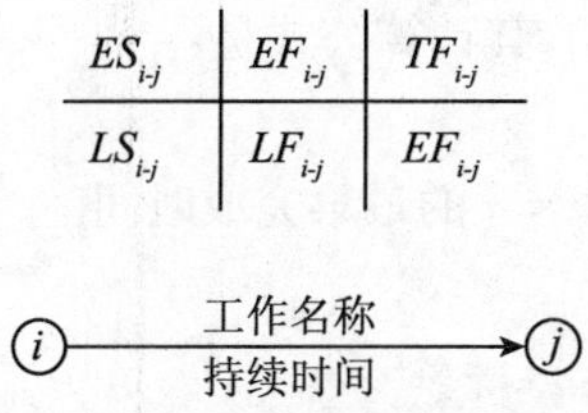

图 5-7 按工作计算法的标注内容 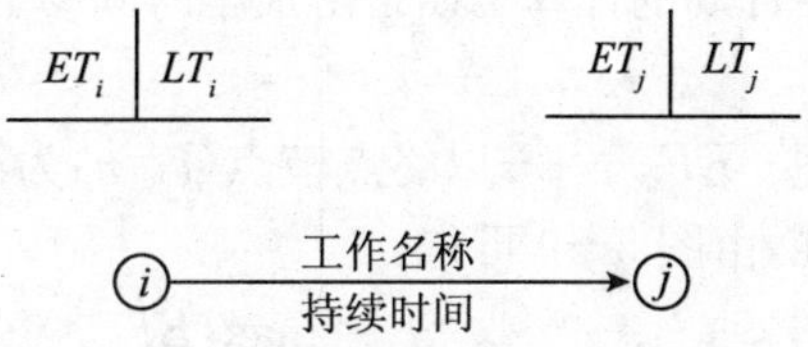　　图 5-8 按节点计算法的标注内容

③ 按节点计算法计算时间参数,其计算结果应标注在节点之上,如图 5-8 所示。

2) 按工作计算法

按工作计算法计算双代号网络计划的时间参数包括工作最早开始时间、工作最早完成时间、工作最迟完成时间、工作最迟开始时间、工作总时差、工作自由时差、工作持续时间和计算工期。

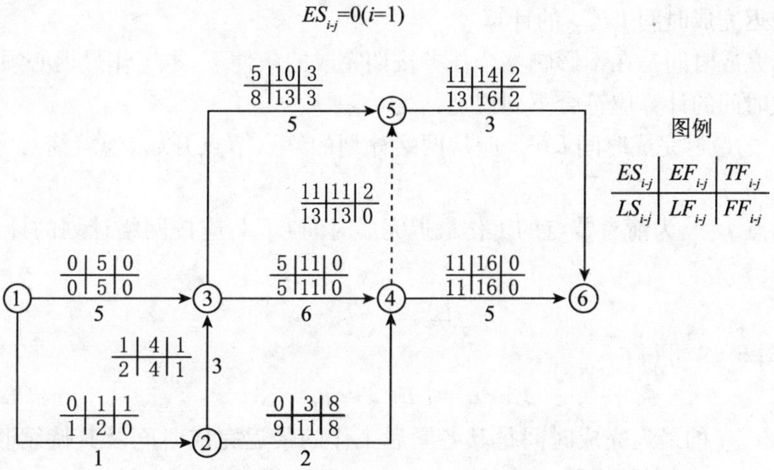

图 5-9 双代号网络计划按工作计算法算例

① 工作最早开始时间的计算

工作最早开始时间是指各紧前工作全部完成后,本工作有可能开始的最早时刻。工作最早开始时间应从网络计划的起点节点开始,顺着箭线方向依次逐项计算。

以起点节点 i 为箭尾的工作节点,如未规定其最早开始时间时,其值等于零。例如,由图 5-9 可得:

$$ES_{1-2}=ES_{1-3}=0$$

其他工作 $i-j$ 的最早开始时间是其各紧前工作的最早开始时间 ES_{h-i} 及其持续时间 ES_{h-i} 之和的最大值,即

$$ES_{i-j} = \max\{ES_{h-i} + D_{h-i}\} \tag{5-14}$$

②工作最早完成时间 EF_{i-j} 的计算

工作的最早完成时间是工作最早开始时间加本工作持续时间之和，即：

$$EF_{i-j} = ES_{i-j} + D_{i-j} \tag{5-15}$$

例如，由图 5-9 可得：

$$EF_{1-2} = ES_{1-2} + D_{1-2} = 0 + 1 = 1$$
$$EF_{3-4} = ES_{3-4} + D_{3-4} = 5 + 6 = 11$$
$$EF_{4-5} = ES_{4-5} + D_{4-5} = 11 + 5 = 16$$

③网络计划计算工期 T_c 和计划工期 T_p 的计算

网络计划的计算工期是由最早时间参数计算确定的工期，其计算公式是：

$$T_c = \max\{EF_{i-n}\} \tag{5-16}$$

式中 EF_{i-n}——以终点节点 ($i=n$) 为箭头节点的工作 $i-n$ 的最早完成时间。

例如，由图 5-9 可得：

$$T_c = \max\{EF_{4-6}, EF_{5-6}\} = \max\{16, 14\} = 16$$

如果有要求工期 T_t（即任务委托人所提出的指令性工期），则计划工期 T_p（即根据要求工期和计算工期所确定的作为实施目标的工期）小于或等于要求工期 T_t，即：

$$T_p \leqslant T_t \tag{5-17}$$

如果没有要求工期 T_t，则该计算工期 T_c 就是计划工期 T_p，即：

$$T_c = T_p \tag{5-18}$$

④工作最迟完成时间 LF_{i-j} 的计算

工作最迟完成时间是在不影响整个任务按期完成的条件下，本工作最迟必须完成的时刻。工作最迟完成时间的计算应符合下列规定：

工作 $i-j$ 的最迟完成时间 LF_{i-j} 应从网络计划的终点节点开始，逆着箭线方向依次逐项计算。

以终点节点 $j=n$ 为箭头节点的工作最迟完成时间 LF_{i-j} 应按网络计划的计划工期 T_p 确定，即：

$$LF_{i-n} = T_p \tag{5-19}$$

例如，由图 5-9 可得：

$$LF_{4-6} = LF_{5-6} = T_p = 16$$

其他工作 $i-j$ 的最迟完成时间是其各紧后工作的最迟完成时间及其持续时间之差的最小值，即：

$$LF_{i-j} = \min\{LF_{j-k} - D_{j-k}\} \tag{5-20}$$

式中 LF_{j-k}——工作 $i-j$ 的紧后工作 $i-k$ 的最迟完成时间；

D_{j-k}——$i-j$ 紧后工作 $i-k$ 的持续时间。

⑤工作最迟开始时间 LS_{i-j} 的计算

工作最迟开始时间是在不影响整个任务按期完成的条件下其值为本工作的最迟完成时间减去本工作的持续时间，即：

$$LS_{i-j} = LF_{i-j} - D_{i-j} \tag{5-21}$$

例如，由图 5-9 可得：

$$LS_{1-2} = LF_{1-2} - D_{1-2} = 2 - 1 = 1$$

⑥工作总时差 TF 的计算。

工作 $i-j$ 的总时差,是指在不影响工程总工期的前提下该工作所具有的最大机动时间。其计算公式是:

$$TF_{i-j}=LS_{i-j}-ES_{i-j} \text{ 或 } TF_{i-j}=LF_{i-j}-EF_{i-j} \qquad (5-22)$$

例如,由图 5-9 可得:

$$TF_{1-2}=LS_{1-2}-ES_{1-2}=1-0=1$$

或

$$TF_{1-2}=LF_{1-2}-EF_{1-2}=2-1=1$$

⑦工作自由时差 FF_{i-j} 的计算。

工作 $i-j$ 的自由时差是指在不影响其紧后工作接最早开始时间开工的前提下工作 $i-j$ 所具有的机动时间,其计算公式是:

$$FF_{i-j}=ES_{i-k}-ES_{i-j}-D_{i-j} \qquad (5-23)$$

或

$$FF_{i-j}=ES_{i-k}-EF_{i-j}$$

3) 按节点计算法

按节点计算法计算网络计划的时间参数是先计算节点的最早时间 ET_i 和节点的最迟时间 LT_i,再根据节点时间推算工作时间参数。

①节点最早时间 ET_i 的计算

双代号网络计划中,节点的最早时间是自该节点开始的各项工作的最早开始时刻。节点 i 的最早时间 ET_i 应从网络图的起点节点开始,顺着箭线方向逐个计算。

起点节点的最早时间无规定时,其值等于零,即:

$$ET_i=0 \qquad (5-24)$$

其他节点的最早时间 ET_j 按下式计算:

$$ET_j=\max\{ET_i+D_{i-j}\}(i<j) \qquad (5-25)$$

例如,由图 5-10 可得:

$$ET_2=ET_1+D_{1-2}=0+1=1$$

②网络计划的计算工期 T_c。

按规定,网络计划的计算工期就是其终点节点 n 的最早时间,即:

$$T_c=ET_n \qquad (5-26)$$

式中 ET_n——终点节点 n 的最早时间。

例如,由图 5-10 可得:

$$T_c=ET_n=16$$

③网络计划的计划工期 T_p。

当已规定要求工期 T_t 时,网络计划的计划工期 T_p,应小于或等于要求工期 T_t,即:

$$T_p \leqslant T_t \qquad (5-27)$$

当未规定要求工期时,网络计划的计划工期就是其计算工期,即

$$T_p=T_c \qquad (5-28)$$

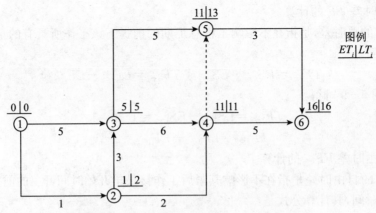

图 5—10 双代号网络计划按节点计算法算例

4) 关键工作和关键线路的确定

确定关键工作和关键线路是网络计划编制的核心。掌握关键工作,也就是抓住了计划控制的主要矛盾,使有限的资源得到合理地调配和使用,保证施工项目能有序地按计划进行。

在网络计划中,关键工作和关键线路由总时差确认。当网络计划有要求工期且小于计算工期时,总时差值最小的工作为关键工作;当网络计划按计算工期编制,或计算工期等于计划工期时,总时差为零的工作为关键工作。总之,总时差最小的工作应为关键工作。自始至终全部由关键工作组成的线路或线路上总的工作持续时间最长的线路应为关键线路。该线路在网络图上应用粗箭线、双箭线或彩色箭线标注。

第五节 施工进度控制

一、施工进度控制

1. 进度控制实施

(1) 组织措施

1) 建立进度控制目标体系,明确建设工程现场监理组织机构中的进度控制人员及其职责分工。

2) 建立工程进度报告制度及进度信息沟通网络。

3) 建立进度计划审核制度。

4) 建立进度控制检查制度和分析制度。

5) 建立进度协调会议制度。

6) 建立图纸审查,工程变更和设计变更管理制度。

(2) 技术措施

1) 审查承包商提交的进度计划,使承包商能在合理的状态下施工。

2) 编制进度控制工作细则,指导监理人员实施进度控制。

3) 采用网络计划技术及其他科学、适用的计划方法,并结合电子计算机,对建设工程进度实施动态控制。

(3) 经济措施

1) 及时办理工程预付款及工程进度款的支付手续。

2)对应急赶工给予优厚的赶工费用。
3)对工期提前给予奖励。
4)对工程延误收取误期损失赔偿金。
5)加强索赔管理,公正地处理索赔。
(4)合同措施
1)推行CM承发包模式。
2)加强合同管理,保证合同中进度目标的实现。
3)严格控制合同变更。
4)加强风险管理。
(5)信息管理措施
2. 进度控制方法
(1)进度控制的依据
1)国家有关的经济法规和规定。
2)施工合同中所确定的工期目标。
3)经监理工程师确认的施工进度控制计划。
4)经监理工程师批准的工程延期。
(2)进度控制的方法
1)审核、批准

监理人员应及时审核有关的技术文件、报表、报告。根据监理的权限,其审核的具体内容有以下几个方面:

①下达开工令、审批《工程动工报审表》。
②审批施工总进度计划,年、季、月进度计划,进度修改调整计划。
③批准工程延期。审批《复工报审表》、《工程延期申请表》、《工程延期审批表》。
④审批承包单位报送的有关工程进度的报告。审批《(　　)月完成工程量报审表》、审阅《(　　)月工、料、机动态表》等。

2)检查、分析和报告

监理人员应及时检查承包单位报送的进度报表和分析资料,跟踪检查实际形象进度,应经常分析进度偏差的程度、影响面及产生原因,并提出纠偏措施。应定期或不定期地向建设单位报告进度情况,并提出防止因建设单位因素而导致工程延误和费用索赔的建议。

3)组织协调

项目监理应定期或不定期地组织不同层次的协调会。在建设单位、承包单位及其他相关参建单位之间的不同层面解决相应的进度协调问题。

4)积累资料

监理工程师应及时收集、整理有关工程进度方面的资料,为公正、合理地处理进度拖延、费用索赔及工期奖、罚问题提供证据。

二、施工进度目标分解

监理工程师受业主的委托,在工程建设施工阶段实施监理时,其进度控制的总任务就是在满足工程项目建设总进度计划要求的基础上,审核(或编制)施工进度计划,并对其执行情况加以动态控制,以保证工程项目按期竣工交付使用。

保证工程项目按期建成交付使用,是工程建设施工阶段进度控制的最终目标。为了有效地控制施工进度,首先要对施工进度总目标从不同角度进行层层分解,形成施工进度控制目标体系,以作为实施进度控制的依据。

工程建设施工进度控制目标体系,如图5—11所示。

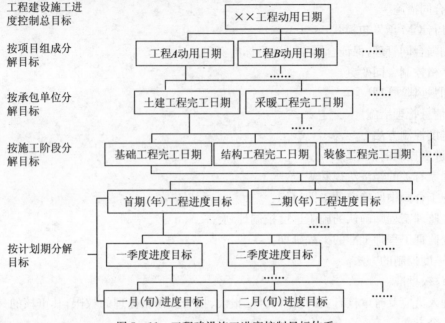

图5—11 工程建设施工进度控制目标体系

从图5—11可以看出,工程建设不但要有项目建成交付使用的确切日期这个总目标,还要有各单项工程交工动用的分目标以及按承包单位、施工阶段和不同计划期划分的分目标。各目标之间相互联系,共同构成工程建设施工进度控制目标体系,其中,下级目标受上级目标的制约,下级目标保证上级目标的实现,最终保证施工进度总目标的实现。

(1)按项目组成分解,确定各单项工程开工及动用日期。

各单项工程的进度目标在工程项目建设总进度计划及工程建设年度计划中都有体现。在施工阶段应进一步明确各单项工程的开工和交工动用日期,以确保施工总进度目标的实现。

(2)按承包单位分解,明确分工条件和承包责任。

在一个单项工程中有多个承包单位参加施工时,应按承包单位将单项工程的进度目标分解,确定出各分包单位的进度目标,列入分包合同,以便落实分包责任,并根据各专业工程交叉施工方案和前后衔接条件,明确不同承包单位工作而交接的条件和时间。

(3)按施工阶段分解,划定进度控制分界点。

根据工程项目的特点,应将其施工分成几个阶段,如土建工程可分为基础、结构和内外装修等阶段。每一阶段的起止时间都要有明确的标志。特别是不同单位承包的不同施工段之间,更要明确划定时间分界点,以此作为形象进度控制的标志,从而使单项工程动用目标具体化。

(4)按计划期分解,组织综合施工。

将工程项目的施工进度控制目标按年度、季度、月(或旬)进行分解,并用实物工程量、货币工作量及形象进度表示,将有利于监理工程师明确对各承包单位的进度要求。同时,还可以据此监督其实施,检查其完成情况。计划期愈短,进度目标愈细,进度跟踪就愈及时,发生进度偏差时也就更能有效地采取措施予以纠正。这样,就形成一个有计划有步骤协调施工、长期目标对短期目标自上而下逐级控制、短期目标对长期目标自下而上逐级保证、逐步趋近进度总目标的局面,最终达到工程项目按期竣工交付使用的目的。

三、施工进度控制目标

为了提高进度计划的预见性和进度控制的主动性,在确定施工进度控制目标时,必须全面细致地分析与工程项目进度有关的各种有利因素和不利因素。只有这样,才能制订出一个科学、合理的进度控制目标。确定施工进度控制目标的主要依据有:工程建设总进度目标对施工工期的要求;工期定额、类似工程项目的实际进度;工程难易程度和工程条件的落实情况等。

在确定施工分解目标时,还要考虑以下各个方面:

(1)对于大型工程建设项目,应根据尽早提供可动用单元的原则,集中力量分期分批建设,以便尽早投入使用,尽快发挥投资效益。这时,为保证每一动用单元能形成完整的生产能力,就要考虑这些动用单元交付使用时所必需的全部配套项目。因此,要处理好前期动用和后期建设的关系、每期工程中主体工程与辅助及附属工程之间的关系、地下工程与地上工程之间的关系、场外工程与场内工程之间的关系等。

(2)合理安排土建与设备的综合施工。要按照它们各自的特点,合理安排土建施工与设备基础施工、设备安装施工的先后顺序及搭接、交叉或平行作业,明确设备工程对土建工程的要求和土建工程为设备工程提供施工条件的内容及时间。

(3)结合本工程的特点,参考同类工程建设的经验来确定施工进度目标。避免只按主观愿望盲目确定进度目标,从而在实施过程中造成进度失控。

(4)做好资金供应能力、施工力量配备、物资(材料、构配件、设备)供应能力与施工进度需要的平衡工作,确保工程进度目标的要求而不使其落空。

(5)考虑外部协作条件的配合情况。包括施工过程中及项目竣工动用所需的水、电、气、通信、道路及其他社会服务项目的满足程序和满足时间。它们必须与有关项目的进度目标相协调。

(6)考虑工程项目所在地区地形、地质、水文、气象等方面的限制条件。

总之,要想对工程项目的施工进度实施控制,就必须有明确、合理的进度目标(进度总目标和进度分目标);否则,控制便失去了意义。

四、施工进度控制的工作内容

1. 事前控制

工程项目的施工进度控制从审核承包单位提交的施工进度计划开始,直至工程项目保修期满为止,其主要工作内容如下:

(1)编制施工阶段进度控制工作细则。

施工进度控制工作细则是在工程项目监理规划的指导下,由工程项目监理班子中进度控制监理工程师负责编制的更具有实施性和操作性的监理业务文件。其主要内容包括:

1)施工进度控制目标分解图;

2)施工进度控制的主要工作内容和深度;

3)进度控制人员的具体分工;

4)与进度控制有关各项工作的时间安排及工作流程;

5)进度控制的方法(包括进度检查日期、数据收集方式、进度报表格式、统计分析方法等);

6)进度控制的具体措施(包括组织措施、技术措施、经济措施及合同措施等);

7)施工进度控制目标实现的风险分析;

8)尚待解决的有关问题。

事实上,施工进度控制工作细则是对工程项目监理规划中有关进度控制内容的进一步深化和补充。它对监理工程师的进度控制实务工作起着具体的指导作用。

(2)编制或审核施工进度计划。

为了保证工程项目的施工任务按期完成,监理工程师必须审核承包单位提交的施工进度计划。对于大型工程项目,由于分项工程较多、施工工期长,且采取分期分批发包,又没有一个负责全部工程的总承包单位时,监理工程师就要负责编制施工总进度计划;或者当工程项目由若干个承包单位平行承包时,监理工程师也有必要编制施工总进度计划。施工总进度计划应确定分期分批的项目组成;各批工程项目的开工、竣工顺序及时间安排;全场性准备工程,特别是首批准备工程的内容与进度安排等。

当工程项目有总承包单位时,监理工程师只需对总承包单位提交的施工总进度计划进行审核即可。而对于单位工程施工进度计划,监理工程师只负责审核而不管编制。

(3)施工进度计划审核的内容主要有:

1)进度安排是否符合工程项目建设总进度计划中总目标和分目标要求,是否符合施工合同中开、竣工日期的规定;

2)施工总进度计划中的项目是否有遗漏,分期施工是否满足分批动用的需要和配套动用的要求;

3)施工顺序的安排是否符合施工程序的要求;

4)劳动力、材料、构配件、机具和设备的供应计划是否能保证进度计划的实现,供应是否均衡,需求高峰期是否有足够能力实现计划供应;

5)业主的资金供应能力是否能满足进度需要;

6)施工进度的安排是否与设计单位的图纸供应进度相一致;

7)业主应提供的场地条件及原材料和设备,特别是国外设备的到货与进度计划是否衔接;

8)总分包单位分别编制的各项单位工程施工进度计划之间是否相协调,专业分工与计划衔接是否明确合理;

9)进度安排是否合理,是否有造成业主违约而导致索赔的可能存在。

如果监理工程师在审查施工进度计划的过程中发现问题,应及时向承包单位提出书面修改意见(也称整改通知书),并协助承包单位修改。其中重大问题应及时向业主汇报。

10)按年、季、月编制工程综合进度计划。

在按计划期编制的进度计划中,监理工程师应着重解决各承包单位施工进度计划之间、施工进度计划与资源(包括资金、设备、机具、材料及劳动力)保障计划之间及外部协作条件的延伸性计划之间的综合平衡与相互衔接问题,并根据上期计划的完成情况对本期计划作必要的调整,从而作为承包单位近期执行的指令性计划。

2. 事中控制

(1)下达工程开工令。

监理工程师应根据承包单位和业主双方关于工程开工的准备情况,选择合适的时机发布工程开工令。工程开工令的发布,要尽可能及时,因为从发布工程开工令之日算起,加上合同工期后即为工程竣工日期。如果开工令发布拖延，就等于推迟了竣工时间，甚至可能引起承包单位的索赔。

为了检查双方的准备情况，在一般情况下应由监理工程师组织召开有业主和承包单位参加的第一次工地会议。业主应按照合同规定，做好征地拆迁工作，及时提供施工用地。同时，还应当完成法律及财务方面的手续，以便能及时向承包单位支付工程预付款。承包单位应当将开工所需要的人力、材料及设备准备好，同时，还要按合同规定为监理工程师提供工作条件。

(2)监督施工进度计划的实施。

这是工程项目施工阶段进度控制的经常性工作。监理工程师不仅要及时检查承包单位报送的施工进度报表和分析资料，同时还要进行必要的现场实地检查，核实所报送的已完项目时间及工程量，杜绝虚报。

1)建立现场办公室，以保证施工进度的顺利实施。

2)协助施工单位实施进度计划，随时注意施工进度计划的关键控制点，了解进度实施的动态。

3)及时检查和审核施工单位提交的进度统计分析资料和进度控制报表。

4)严格进行进度检查。为了了解施工进度的实际状况，避免承包单位谎报工作量的情况，监理员需进行必要的现场跟踪检查，以检查现场工作量的实际完成情况，为进度分析提供可靠的数据资料。

5)做好工程施工进度记录。

6)对收集的进度数据进行整理和统计，并将计划与实际进行比较，从中发现是否出现进度偏差。

7)分析进度偏差将带来的影响并进行工程进度预测，从而提出可行的整改措施。

8)重新调整进度计划并付诸实施。

9)定期向建设单位汇报工程实际进展状况，按期提供必要的进度报告。

10)组织定期和不定期的现场会议，及时分析、通报工程施工进度状况，并协调施工单位之间的生产活动。

11)核实已完工程量，签发应付工程进度款。

(3)组织现场协调会。

监理工程师应每月、每周定期组织召开不同层级的现场协调会议，以解决工程施工过程中的相互协调配合问题。在每月召开的高级协调会上通报工程项目建设的重大变更事项，协商其后果处理，解决各个承包单位之间以及业主与承包单位之间的重大协调配合问题；在每周召开的管理层协调会上，通报各自进度状况、存在问题及下周的安排，解决施工中的相互协调配合问题。通常包括各承包单位之间的进度协调问题；工作面交接和阶段成品保护责任问题；场地与公用设施利用中的矛盾问题；某一方面断水、断电、断路、开挖要求对其他方面影响的协调问题以及资源保障、外协条件配合问题等。

在平行、交叉的施工单位多、工序交接频繁且工期紧迫的情况下，现场协调会甚至需要每日召开。在会上通报和检查当天的工程进度，确定薄弱环节，部署当天的赶工任务，以便为次日正常施工创造条件。

对于某些未曾预料到的突发变故或问题，监理工程师还可以通过发布紧急协调指令，督促有关单位采取应急措施，维护工程施工的正常秩序。

(4)签发工程进度款支付凭证。

监理工程师应对承包单位申报的已完分项工程量进行核实,在质量监理人员通过检查验收后,签发工程进度款支付凭证。

3.事后进度控制

事后进度控制是指完成整个施工任务后进行的进度控制工作,具体内容有:

(1)及时组织验收工作。

(2)处理工程索赔。

(3)整理工程进度资料。施工过程中的工程进度资料一方面为业主提供有用信息,另一方面也是处理工程索赔必不可少的资料,必须认真整理,妥善保存。

(4)工程进度资料的归类、编目和建档。施工任务完成后,这些工程进度资料将作为监理人员在今后类似工程项目上施工阶段进度控制的有用参考资料,应将其编目和建档。

(5)根据实际施工进度,及时修改和调整验收阶段进度计划及监理工作计划,以保证下一阶段工作的顺利开展。

五、检查和调整施工进度实施

在工程进度计划的实施过程中,由于各种因素的影响,常常会打乱原始计划的安排而出现进度偏差。因此,监理工程师必须定期地、经常地对施工进度计划的执行情况进行检查和监督,并分析进度偏差产生的原因,以便为施工进度计划的调整提供必要的信息。

1.施工进度的检查方式

在工程项目的施工过程中,监理工程师可以通过以下方式获得工程项目的实际进展情况。

(1)定期地、经常地收集由承包单位提交的有关进度报表资料。

工程施工进度报表资料不仅是监理工程师实施进度控制的依据,同时也是核发工程进度款的依据。在一般情况下,进度报表格式由监理单位提供给施工承包单位,施工承包单位按时填写完后提交给监理工程师核查。报表的内容根据施工对象及承包方式的不同而有所区别,但一般应包括工作的开始时间、完成时间、持续时间、逻辑关系、实物工程量和工作量,以及工作时差的利用情况等。承包单位若能准确地填报进度报表,监理工程师就能从中了解到工程项目的实际进展情况。

(2)由驻地监理人员现场跟踪检查工程项目的实际进展情况。

为了避免施工承包单位超报工程量,驻地监理人员有必要进行现场实地检查和监督。至于每隔多长时间检查一次,应视工程项目的类型、规模、监理范围及施工现场的条件等多方面的因素而定。可以每月或半月检查一次,也可以每旬或每周检查一次。如果某一施工阶段出现不利情况,甚至需要每天检查。

除上述两种方式外,由监理工程师定期组织现场施工负责人召开现场会议,也是获得工程项目实际进展情况的一种方式,通过这种面对面的交谈,监理工程师可以从中了解到施工过程中的潜在问题,以便及时采取相应的措施加以预防。

(3)施工进度的检查方法。

施工进度检查的主要方法是对比法,即利用已经过整理的实际进度数据与原编制的计划进度数据进行比较,从中发现是否出现进度偏差,以及进度偏差的大小。

(4)分析影响原因。主要有:

1)工程建设相关单位的影响。

影响工程项目施工进度的单位不只是施工承包单位。事实上，只要是与工程建设有关的单位(如政府有关部门、业主、设计单位、物资供应单位、资金贷款单位，以及运输、通信、供电等部门)，其工作进度的拖后必将对施工进度产生影响。因此，控制施工进度仅仅考虑施工承包单位是不够的，必须充分发挥监理的作用，协调各相关单位之间的进度关系。而对于那些无法进行协调控制的进度关系，在进度计划的安排中应留有足够的机动时间。

2) 物资供应进度的影响。

在施工过程中需要的材料、构配件、机具和设备等如果不能按期运抵施工现场或者是运抵施工现场后发现其质量不符合有关标准的要求，都会影响施工进度。因此，监理工程师应严格把关，采取有效措施，控制好物资供应进度。

3) 资金的影响。

工程施工的顺利进行必须有足够的资金作保障。一般来说，资金的影响主要来自业主，或者是由于没有及时给足工程预付款，或者是由于拖欠了工程进度款，这些都会影响到承包单位流动资金的周转，进而殃及施工进度。监理工程师应根据业主的资金供应能力，安排好施工进度计划，并督促业主及时拨付工程预付款和工程进度款，以免因资金供应不足拖延进度，甚至导致工期索赔。

4) 设计变更的影响。

在施工过程中出现设计变更是难免的，或者是由于原设计有问题需要修改，或者是由于业主提出了新要求。监理工程师应加强图纸审查，严格控制随意变更，特别应对业主的变更要求进行合理制约。

5) 施工条件的影响。

在施工过程中一旦遇到气候、水文、地质及周围环境等方面的不利因素时，必然会影响到施工进度。此时，承包单位应利用自身的技术组织能力予以克服。监理工程师应积极协助疏通关系，帮助承包单位解决那些自身不能解决的问题。

6) 各种风险因素的影响。

风险因素包括政治、经济、技术及自然等方面的各种可预见或不可预见的因素。政治方面的因素，如战争、内乱、罢工、拒付债务、制裁等；经济方面的因素，如延迟付款、汇率浮动、换汇控制、通货膨胀、分包单位违约等；技术方面的因素，如工程事故、试验失败、标准变化等；自然方面的因素，如地震、泥石流、洪水等。监理工程师必须对各种风险因素进行分析，提出控制风险、减少风险损失及对施工进度影响的预防措施，并对已发生的风险事件给予恰当的处理。

7) 承包单位自身水平的影响。

施工现场的情况千变万化，如果承包单位的施工方案不当、计划不周、管理不善、解决问题不及时等，都会影响工程项目的施工进度。承包单位应通过总结分析，吸取教训，并及时改进。监理工程师应提供服务，协助承包单位解决问题，以确保施工进度控制目标的实现。

2. 调整施工进度计划

(1) 压缩关键工作的持续时间。

这种方法的特点是不改变工作之间的先后顺序关系，而通过缩短网络计划中关键线路上工作的持续时间来缩短工期。这时，通常需要采取一定的措施来达到目的。具体措施包括：

1) 组织措施。

① 增加工作面，组织更多的施工队伍；

② 增加每天的施工时间(如采用三班制等)；

③增加劳动力和施工机械的数量。

2)技术措施。

①改进施工工艺和施工技术,缩短工艺技术间歇时间;

②采用更先进的施工方法,以减少施工过程的数量(如将现浇框架方案改为预制装配方案);

③采用更先进的施工机械。

3)经济措施。

①实行包干奖励;

②提高奖金数额;

③对所采取的技术措施给予相应的经济补偿。

4)其他配套措施。

①改善外部配合条件;

②改善劳动条件;

③实施强有力的调度。

一般而论,不管采取哪种措施,都会增加费用。因此,在调整施工进度计划时,应利用费用优化的原理,选择费用增加最少的关键工作作为压缩对象。

(2)组织搭接作业或平行作业。

这种方法的特点是不改变工作的持续时间,而只改变工作的开始时间和完成时间。对于大型工程项目,由于其单位工程较多且相互间的制约比较小,可调整的幅度比较大,所以容易采用平行作业的方法来调整施工进度计划。而对于单位工程项目,由于受工作之间工艺关系的限制,可调整的幅度比较小,所以通常采用搭接作业的方法来调整施工进度计划。但不管是搭接作业还是平行作业,工程项目在单位时间内的资源需求量将会增加。

一般可分别采用上述两种方法来缩短工期,但有时由于工期拖延太多,若只采用某一种方法进行调整,其可调整的幅度又受到限制,此时可以同时利用这两种方法对同一施工进度计划进行调整,以满足工期目标的要求。

第六节　工程延期控制

一、工程延期申请和审批

造成工程进度拖延的原有两个方面:一是由于承包单位自身的原因,二是由于承包单位以外的原因。前者所造成的进度拖延,称为工期延误,后者所造成的进度拖延称为工程延期。

(1)申报工程延期的条件

由以下原因导致工程拖期,承包单位有权提出延长工期的申请,监理工程师应按合同规定,批准工程延期的时间。

1)监理工程师发出工程变更指令而导致工程量增加;

2)合同中所涉及的任何可能造成工程延期的原因,如延期交图、工程暂停、对合格工程的剥离检查以及不利的外界条件等;

3)异常恶劣的气候条件;

4)由业主造成的任何延误、干扰或障碍,如未及时提供施工场地、未及时付款等;

5)除承包单位自身以外的其他任何原因。

(2)工程延期的审批程序

1)工期延误。

当出现工期延误时,监理工程师有权要求承包单位采取有效措施加快施工进度。如果经过一段时间后,实际进度没有明显改进,仍然落后于计划进度,而且显然将影响工程按期竣工时,监理工程师应要求承包单位修改进度计划,并提交监理工程师重新确认。

监理工程师对修改后的施工进度计划的确认,并不是对工程延期的批准,他只是要求承包单位在合理的状态下施工。因此,监理工程师对进度计划的确认,并不能解除承包单位应负的一切责任,承包单位需要承担赶工的全部额外开支和误期损失赔偿。

2)工程延期。

如果由于承包单位以外的原因造成工期拖延,承包单位有权提出延长工期的申请。监理工程师应根据合同规定,审批工程延期时间。经监理工程师核实批准的工程延期时间,应纳入合同工期,作为合同工期的一部分,即新的合同工期应等于原定的合同工期加上监理工程师批准的工程延期时间。

监理工程师对于施工进度的拖延是否批准为工程延期,对承包单位和业主都十分重要。如果承包单位得到监理工程师批准的工程延期,不仅可以不赔偿由于工期延长而支付的误期损失费,而且还要由业主承担由于工期延长所增加的费用。因此,监理工程师应按照合同的有关规定,公正地区分工期延误和工程延期,并合理地批准工程延期的时间。

当工程延期事件发生后,承包单位应在合同规定的有效期内以书面形式通知监理工程师(即工程延期意向通知),以便于监理工程师尽早了解所发生的事件,及时作出一些减少延期损失的决定。随后,承包单位应在合同规定的有效期内(或监理工程师可能同意的合理期限内)向监理工程师提交详细的申述报告(延期理由及依据)。监理工程师收到该报告后应及时进行调查核实,准确地确定出工程延期的时间。

当延期事件具有持续性,承包单位在合同规定的有效期内不能提交最终详细的申述报告时,应先向监理工程师提交阶段性的详情报告。监理工程师应在调查核实阶段性报告的基础上,尽快作出延长工期的临时决定。临时决定的延期时间不宜太长,一般不应超过最终批准的延期时间。

待延期事件结束后,承包单位应在合同规定的期限内向监理工程师提交最终的详情报告。监理工程师应复查详情报告的全部内容,然后确定该延期事件所需要的延期时间。

如果遇到比较复杂的延期事件,监理工程师可以成立专门小组进行处理。对于一时难以作出结论的延期事件,即使不属于持续性的事件,也可以采用先作出临时延期的决定,然后再作出最后决定的办法。这样既可以保证有充足的时间处理延期事件,又可以避免由于处理不及时而造成的损失。

3)工程延期的审批原则。监理工程师审批工程延期时应遵循下列原则:

①合同条件。

监理工程师批准的工程延期必须符合合同条件。也就是说,导致工期拖延的原因确实是属于承包单位自身以外的,否则,不能批准为工程延期。这是监理工程师审批工程延期的一条基本原则。

②关键线路。

发生延期事件的工程部位,必须在施工进度计划的关键线路上时才能批准工程延期;如果延期事件发生在非关键线路上,且延长的时间并未超过其总时差时,即使符合批准为工程延期的合同条件,也不能批准为工程延期。

当然,工程进度计划中的关键线路并非固定不变的,它会随着工程的进展和情况的变化而转移。监理工程师应以承包单位提交的、经自己审核后的施工进度计划(调整后的)为依据来决定是否批准工程延期。

③实际情况。

批准的工程延期必须符合实际情况。为此,承包单位应对延期事件发生后的各类有关细节进行详细的记载,并及时向监理工程师提交详细报告。与此同时,监理工程师也应对施工现场进行详细考察和分析,并做好有关记录,从而为客观合理地确定工程延期时间提供可靠的依据。

二、工程延期控制

发生工程延期事件,不仅会影响工程的进展,而且会给业主带来损失。因此,合同各方均应做好有关方面的工作,严格履行合同,尽量减少或避免工程延期事件的发生。

(1)业主方面的主要职责

为了减少或避免工程延期事件的发生,工程业主应做好以下工作:

1)做好前期准备工作。

业主的前期准备工作是否充分,与工程延期关系很大。实际上,很多工程延期都是由于业主的前期工作准备不好而造成的。根据FIDIC合同条件规定,业主的前期准备工作应包括以下几个方面:

①及时提供施工场地。

根据合同规定,业主如果不能按照监理工程师批准的施工进度计划,在合理的时间范围内及时给承包商提供施工用地,承包商有权获得工程延期时间。目前,在我国由于政府与地方之间对工程用地的征用问题不易解决,经常会影响到承包商对施工场地的及时占有,由此造成的工程延期是普遍存在的。因此,业主应提前做好征地拆迁工作,确保能及时给承包商提供施工场地,减少或避免由此而引起的工程延期。

②抓好工程设计工作。

为了避免由于设计图纸不能及时提供而造成的工程延期,业主应抓好工程设计工作。在工程建设中,有些工程采用初步设计招标,但在开工之后施工图设计文件却不能及时提供。更普遍的问题是在施工过程中,由于业主前期工作不够充分,导致设计中变更过多,加之有些变更未能提供变更图纸,往往又造成更大的工程延期。业主如果能抓好前期的工程设计工作,这方面的工程延期是完全可以减少或避免的。

③做好付款的准备工作。

根据合同规定,如果业主不能及时向承包商支付工程款项,承包商有权减缓施工进度或暂停工作,并有权获得工程延期时间。为了减少或避免由于延期支付而造成的工程延期,业主应按照承包商的资金流动计划,做好付款的准备工作,保证按合同规定的时间支付工程款项。

2)在施工过程中少干预,多协调。

(2)监理工程师的职责

1)监理工程师在施工阶段进度控制的任务。

在工程建设的施工阶段,监理工程师对进度控制的基本务是:从组织管理的角度采取有效措施,确保工程建设进度总目标——工程项目按期交付使用目标的合理实现。具体包括以下内容：

①适时发布开工令。

监理工程师在下达工程开工令之前，应充分考虑业主的前期准备工作是否充分。特别是征地、拆迁问题是否已解决，设计图纸能否及时提供，以及付款方面有无问题等，以避免由于上述问题缺乏准备而造成工程延期。

②审批承包单位提交的施工进度计划，提出修改意见。

③监督施工进度计划的实施，定期进行实际进度与计划进度的比较分析，一旦发现进度出现偏差，应立即督促承包单位采取有效措施加快进度，或及时修改计划以保证施工进度控制目标的实现。

④做好各有关单位的协调工作，预防和排除施工进度的干扰因素，保证工程施工顺利进行。

⑤控制好材料、设备与施工机具的供应进度。

⑥按合同规定和政策法规公正处理承包单位的工期索赔要求，调解业主与承包单位之间出现的有关争议。

⑦提醒业主履行施工承包合同所规定的职责。

在施工过程中，监理工程师应当经常提醒业主履行自己的职责。要根据承包商的施工进度计划以及实际工程进展情况，积极建议业主提前做好有关征地、拆迁以及设计图纸的提供等工作，保证在合理的时间内向承包商提供施工用地和设计图纸。监理工程师还应督促业主及时支付工程进度款，以减少或避免由此造成的工程延期。

⑧妥善处理工程延期事件。

当工程延期事件发生之后，监理工程师应当根据合同条件进行妥善处理。主要包括以下两方面的工作：

a. 首先根据施工现场情况，在可能的条件下可指令承包商进行其他项目或工程部位的施工。例如，如果项目甲发生了延期事件，而项目乙可以施工时，则监理工程师可以指令承包商进行项目乙的施工，这样既可以减少工程延期时间，也可以减少其他方面的损失。

b. 在详细调查研究的基础上，监理工程师应合理批准工程延期时间。

⑨必要时发布停工令和复工令。

⑩督促承包单位整理技术档案资料，协助业主组织设计单位、施工承包单位进行工程竣工初步验收，编写竣工验收报告。

2) 施工进度控制中监理工程师的职责。

按照我国建设监理有关规定，监理单位在受工程业主的委托进行工程建设监理时，须成立由总监理工程师、专业监理工程师及其他监理人员（监理员、检验员等）组成的工程项目现场监理组织机构进驻施工现场，对业主委托的工程项目实施监理。由于上述人员在监理组织机构中所处的地位不同，所以在实施施工进度控制时其职责也各不相同。

①总监理工程师的职责。

总监理工程师是建设监理单位派往工程项目现场组织机构的全权负责人。他对内向自己的监理单位负责，对外向工程业主负责。总监理工程师在施工进度控制方面的职责如下：

a. 保持与工程业主的密切联系，弄清其要求和愿望；

b. 落实工程项目监理组织机构中进度控制部门的人员及其职责；

c. 与各承包单位负责人联系，确定工作中的相互配合问题及有关需要提供的资料；

d. 审核承包单位提交的开工申请报告,发布开工令;

e. 审核承包单位提交的施工进度计划,签署改进意见;

f. 检查工程实际进展情况,签署工程进度款支付凭证;

g. 主持召开现场协调会议,签发协调会议纪要和必要的协调指令;

h. 向业主提供所有索赔和争议的事实分析资料,并提出监理方的决定性意见;

i. 协助业主组织设计单位和施工承包单位进行工程竣工初步验收;

j. 定期或及时向业主报告上述有关事项。

②驻地监理工程师的职责。

在工程项目的现场监理组织机构中,常驻工地专业监理工程师具有承上启下的重要作用。对上,他作为总监理工程师工作的具体执行人,要对总监理工程师负责,经常报告工程的实际进展情况;对下,他又要领导监理员、检查员的进度控制工作。其基本职责是从各自的专业角度出发,察看工程施工是否符合设计要求和合同规定,检查承包单位是否履行了合同规定的各项职责。具体如下:

a. 核准承包单位呈报的施工进度计划和分部分项工程进度计划,并监督检查其执行;

b. 做好施工记录,保管、整理各种报告、批示、指令及其他有关资料;

c. 核实总监理工程师给予承包单位的指示是否已经发出并已得到认可;

d. 做好各承包单位之间的协调工作;

e. 对已完分项工程进行计量,并查明其最终价值;

f. 提供工期索赔和争议的有关事实资料;

g. 定期或及时向总监理工程师报告上述有关事项。

常驻工地的专业监理工程师只是总监理工程师的助理或代理人,他无权发布超越合同的指示,也无权签发工程付款凭证,这些都应以总监理工程师的名义进行。我国工程建设监理规定中指出,"总监理工程师应当将其授予监理工程师的权限书面通知被监理单位"。这样,可以使承包单位了解驻地监理工程师的全部权限,从而对他所发出的指示的有效性作出明确的判断而不致误解。

3) 其他监理人员的职责。

其他监理人员是指专业监理工程师领导下的工作人员,包括监理员、检查员等。他们的主要职责是:经常不间断地巡视、检查、记录工程的实际进展情况,并及时向驻地监理工程师报告,使驻地监理工程师能全面、准确地掌握工程项目的实际进展情况。其具体职责如下:

①熟悉合同文件、施工图设计文件及有关技术规范,用以检查施工状况,发现和纠正施工中出现的问题;

②监督检查分管的工程进展状况,包括资源进场状况、施工方法及施工机械是否合适,分部分项工程量是否按计划完成,工程形象进度是否符合进度控制目标等,并做好施工现场的值班记录;

③对所发现的问题应及时向承包单位提出改正意见,并向驻地监理工程师报告;

④在驻地监理工程师的指导下,审查承包单位提交的月进度报表及施工变更措施;

⑤协助驻地监理工程师做好施工总进度的平衡工作及各承包单位之间的协调工作。

(3) 工期延误的制约

如果由于承包单位自身的原因造成工期拖延,而承包单位又未按照监理工程师的指令改变延期状态时,按照FIDIC合同条件的规定,通常可以采取以下手段予以制约:

1)停止付款。

按照 FIDIC 合同条件规定,当承包单位的施工活动不能使监理工程师满意时,监理工程师有权拒绝承包单位的支付申请。因此,当承包单位的施工进度拖后,又不采取积极措施时,监理工程师可以采取停止付款的手段制约承包单位。

2)误期损失赔偿。

停止付款一般是监理工程师在施工过程中制约承包单位延误工期的手段,误期损失赔偿则是当承包单位未能按合同规定的工期完成合同范围内的工作时对其的处罚。按照 FIDIC 合同条件规定,如果承包单位未能按合同规定的工期和条件完成整个工程,则应向业主支付投标书附件中规定的金额,作为该项违约的损失赔偿费。

3)终止对承包单位的雇佣。

为了保证合同工期,FIDIC 合同条件规定,如果承包单位严重违反合同,又不采取补救措施,则业主有权终止对他的雇佣。例如,承包单位接到监理工程师的开工通知后,无正当理由推迟开工时间;在施工过程中无任何理由要求延长工期;施工进度缓慢,又无视监理工程师的书面警告等,都有可能受到终止雇佣的处罚。

终止雇佣是对承包单位违约的严厉制裁。因为业主一旦终止了对承包单位的雇佣,承包单位不但要被驱逐出施工现场,而且还要承担由此造成的业主的损失费用。

第六章 工程投资控制

第一节 工程造价构成

根据原国家计委(现为国家发改委)审定(计办投资〔2002〕15号)发行的《投资项目可行性研究指南》以及建设部(现为住房建设部)(建标〔2003〕206号)颁布的《关于印发〈建筑安装工程费用项目组成〉的通知》,我国现行工程造价的构成主要划分为设备及工、器具购置费用,建筑安装工程费用,工程建设其他费用,预备费,建设期贷款利息,固定资产投资方向调节税等几项。具体构成内容如图6-1所示。

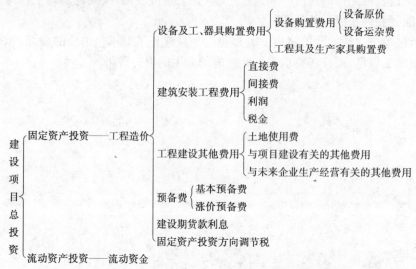

图6-1 我国现行工程造价的构成

第二节 工程项目造价依据

在工程项目开始施工之前,应预先对工程项目投资进行计算和确定。工程项目投资在不同阶段的具体表现形式为投资估算、设计概算、施工图预算、招标工程标底、投标报价、工程合同价等。虽然确定价格的基本原理是一致的,但工程项目投资的表现形式不同,计算方法有差异,所需的计价依据也就不同。工程项目投资确定的依据,是指进行工程项目投资确定所需的基础数据和资料,主要包括建设工程定额、工程量清单、要素市场价格、工程技术文件、环境条件以及工程项目实施的技术组织方案等。

(1)建设工程定额

建设工程定额,是指按照国家有关的产品标准、设计规范和施工验收规范、质量评定标准,并参考行业、地方标准以及有代表性的工程设计、施工资料确定的工程建设过程中完成规定计量单位产品所需消耗的人工、材料、机械等资源消耗量的标准。这种规定的数量标准所反映的是在一定的社会生产力发展水平下,完成某项工程建设产品与各种生产消耗之间的特定的数量关系,考虑的是在正常的生产条件、当前大多数施工企业的技术装备程度、合理的施工工期和合理的劳动组织状态下的社会平均消耗水平。

(2)工程量清单

1)工程量清单是表现拟建工程的分部分项工程项目、措施项目、其他项目名称和相应数量的明细清单,包括分部分项工程量清单、措施项目清单和其他项目清单。工程量清单计价是指投标人完成由招标人提供的工程量清单所需的全部费用,包括分部分项工程费、措施项目费、其他项目费和规费、税金。工程量清单计价方法是在建设工程招投标中,招标人或委托具有资质的中介机构编制反映工程实体消耗和措施性消耗的工程量清单,并作为招标文件的一部分提供给投标人,由投标人依据工程量清单自主报价的计价方式。在工程招投标中采用工程量清单计价是国际上较为通行的做法。

工程量清单计价办法的主旨就是在全国范围内,统一项目编码、统一项目名称、统一计量单位和统一工程量计算规则。

2)工程量清单计价的基本过程可以描述为:在统一的工程量计算规则的基础上,制定工程量清单项目设置规则,根据具体工程的施工图纸计算出各个清单项目的工程量,再根据各种渠道所获得的工程造价信息和经验数据计算得到工程造价。这一基本的计算过程如图6-2所示。

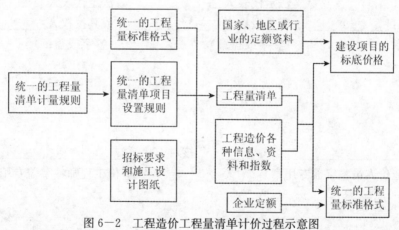

图6-2 工程造价工程量清单计价过程示意图

从工程量清单计价过程的示意图中可以看出,其编制过程可以分为两个阶段:工程量清单格式的编制和利用工程量清单来编制投标报价。投标报价是在业主提供的工程量计算结果的基础上,根据企业自身所掌握的各种信息、资料,结合企业定额编制出的。

3)竣工结算使用的表格包括表6-1~表6-20。

表6—1 封—4

_____工程

竣工结算总价

中标价(小写)：_____ (大写)：_____

结算价(小写)：_____ (大写)：_____

发包人：_____ 承包人：_____ 工程造价咨询人：_____
　　　(单位盖章)　　　　　　(单位盖章)　　　　　　(单位资质专用章)

法定代表人　　　　　　法定代表人　　　　　　法定代表人
或其授权人：_____ 或其授权人：_____ 或其授权人：_____
(签字或盖章)　　　　　(签字或盖章)　　　　　(签字或盖章)

编制人：_____ 核对人：_____
　　(造价人员签字盖专用章)　　　　　(造价工程师签字盖专用章)

编制时间：　　年　　月　　日　　　核对时间：　　年　　月　　日

第六章 工程投资控制

表 6−2　总说明

工程名称：　　　　　　　　　　　　　　　　　　　　　　　　　　　第　页共　页

表 6-3 工程项目竣工结算汇总表

工程名称：　　　　　　　　　　　　　　　　　　　　　　　　　　　第　页共　页

序号	单项工程名称	金额(元)	其中	
			安全文明施工费(元)	规费(元)
	合　计			

表6—4 单项工程竣工结算汇总表

工程名称：　　　　　　　　　　　　　　　　　　　　　　　　　　　第　页共　页

序号	单项工程名称	金额(元)	其　中	
			安全文明施工费(元)	规费(元)
	合　计			

表6—5 单项工程竣工结算汇总表

工程名称：　　　　　　　　　　　标段：　　　　　　　　　　　　　第 页共 页

序号	汇总内容	金额(元)
1	分部分项工程	
1.1		
1.2		
1.3		
1.4		
1.5		
2	措施项目	
2.1	安全文明施工费	
3	其他项目	
3.1	专业工程结算价	
3.2	计日工	
3.3	总承包服务费	
3.4	索赔与现场签证	
4	规费	
5	税金	
竣工结算总价合计=1+2+3+4+5		

注：如无单位工程划分，单项工程也使用本表汇总

表6－6 分部分项工程量清单与计价表

工程名称： 标段： 第 页共 页

序号	项目编码	项目名称	项目特征描述	计量单位	工程量	金 额(元)		
						综合单价	合价	其中：暂估价
			本页小计					
			合　计					

注：根据建设部、财政部发布的《建筑安装工程费用组成》(建标〔2003〕206号)的规定，为计取规费等的使用，可在表中增设其中："直接费"、"人工费"或"人工费＋机械费"。

表 6-7 工程量清单综合单价分析表

工程名称：　　　　　　　　　　　标段：　　　　　　　　　　　　　　第　页共　页

项目编码		项目名称		计量单位	

清单综合单价组成明细											
定额编号	定额名称	定额单位	数量	单价				合价			
				人工费	材料费	机械费	管理费和利润	人工费	材料费	机械费	管理费和利润
人工单价/(元/工日)			小　　计								
			未计价材料费								
			清单项目综合单价								

材料费明细	主要材料名称、规格、型号	单位	数量	单价(元)	合价(元)	暂估单价(元)	暂估合价(元)
	其他材料费			—		—	
	材料费小计			—		—	

注：(1)如不使用省级或行业建设主管部门发布的计价依据,可不填定额项目、编号等。
　　(2)招标文件提供了暂估的单价填入表内"暂估单价"栏及"暂估合价"栏。

表6-8 措施项目清单与计价表(一)

工程名称：　　　　　　　　　　标段：　　　　　　　　　　　　　　第　页共　页

序号	项目名称	计算基础	费率(%)	金额(元)
1	安全文明施工费			
2	夜间施工费			
3	二次搬运费			
4	冬雨季施工			
5	大型机械设备进出场及安拆费			
6	施工排水			
7	施工降水			
8	地上、地下设施、建筑物的临时保护设计			
9	已完工程及设备保护			
10	各专业工程的措施项目			
11				
12				
合 计				

注：(1)本表适用于以"项"计价的措施项目。
(2)根据建设部、财政部发布的《建筑安装工程费用组成》(建标〔2003〕206号)的规定，"计算基础"可为"直接费"、"人工费"或"人工费+机械费"。

表6-9 措施项目清单与计价表(二)

工程名称：　　　　　　　　　　标段：　　　　　　　　　　　　第　页共　页

序号	项目编码	项目名称	项目特征描述	计量单位	工程量	金　额(元)	
						综合单价	合价
				本页小计			
				合　　计			

注：本表适用于以综合单价形式计价的措施项目。

表6－10 其他项目清单与计价汇总表

工程名称： 标段： 第 页共 页

序号	项目名称	计算基础	费 率(%)	金 额(元)
1	暂列金额			明细详见表6－11
2	暂估价			
2.1	材料暂估价		—	明细详见表6－12
2.2	专业工程暂估价			明细详见表6－13
3	计日工			明细详见表6－14
4	总承包服务费			明细详见表6－15
5				
	合 计			—

注：材料暂估单价进入清单项目综合单价，此处不汇总。

表6-11 暂列金额明细表

工程名称：　　　　　　　　　　标段：　　　　　　　　　　　　第 页共 页

序号	项目名称	计算基础	费率(%)	金 额(元)
1				
2				
3				
4				
5				
6				
7				
8				
9				
10				
11				
	合　计			—

注：此表由招标人填写，如不能详列，也可只列暂定金额总额，投标人应将上述暂列金额计入投标总价中。

表 6—12 材料暂估单价表

工程名称：　　　　　　　　　标段：　　　　　　　　　　　　第 页共 页

序号	项目名称	计算基础	费　率(%)	金　额(元)

注：(1)此表由招标人填写，并在备注栏说明暂估价的材料拟用在哪些清单项目上，投标人应将上述材料暂估单价计入工程量清单综合单价报价中。
　　(2)材料包括原材料、燃料、构配件以及按规定应计入建筑安装工程造价的设备。

表6—13 专业工程暂估价表

工程名称： 标段： 第 页共 页

序号	项目名称	计算基础	费 率(%)	金 额(元)
	合　　计			—

注：此表由招标人填写，投标人应将上述专业工程暂估价计入投标总价中。

表 6-14 计日工表

工程名称：　　　　　　　　　标段：　　　　　　　　　　　　第　页共　页

编号	项目名称	单位	暂定数量	综合单价	合价
一	人　工				
1					
2					
3					
4					
	人工小计				
二	材　料				
1					
2					
3					
4					
5					
6					
	材料小计				
三	施工机械				
1					
2					
3					
4					
	施工机械小计				
	总　　计				

注：此表项目名称、数量由招标人填写，编制招标控制价时，单价由招标人按有关计价规定确定；投标时，单价由投标人自主报价，计入投标总价中。

表6-15 总承包服务费计价表

工程名称：　　　　　　　　　　标段：　　　　　　　　　　　　第　页共　页

序号	项目名称	计算基础	服务内容	费 率(%)	金 额(元)
1	发包人发包专业工程				
2	发包人供应材料				
	合　　计				

表6—16　索赔与现场签证计价汇总表

工程名称：　　　　　　　　　　　　标段：　　　　　　　　　　　　　　　第　页共　页

序号	身份证及索赔项目名称	计量单位	数量	单价(元)	合价(元)	索赔及签证依据
	本页小计					—
	合　　计					—

注：签证及索赔依据是指经双方认可的签证单和索赔依据的编号。

表6-17 费用索赔申请(核准)表

工程名称：　　　　　　　　　　　　标段：　　　　　　　　　　　编号：

致_____(发包人全称)：
　　根据施工合同条款第_____条的约定，由于_____原因，我方要求索赔金额（大写）_____元，(小写)_____元，请予核准。
　　附：1.费用索赔的详细理由和依据；
　　　　2.索赔金额的计算；
　　　　3.证明材料。

承包人(章)
承包人代表_____
日　　期_____

复核意见： 　　根据施工合同条款第_____条的约定，你方提出的费用索赔申请经复核： □不同意此项索赔，具体意见见附件。 □同意此项索赔，索赔金额的计算，由造价工程师复核。 监理工程师_____ 日　　期_____	复核意见： 　　根据施工合同条款第_____条的约定，你方提出的费用索赔申请经复核，索赔金额为（大写）_____元，(小写)_____元。 造价工程师_____ 日　　期_____

审核意见：
　　□不同意此项索赔。
　　□同意此项索赔，与本期进度款同期支付。

发包人(章)
发包人代表_____
日　　期_____

注：(1)在选择栏中的"□"内作标识"√"。
　　(2)本表一式4份，由承包人填报，发包人、监理人、造价咨询人、承包人各存1份。

表6—18 现场签证表

工程名称：　　　　　　　　　　　　　　标段：　　　　　　　　　　编号：

施工部位		日期	

致_____(发包人全称)：

　　根据_____(指令人姓名) 年 月 日的口头指令或你方_____(或监理人) 年 月 日的书面通知，我方要求完成此项工作应支付价款金额为（大写）_____元,（小写）_____元,请予核准。

　附：1. 签证事由及原因；
　　　2. 附图及计算式。

承包人（章）
承包人代表_____
日　　期_____

复核意见： 你方提出的此项签证申请经复核： □不同意此项索赔，具体意见见附件。 □同意此项索赔，索赔金额的计算，由造价工程师复核。 监理工程师_____ 日　　期_____	复核意见： □此项签证按承包人中标的计日工单价计算，金额为（大写）_____元,（小写）_____元。 □此项签证因无计日工单价，金额为（大写）_____元,（小写）_____元。 造价工程师_____ 日　　期_____

审核意见：
　□不同意此项索赔。
　□同意此项索赔，与本期进度款同期支付。

发包人（章）
发包人代表_____
日　　期_____

注：(1) 在选择栏中的"□"内作标识"√"。
　　(2) 本表一式4份，由承包人在收到发包人（监理人）的口头或书面通知后填写，发包人、监理人、造价咨询人、承包人各存1份。

表 6-19 规费、税金项目清单与计价表

工程名称： 标段： 第 页共 页

序号	项目名称	计算基础	费率(%)	金额(元)
1	规费			
1.1	工程排污费			
1.2	社会保障费			
(1)	养老保险费			
(2)	失业保险费			
(3)	医疗保险费			
1.3	住房公积金			
1.4	危险作业意外伤害保险			
1.5	工程定额测定费			
2	税金	分部分项工程费+措施项目费+其他项目费+规费		
	合 计			

注：根据建设部、财政部发布的《建筑安装工程费用组成》(建标〔2003〕206 号)的规定，"计算基础"可为"直接费"、"人工费"或"人工费+机械费"。

表 6—20　工程款支付申请(核准)表

工程名称：　　　　　　　　　　标段：　　　　　　　　　　　　　编号：

致 _____(发包人全称)：
　　我方于_____至_____期间已完成了_____工作，根据施工合同的约定，现申请支付本期的工程款额为(大写)_____元，(小写)_____元，请予核准。

序号	名　　称	金额(元)	备注
1	累计已完成的工程价款		
2	累计已实际支付的工程价款		
3	本周期已完成的工程价款		
4	本周期完成的计日工金额		
5	本周期应增加和扣减的变更金额		
6	本周期应增加和扣减的索赔金额		
7	本周期应抵扣的预付款		
8	本周期应扣减的质保金		
9	本周期应增加或扣减的其他金额		
10	本周期实际应支付的工程价款		

承包人(章)
承包人代表_____
日　　期_____

复核意见： □与实际施工情况不相符，修改意见见附件。 □与实际施工情况相符，具体金额由造价工程师复核。 监理工程师_____ 日　　期_____	复核意见： 　　你方提出的支会申请经复核，本期间已完成工程款额为(大写)_____元，(小写)_____元，本期间应支付金额为（大写）_____元，(小写)_____元。 造价工程师_____ 日　　期_____

复核意见：
□不同意。
□同意，支付时间为本表签发后的15天内。

发包人(章)_____
发包人代表_____
日　　期_____

注：(1)在选择栏中的"□"内作标识"√"。
　　(2)本表一式4份，由承包人填报，发包人、监理人、造价咨询人、承包人各存1份。

(3)工程技术文件和工程项目的技术组织方案。
(4)要素市场价格。

第三节 工程投资控制

一、工程投资控制

1. 工程投资控制措施
(1)组织措施。
1)在项目管理班子中落实投资控制的人员、任务分工和职能分工。
2)编制本阶段投资控制工作计划和详细的工作流程图。
(2)经济措施。
1)编制资金使用计划,确定、分解投资控制目标。
2)进行工程计量。
3)复核工程付款账单,签发付款证书。
4)在施工过程中进行投资跟踪控制,定期地进行投资实际支出值与计划目标值的比较;发现偏差,分析产生偏差的原因,采取纠偏措施。
5)对工程施工过程中的投资支出做好分析与预测,经常或定期向业主提交项目投资控制及其存在问题的报告。
(3)技术措施。
1)对设计变更进行技术经济比较,严格控制设计变更。
2)继续寻找通过设计挖潜节约投资的可能性。
3)审核承包商编制的施工组织计划,对主要施工方案进行技术经济分析。
(4)合同措施。
1)做好工程施工记录,保存各种文件图纸,特别是注有实际施工变更情况的图纸,注意积累素材,为正确处理可能发生的索赔提供依据,参与处理索赔事宜。
2)参与合同修改、补充工作,着重考虑它对投资控制的影响。
2. 事前控制措施
在建设工程项目决策时做好投资估算、项目评估等。
(1)确定投资控制目标。
建设单位与承包单位之间签订的工程承包合同中确定的工程合同总价是监理单位进行投资控制的目标。据此目标,监理工程师应认真审核承包单位编制的概算,并认真审核承包单位编制的项目总费用计划和年度、月度费用计划,同时监督其实施。
(2)确定合理的计量支付方法。
计量支付工作是投资控制中的手段,也是对投资计划执行情况的检查、核实,使投资处于动态控制状态。
按月计量与工程计量段计量。目前常用的计量方法是按月计量工程款,即以时间为计量段。这种方法在实践中发现,以工程实物量与实际形象进度的可比较性不直观明了,即定量不确切,甚至脱节,直接影响对投资的有效控制。
另一种是以工程计量段的划分而不是以月份时间划分。即根据工程的结构部位,亦称形象部位划分成多个投资控制计量段。按这种划分方法,不但能够直观反映出投资数额与实际进度之间的比例关系,还便于投资分析和调控,使之与进度协调相一致。

上述两种计量方法在实践中均有采用,后者更为合理。

(3)将计量工作分为实物工程量计量和费用计量两部分,并使计量规范化。

实物工程量是费用计量的依据。在各计量段内,施工单位每完成一项分部分项工程并经检验合格后,应及时完成实物工程量计量的申报和签认工作。费用计量则在整个计量段内的所有项目全部完成并经检验合格后,才能进行本段的费用计量工作。以上两部分分别提出,工程各计量段完成后必须经监理工程师认可质量后,方能申报其工程量计量表。

3. 事中控制

监理单位对施工图预算、进度款及竣工结算的审核是投资控制的重点工作。审核施工图预算是对项目投资的预控;审核进度款是控制阶段拨款;审核结算是最终核定项目的实际投资。

对监理单位来说,重点是审核结算,其审核要点基本相同。

(1)严格控制设计变更,做好现场签证。

设计变更是影响投资控制的重要因素之一。因此,监理人员要严格控制设计变更,未经业主同意,不得任意修改或变更设计。特别是施工单位提出的修改设计,有的往往只是从便于施工出发,有的将增加造价。故而无论哪方提出设计变更,均需经监理单位审定。对需变更的项目,设计单位在设计变更的同时必须进行相应的投资分析,提出费用增减数额,杜绝只有图纸变更,没有预算分析的现象。

(2)做好"议价材"和大型设备使用的控制。

工程所用材料,其价格以合同规定价或预算价、信息价计取。对"议价材"和合同未规定价格的材料,监理人员一方面督促施工方必须在材料进场前先作书面报价并提出样品,经监理单位与业主协商后确定其价格;另一方面,对材料的实际使用数量应及时做好现场签证。

对影响投资的大型机械设备调用,施工单位必须事先提出使用申请(包括台班单价)经监理单位审定,业主同意后,施工单位才可进场使用。监理工程师应书面签认机械设备的工作时间和内容,作为费用计量的依据。

(3)认真审核竣工结算。

竣工结算是对投资控制成效的最终具体反映,绝不可忽视。工程进度款是投资的中间计量、计价拨款,只有通过竣工结算审查才能反映出投资控制的效果。因此,监理单位应认真对待竣工结算的审核工作,依据有关签证和各计量段的工程量和费用计量,按工程结算程序进行认真复核确认。

1)审核工程量。

审核工程量必须先熟悉图纸、预算定额和工程量计算规则。监理单位对审核工程量人员的要求应是:详细按图计算全部分部分项工程量,列出计算公式,标出轴线号及相应区段,必要时绘制计算简图。钢筋工程量要按施工图计算。工程量计算要详细列出清单,便于复核。

根据实践经验,只有监理工程师详细计算出分部分项工程量之后,并与承包单位提出的工程量逐项核对,才能达到审核工程量的目的。

2)审查定额单价。

①审查套用的定额单价是否正确。应着重审查工程名称、种类、规格、计量单位,与预算定额或单位估价表上所列的内容是否一致。如果一致方可套用,否则错套单价,就会影响直接费的准确度。

②审查"预算定额"规定允许换算部分的分项工程单价。应根据"预算定额"的分部分项说

明、附注和有关规定进行换算;"预算定额"规定不允许换算部分的分项工程单价,则不得强调工程特殊或其他原因而任意加以换算,以保持定额的法令性和统一性。

③审查补充单价。目前,各省、市、自治区都有统一编制,经过审批的《地区单位估价表》,是具有法令性的指标,这就无需再进行审查。但对于某些采用新结构、新技术、新材料的工程,在定额确实缺少这些项目、尚需编制补充单位估价时,就应进行审查,审查其分项项目和工程量是否属实,套用单价是否正确;审查其补充单价的工料分析是根据工程测算数据,还是估算数字确定的。

3) 审查直接费。

决定直接费的主要因素,是各分部分项工程量及其预算定额(或单位估价表)单价。因此,审查直接费,也就是审查直接费部分的整个预算表,即根据已经过审查的分项工程量和预算定额单价,审查单价套用是否准确,有否套错和应换算的单价是否已换算,以及换算是否正确等。审查时应注意:

①预算表上所列的各分项工程名称、内容、做法、规格及计量单位与单位估价表中所规定的内容是否相符;

②在预算表中是否有错列已包括在定额内的项目,从而出现重复多算情况;或因漏列定额未包括的项目,而出现少算直接费的情况。

4) 审查间接费。

依据承包单位性质、等级、规模和承包工程性质不同,间接费的计算方法,有按直接费计算也有按人工费为基础的百分比进行计算的。因此,主要审查内容为:

①中央、省、市属国有企业与市、区、县、乡镇、街道属集体施工企业,在套用间接费定额时,是否符合各地区规定,有否集体企业套用全民企业定额标准;

②各种费用的计算基础是否符合规定;

③各种费用的费率是否按地区的有关规定计算;

④计划利润是否按国家规定标准计取,没有计取资格的施工企业不应计取;

⑤各种间接费采用是否正确、合理;

⑥单项定额与综合定额有无重复计算情况。

二、工程变更控制

工程变更是在工程项目实施过程中,按照合同的约定的程序对部分或全部工程在材料、工艺、功能、构造、尺寸、技术指标、工程数量及施工方法等方面做出的改变。

1. 工程变更的原因

工程变更的主要原因包括以下几个方面。

(1) 设计变更。在施工前或施工过程中,由于遇到不能预见的情况、环境,为了降低成本,或原设计中各种原因引起的设计图纸、设计文件的修改、补充,而造成的工程修改、返工、报废等。

(2) 工程量的变更。由于各种原因引起的工程量变化,或建设单位指令要求增加或减少附加工程项目、部分工程,或提高工程质量标准、提高装饰标准等,监理工程师必须对这些变化进行认证。

(3) 有关技术标准、规范、技术文件的变更。由于情况变化,或有关方面的要求,对合同文件中规定的有关技术标准、规定、技术文件需增加或减少,以及建设单位或监理工程师的特殊要求,指令施工单位进行合同规定以外的检查、试验而引起的变更。

(4)施工时间的变更。施工单位的进度计划,在监理工程师审核批准以后,由于建设单位的原因,包括没有按期交付图纸、资料,没有按期交付施工场地和水源、电源,以及建设单位供应的材料、设备、资金筹集等未能按工程进度及时交付,或提供的材料设备因规格不符、有缺陷不宜使用,影响了原进度计划的实施,特别是这种影响使关键线路上的关键节点受到影响,而要求施工单位重新安排施工时间时引起的变更。

(5)施工工艺或施工次序的变更。施工组织设计经监理工程师确认以后,因为各种原因需要修改时,改变了原施工合同规定的工程活动顺序及时间,打乱了施工部署而引起的变更。

(6)合同条件的变更。建设工程施工合同签订以后,甲乙双方根据工程实际情况需要对合同条件的某些方面进行修改、补充,待双方对修改部分达成一致意见以后引起的变更。

2. 监理机构处理工程变更的程序

(1)设计单位对原设计存在的缺陷提出的工程变更,应编制设计变更文件;建设单位或承包单位提出的工程变更,应提交总监理工程师,由总监理工程师组织专业监理工程师审查。审查同意后,应由建设单位转交原设计单位编制设计变更文件。当工程变更涉及安全、环保等内容时,应按规定经有关部门审定。

(2)监理机构应了解实际情况和收集与工程变更有关的资料。

(3)总监理工程师必须根据实际情况、设计变更文件和其他有关资料,按照施工合同的有关条款,在指定专业监理工程师完成下列工作后,对工程变更的费用和工期作出评估。

1)确定工程变更项目与原工程项目之间的类似程度和难易程度。

2)确定工程变更项目的工程量。

3)确定工程变更的单价或总价。

(4)总监理工程师应就工程变更费用、工期的评估情况与承包单位和建设单位进行协调。

(5)总监理工程师签发工程变更单。

(6)项目监理机构应根据工程变更单监督承包单位实施。

3. 监理机构处理工程变更的要求

(1)监理机构在工程变更的质量、费用和工期方面取得建设单位授权后,总监理工程师应按施工合同规定与承包单位进行协商,经协商达成一致后,总监理工程师应将协商结果向建设单位通报,并由建设单位与承包单位在变更文件上签字。

(2)在监理机构未能就工程变更的质量、费用和工期方面取得建设单位授权时,总监理工程师应协助建设单位和承包单位进行协商,并达成一致。

(3)在建设单位和承包单位未能就工程变更的费用等方面达成协议时,项目监理机构应提出一个暂定的价格,作为临时支付工程进度款的依据。该项工程款最终结算时,应以建设单位和承包单位达成的协议为依据。

此外,在总监理工程师签发工程变更单之前,承包单位不得实施工程变更;未经总监理工程师审查同意而实施的工程变更,项目监理机构不得予以计量。

4. 工程变更价款的确定

(1)根据《建设工程施工合同(示范文本)》约定的工程变更价款的确定方法包括以下内容:

1)合同中已有适用于变更工程的价格,按合同已有的价格变更合同价款。

2)合同中只有类似于变更工程的价格,可以参照类似价格变更合同价款。

3)合同中没有适用或类似于变更工程的价格,由承包人提出适当的变更价格,经工程师确认后执行。

(2)工程变更价款确定的方法如下：

1)采用合同中工程量清单的单价和价格，具体有以下几种情况：

一是直接套用，即从工程量清单上直接拿来使用。

二是间接套用，即依据工程清单，通过换算后采用。

三是部分套用，即依据工程量清单，取其价格中的某一部分使用。

2)协商单价和价格。协商单价和价格是基于合同中没有，或者有些不合适的情况下采取的一种方法。

5.工程变更的资料和文件

由于工程变更处理除涉及合同管理和执行外，还影响到工程的投资、进度计划和工程质量，因此对其处理过程应有书面签证。主要包括如下内容：

(1)提出工程变更要求的文件。提出工程变更要求的文件应包括工程变更的原因和依据，变更的内容和范围，对工程量变化和由此引起的价格变化、合同价款变化的估算，对有关单位或有关工作的要求和影响，以及对工程价格、进度计划、工程质量的要求或影响等。

(2)审核工程变更的文件。监理单位、建设单位、设计单位和施工单位对"提出工程变更要求"的文件的各项内容提出复核、计算、审查意见；对于设计变更还需要送原设计单位审查，取得相应的设计图纸和说明。

(3)同意工程变更的文件。一般由有关的施工单位、设计单位会签，建设单位批准，监理工程师签发。

第四节 竣 工 结 算

1.竣工结算

(1)竣工结算的依据如下：

1)工程竣工报告和工程竣工验收单。

2)建设工程施工合同。

3)施工图预算、施工图图纸、设计变更和施工变更资料、索赔资料和文件等。

4)现行建筑安装工程预算定额、基本建设预算价格、建筑安装工程管理费定额、其他取费标准及调价规定等。

5)有关施工技术的资料等。

(2)竣工结算的程序。竣工结算基本程序如图6-3所示。

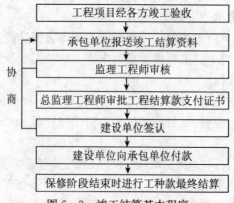

图6-3 竣工结算基本程序

(3)工程结算书的审核。监理方一旦收到经施工单位主管部门和领导审定的竣工结算书，

应及时与审核(或审介)部门审查确定,主要包括以下内容:

1)以单位工程为基础对施工图预算的主要内容,如定额编号、工程项目、工程量、单价及计算结果等进行的检查与核对。

2)核查工程开工前的施工准备及临时用水、电、道路和平整场地、清除障碍物的费用是否准确,土石方工程与地基基础处理有无漏项或多算,钢筋混凝土工程中的含钢量是否按规定进行了调整。加工订货的项目、规格、数量、单价与施工图预算及实际安装的规格数量、单价是否相符是否符合,索赔处理是否符合,索赔处理不符合要求,分包工程费用支出与预算收入是否相符,施工图要求及实际施工有无不相符合的项目等。若发现不符合有关规定,有多算、漏算或计算误差等情况时,均应及时调整。

2. 竣工决算

竣工决算由竣工决算报表、竣工决算报告书说明书、竣工工程平面示意图、工程造价比较分析四部分组成。

(1)竣工结算报表结构包括如下内容:

1)大中型建设项目竣工财务决算报表内容如下:

①建设项目竣工财务决算审核表;

②大、中型建设项目概况表;

③大、中型建设项目竣工财务决算表;

④大、中型建设项目支付使用资产总表;

⑤建设项目支付使用资产明细表。

2)小型建设项目竣工财务决算报表内容如下:

①建设项目竣工财务决算审核表;

②小型建设项目竣工财务决算总表;

③建设项目支付使用资产明细表。

(2)竣工决算报告情况说明书。综合反映竣工建设项目的成果和经验,是全面考核分析工程投资与造价的书面总结,是竣工决算报告的重要组成部分,其主要内容如下:

1)对工程总的评价。从工程的进度、质量、安全和造价四方面进行分析说明。

2)各项财务和技术经济指标的分析。

3)工程建设的经验教训及有待解决的问题。

(3)工程造价比较分析。在竣工决算报告中必须对控制工程造价所采取的措施、效果以及其动态的变化进行认真的比较分析,总结经验教训。批准的概预算是考核建设工程造价的依据,在分析时,可将决算报表中所提供的实际数据和相关资料与批准的概预算指标进行对比,以确定竣工项目总造价是节约还是超支。在对比的基础上,总结先进经验,找出落后原因,提出改进措施。对于建筑安装工程间接费的取费标准,国家有明确规定,对突破概(预)算投资的各单位工程,必须要查清是否有超过规定的标准而重计、多取间接费的现象。

第五节 工程项目投资的降低

1. 抓好合同管理

合同是发包方与承包商为完成一个项目的交易活动,明确双方责任、权力,相互配合、相互制约的法律文件。发包方——业主,总是希望用较少的资金支付换得一个建设快、质量好的项目;承包商则希望减少投入、降低成本,赢得更多的利润。双方利益是不一致的,是矛盾的。利用合同条件保护自己,制约对方,就成了双方合同管理的主要任务。

(1)协助业主签订有利的合同。

协助业主签订一个有利的合同,是控制好项目投资的基础。合同一经双方签字生效,就成为约束双方当事人在工程实施中行为的最高法律文件。它的每一个条款,都与双方的经济利益紧密相关,它深刻地影响双方的成本、费用和收入。所以,监理工程师应协助业主签订一个有利的合同。做到内容齐全、具体详尽,条款完整、不漏项,定义清楚准确,责任界限明确。

(2)加强合同管理,减少业主额外费用的支出。

(3)合同签署前对合同条文进行再审查。

正式合同签署之前,监理工程师应对合同条文进行一次认真仔细的审查校核,特别要注意对方对合同条件有无增删;合同条文有无含糊不清的概念,如有易于引起争执和理解不一致的地方,最好双方先协商清楚,作出备忘录,以免影响今后合同的顺利履行。

(4)妥善处理合同问题。

目前,各承包商已非常重视合同管理,除设专职的合同管理组织之外,还积极提高全员合同意识,这对监理工程师无疑是一种挑战。工程项目的实施过程,实际上是双方合同管理水平的较量。对在合同执行中发现的问题,要及时妥善处理,处理得当,可为业主挽回损失;反之,则使业主遭受损失。

(5)随时检查合同执行情况,发现问题及时纠正。

监理工程师要随时注意主要合同目标的执行情况,发现偏离要及时指令纠正,这是业主的根本利益所在。同时,也要经常提醒业主履行合同的责任与义务,避免不必要的违约事件,减少索赔支出。更要深入到施工活动之中,及时、准确地了解、掌握发生的情况,及时收集归整有关纪要文件、资料,以备查用。

2. 加强施工管理

(1)重视施工图纸会审,发现图纸中存在的错、漏、碰、缺等毛病,消除质量隐患、减少设计变更。

(2)优化施工方案。

(3)认真办理现场经济技术签证。

(4)严格控制设计变更。

(5)严格工程款计量支付程序。

(6)做好预(结)算的审核。

3. 做好资金管理

资金通过时间增值,产生效益,这对从事项目投资控制的监理工程师要特别引起重视。时间效益及工期效益,是指通过缩短项目的建设周期而赢得的经济收益。这种收益来自三个方面:

(1)由于项目提前运营而产生的生产经营收入;

(2)因工期缩短而减少支付的贷款利息;

(3)因提前竣工而使业主节约的建设管理费用。

所以,一个好的总体进度计划,应当是在确保整体总目标的前提下,合理安排分项、工序、专业、工种的前后快慢,特别注意设备订货进场与土建和安装的协调。设备费用占总投资的份额越来越大,过早订货等于过早地垫付一笔数目可观的资金,增加利息支出,而且过早地设备进场还要发生储存保管等仓储费用。

在谈及项目实施中的资金时间效益时,特别要注意控制好资金的流入顺序、时间、数量和流入速度。

4. 树立风险意识,加强工程保险

(1)风险识别。

所谓风险,是指影响项目目标实现的各种事件发生的可能性,这种风险事件的发生不是确定的,发生后对项目目标的影响也是不确定的。风险管理,就是一个确定和度量项目风险,以及制定、选择和管理风险处理方案的过程。这个过程一般由以下五个步骤组成:

1)组织相关人员,运用各种方法,尽可能全面地找出影响项目目标实现的风险事件,并依其对项目目标影响程度和潜在损失的大小,进行排队,列出详细的风险事件清单。

2)风险分析和评估。

这是一个将项目风险的不确定性进行定量化,用概率论来评价项目风险潜在影响的过程。它按下列顺序进行:确定风险事件发生的概率和可能性,风险事件发生对项目的影响程度,将风险事件定量化,找出项目风险清单中最严重、最难以控制而又最需要注意的项目风险,将项目风险作为一个整体,评价它们的潜在影响,从而得到项目风险的决策变量值,作为决策的依据。

3)规划并决策。

依据风险识别和风险分析评估成果,对风险管理对策进行规划,并就处理项目风险的最佳对策组合进行决策。一般而言,风险管理有三种对策:风险控制(风险回避、风险预防和风险减少)、风险保留(计划风险保留、非计划风险保留)和风险转移(保险转移、非保险转移)。

4)实施决策。

风险管理对策选定之后,必须认真实施这一决策,安排制定安全计划(损失预防计划)、灾难计划(损失控制计划)和应急计划(损失挽救计划),确定保险水准和保费额度,选择保险公司,办理投保手续等。

5)检查。

在项目实施中,不断检查前四个步骤和决策的实施情况,评估决策的合理性。掌握情况的变化,决定在条件变化时,是否提出新的风险处理方案,是否需要补充遗漏和新生的风险事件。

(2)风险转移。

风险的合同转移,并非全出于经济上的考虑,它是提高风险管理水平的需要,是风险共担的一种分配办法。因为只有那些最有能力控制风险的项目直接参与者,对风险负责控制,效果才是最好的。所以,风险管理不仅是业主和监理工程师的事,也是设计者、施工单位以及材料设备供应商的事。只不过监理工程师在风险管理上应该更为活跃,更能发挥组织协调、沟通联络的作用。

工程保险是通过业主向承保商(保险公司)支付一定额的保费,而将工程进行中发生的大部分风险,作为投保对象,转移给承保商——保险公司。一旦风险事件发生,给工程造成了经济损失,则由保险公司负责赔偿业主的损失。

对于应该由承包商、供应商进行投保的部分,监理工程师要督促他们积极办妥投保,并核查投保计划和实施情况,及时将情况汇报业主。

需要特别提醒注意的是,决不能因为工程投保而放松风险管理工作。工程保险与风险管理的其他手段是相辅相成的,互为补益的。只有全方位的风险管理,才能将风险及其损失降至最小。

第六节 监理人员造价职责

1. 素质要求

投资控制的性质决定其不是单纯的经济工作,投资控制的任务也不仅是财务部门的工作,而是技术、经济、管理的综合工作。投资控制的立足点是节约项目的一次性投资和项目全寿命的经济分析,即进行全面考虑。因此,对投资控制人员素质的要求很高。

(1)在经济方面应具备:

1)懂得并能充分掌握所用信息和数据,能进行分析、处理;

2)懂得建设项目投资费用的划分和掌握各类费用的依据;

3)能进行概(预)算的编制与审核;

4)对每项付款能进行审核;

5)对建设项目投资能进行全寿命的经济分析;

6)能完成各类技术经济比较和论证。

(2)在管理方面应具备:

1)进行建设项目规划和投资分解;

2)能组织建设项目的设计竞赛;

3)能组织项目施工招标和发包;

4)掌握项目投资动态控制方法;

5)进行项目承包合同管理。

(3)在技术方面应具备:

包括建筑、结构、施工、工艺、设备、材料等方面的基本知识。

2. 工程造价控制

(1)项目监理机构实施工程造价控制的依据是国家和铁道部发布的有关规定、本工程设计文件和施工承包合同。

项目监理机构应依据施工承包合同有关条款、施工图,对工程项目造价目标进行风险分析,提出书面报告并制定出防范性对策,经总监理工程师审核并签认后报建设单位。

验工计价应按下列程序进行:

1)承包单位统计经专业监理工程师验收质量合格的工程量,填报××××年×季度(月)验工计价表,同时提交工程数量计算明细表、批准的变更设计及施工图增减工程数量表、工程检查证、工程质量检验评定表及试验检测报告等附件。

2)专业监理工程师依据施工承包合同和经建设单位确认的施工图工程数量,审核承包单位已完成工程数量,并会同承包单位进行现场核实。

3)专业监理工程师对承包单位报送的××××年×季度(月)已完工程数量报审表进行审核,对验收手续齐全、资料符合验收要求并符合施工承包合同规定的工程量予以签认。

××××年×季度(月)已完工程数量报审表格式见表6—21。

4)承包单位依据专业监理工程师签认的已完工程数量,分别按合同内和合同外编制××××年×季度(月)验工计价表报项目监理机构。

××××年×季度(月)验工计价表格式见表6—22。

第六章 工程投资控制

表6－21　TA10　××××年×季度(月)已完工程数量报审表

承包单位(章)：　　　　　工程项目名称：　　　　　施工合同段：　　　　　编号：

序号	项目名称	工程数量															
		区间土方(万m³)	区间石方(万m³)	站场土方(万m³)	站场石方(万m³)	路基坪工(万m³)	特大桥(延长米)	大中桥(延长米)	小桥(延长米)	涵渠(横延米)	隧道(延长米)	桥梁架设(孔)	正线铺轨(km)	站线铺轨(km)	铺砟(m³)	房屋建筑(m²)	信号(站/km)	通信(km)	电力(km)	电气化(km)

填表人：　　　　　复核人：　　　　　专业监理工程师：　　　　　年　月　日
承包单位负责人：　　　　　年　月　日

注：本表一式4份，承包单位2份，建设单位、监理单位各1份。

表6－22　TA11　××××年×季度(月)验工计价表

工程项目名称：　　　　　施工合同段：　　　　　单位：万元　　　　　编号：

序号	项目名称	合同价值			本季验工计价			本年验工计价			开工累计计价			剩余		
		合同内部分	合同外部分	合计	合同内部分	合同外部分	合计	合同内部分	合同外部分	合计	合同内部分	合同外部分	合计	合同内部分	合同外部分	合计

编制人＿＿＿＿＿　　　承包单位(单)＿＿＿＿＿　　　项目监理机构(章)＿＿＿＿＿
复核人＿＿＿＿＿　　　负责人＿＿＿＿＿　　　专业监理工程师＿＿＿＿＿　日　期
　　　　　　　　　　　日　期　　　　　　　　总监理工程师＿＿＿＿＿　日　期

注：本表一式4份，承包单位2份，监理单位、建设单位各1份。

5)专业监理工程师对××××年×季度(月)验工计价表进行审核，经总监理工程师签认后报建设单位。

(2)变更设计项目的验工计价。

1)总监理工程师在审查变更设计方案时，应从造价、项目的功能要求、工程地质情况、质量和工期等方面进行综合分析，并应在变更设计实施前与建设单位、设计单位和承包单位协商确定变更设计的价款；

2)各类变更设计应根据铁道部发布的《铁路基本建设变更设计管理办法》和施工承包合同及建设单位的有关规定，按批准的变更设计进行验工计价。

(3)竣工结算。

当承包单位按施工承包合同中所列工程内容全部完工、竣工文件已编制、自验合格后,项目监理机构应对竣工结算资料进行初审,对合同内和合同外验工计价数量进行全面清理。在工程项目初验合格、费用索赔处理完毕、无合同纠纷或合同纠纷已得到调解后,总监理工程师应对竣工结算资料进行审查,报建设单位审批。

(4)竣工结算应按下列程序进行:

1)承包单位按施工承包合同规定填报竣工结算报表;

2)专业监理工程师审核承包单位报送的竣工结算报表;

3)总监理工程师审定竣工结算报表,与建设单位、承包单位协商一致后,签认竣工结算文件和最终的工程价款支付书报建设单位。

(5)质量保证金的返还。

项目监理机构在审核验工计价时,应按施工承包合同文件的约定扣除质量保证金。在工程初验合格后,项目监理机构应根据施工承包合同确定质量保证金返还比例,签认支付凭证。在验收交付运营并办理固定资产移交后,如未发生因承包单位原因造成的工程质量缺陷时,项目监理机构应签认剩余质量保证金的支付凭证;若发生因承包单位原因造成的工程质量缺陷,项目监理机构应待承包单位修复合格后方能签认剩余质量保证金的支付凭证。

(6)凡有下列情况之一者,项目监理机构不予验工计价:

1)无开工报告或开工报告未经批准的;

2)无工程数量计算资料的;

3)因承包单位责任造成增加部分工程量的;

4)因承包单位责任造成工程项目名称、计量单位、综合单价或费率与中标价款不符者;

5)工程质量不合格需返工或待处理的;

6)隐蔽工程未经专业监理工程师检查并签认的;

7)未按《铁路基本建设变更设计管理办法》的规定办理变更设计的。

第七章 合同管理

第一节 建设工程合同

一、建设工程合同

建设工程合同是一个综合概念，由一系列的合同组成。它是指法人之间为了完成工程建设任务，明确相互权利、义务关系的协议。当事人双方协商同意的有关修改合同的变更文件、洽商记录、会议纪要，以及资料、图表等，也是工程建设合同的组成部分。工程建设合同在法律上有以下特征：

（1）当事人的条件。当事人必须是具有相应权利能力和行为能力的特定法人。例如，承包商必须符合《建筑企业营业管理条例》规定的企业等级、营业范围，承包规定范围内的任务，低级企业不能越级承包工程。

（2）先决条件。工程建设合同必须以国家批准的计划和设计文件为签订的先决条件。

（3）合同的监督。工程建设合同的签订和履行受合同主管机构、金融机构、建设行政主管机关等监督。当事人有义务接受它们的监督。

（4）合同标的。工程建设合同的标的是特定的建设项目。因此，工程建设合同必须依据特定的条件和要求签订。

（5）工程建设合同应当采用书面形式。考虑到建设工程的重要性和复杂性，在工程建设过程中经常会发生影响合同履行的纠纷。因此，《合同法》要求，工程建设合同应当采用书面形式。

合同主要包括工期、工程质量要求、规模和范围、费用等。合同规定了双方的经济关系，是工程建设过程中合同双方的最高行为准则，是工程过程中双方争执解决的依据。

二、建设工程合同法则

建设工程合同是承包人进行工程建设，发包人支付价款的合同。建设工程合同包括工程勘察、设计、施工合同。它的法则包括以下几个方面：

（1）建设工程合同应当采用书面形式。

（2）建设工程的招标投标活动，应当依照有关法律的规定，公开、公平、公正进行。

（3）发包人可以与总承包人订立建设工程合同，也可以分别与勘察人、设计人、施工人订立勘察、设计、施工承包合同。发包人不得将应当由一个承包人完成的建设工程肢解成若干部分发包给几个承包人。

总承包人或者勘察、设计、施工承包人经发包人同意，可以将自己承包的部分工作交由第三人完成。第三人就其完成的工作成果与总承包人或者勘察、设计、施工承包人向发包人承担连带责任。承包人不得将其承包的全部建设工程转包给第三人或者将其承包的全部建设工程肢解以后以分包的名义分别转包给第三人。

禁止承包人将工程分包给不具备相应资质条件的单位。禁止分包单位将其承包的工程再分包。建设工程主体结构的施工必须由承包人自行完成。

(4)国家重大建设工程合同,应当按照国家规定的程序和国家批准的投资计划、可行性研究报告等文件订立。

(5)勘察、设计合同的内容包括提交有关基础资料和文件(包括概预算)的期限、质量要求、费用以及其他协作条件等条款。

(6)施工合同的内容包括工程范围、建设工期、中间交工工程的开工和竣工时间、工程质量、工程造价、技术资料交付时间、材料和设备供应责任、拨款和结算、竣工验收、质量保修范围和质量保证期、双方相互协作等条款。

(7)建设工程实行监理的,发包人应当与监理人采用书面形式订立委托监理合同。发包人与监理人的权利和义务以及法律责任,应当依照本法委托合同以及其他有关法律、行政法规的规定。

(8)发包人在不妨碍承包人正常作业的情况下,可以随时对作业进度、质量进行检查。

(9)隐蔽工程在隐蔽以前,承包人应当通知发包人检查。发包人没有及时检查的,承包人可以顺延工程日期,并有权要求赔偿停工、窝工等损失。

(10)建设工程竣工后,发包人应当根据施工图纸及说明书、国家颁发的施工验收规范和质量检验标准及时进行验收。验收合格的,发包人应当按照约定支付价款,并接收该建设工程。建设工程竣工经验收合格后,方可交付使用;未经验收或者验收不合格的,不得交付使用。

(11)勘察、设计的质量不符合要求或者未按照期限提交勘察、设计文件拖延工期,造成发包人损失的,勘察人、设计人应当继续完善勘察、设计,减收或者免收勘察、设计费并赔偿损失。

(12)因施工人的原因致使建设工程质量不符合约定的,发包人有权要求施工人在合理期限内无偿修理或者返工、改建。经过修理或者返工、改建后,造成逾期交付的,施工人应当承担违约责任。

(13)因承包人的原因致使建设工程在合理使用期限内造成人身和财产损害的,承包人应当承担损害赔偿责任。

(14)发包人未按照约定的时间和要求提供原材料、设备、场地、资金、技术资料的,承包人可以顺延工程日期,并有权要求赔偿停工、窝工等损失。

(15)因发包人的原因致使工程中途停建、缓建的,发包人应当采取措施弥补或者减少损失,赔偿承包人因此造成的停工、窝工、倒运、机械设备调迁、材料和构件积压等损失和实际费用。

(16)因发包人变更计划,提供的资料不准确,或者未按照期限提供必需的勘察、设计工作条件而造成勘察、设计的返工、停工或者修改设计,发包人应当按照勘察人、设计人实际消耗的工作量增付费用。

(17)发包人未按照约定支付价款的,承包人可以催告发包人在合理期限内支付价款。发包人逾期不支付的,除按照建设工程的性质不宜折价、拍卖的以外,承包人可以与发包人协议将该工程折价,也可以申请人民法院将该工程依法拍卖。建设工程的价款就该工程折价或者拍卖的价款优先受偿。

第二节 合同管理

一、合同工期管理

建设工程工期一般是指一个工程项目从破土动工之日起到竣工验收、交付使用所需的时间。

(1) 工期定额作用。

1) 编制初步设计文件时,确定建设工期的依据。

2) 确定投资效益和计算投资回收期的依据。

3) 指导招标、投标工作。

(2) 工程合同工期。

在建设项目实施阶段,工程工期应以建设工程施工合同规定的合同工期为准;而合同工期又应该在工期定额的基础上,根据本企业的管理水平、施工方法、机械设备和物资供应等具体条件确定。经签约确认的合同工期,将是考核履约与违约、奖与罚的重要指标之一。

(3) 工程项目施工总进度计划的编制。

工程开工前,应督促施工单位编制包括分月、分段的施工总进度计划,并加以审核、批准。对其中应由建设单位执行的部分(即在合同条款中已有明确规定的),如按时提供设计文件和图纸、甲方供设备和材料等,应提醒建设单位及时办理。

(4) 分月、分段计划的控制。

施工总进度计划批准之后,就应按总进度计划检查月、段计划的落实情况。

一般在月度生产计划会上,应全面分析月计划的完成情况,影响计划执行的原因。对属于施工单位的,应督促其迅速解决;对属于建设单位的,应及时、主动提请建设单位解决。为了确保月计划的实施,也可实行周例会,将月度计划分解到周计划中。

(5) 进度计划的修订。

工程项目实施的过程中,由于各种原因,往往需要修订分月、分段或总进度计划。

监理工程师如何对项目进度进行控制,详见第五章。

二、工程暂停及复工管理

(1) 在发生下列情况时,总监理工程师可签发工程暂停令:

1) 建设单位要求暂停施工,且工程需要暂停施工时;

2) 为了保证工程质量而需要停工进行处理时;

3) 当出现安全隐患,总监理工程师认为有必要停工以消除隐患时;

4) 发生必须暂时停止施工的紧急事件时;

5) 承包单位未经许可擅自开(复)工,或拒绝项目监理机构的监督检查时。

(2) 当发生需要签发工程暂停令的情况时,总监理工程师应按照合同约定,确定工程项目停工范围,判定暂停工程的影响范围和程度,在征求建设单位意见后签发工程暂停令,并报建设单位备案。

工程暂停令格式见表 7-1。

(3) 由于非承包单位原因导致暂停施工时,总监理工程师在签发工程暂停令之前应就有关工期和费用等事宜与承包单位进行协商。

(4) 由于建设单位或其他非承包单位原因导致暂停施工时,项目监理机构应如实记录所发生的实际情况。总监理工程师应在施工暂停原因消失、具备复工条件时,及时签署工程复工令,指令承包单位继续施工。

工程复工令格式见表 7-2。

(5) 由于承包单位原因导致暂停施工,在具备恢复施工条件时,项目监理机构应审查承包单位报送的复工申请及有关资料,同意后由总监理工程师签署工程复工令,指令承包单位继续施工。

(6)总监理工程师在签发工程暂停令后,应会同有关各方按照施工承包合同的约定,处理因工程暂停引起的与工期、费用有关的问题。

(7)由于非承包单位原因导致工程暂停时,一般要根据实际的工程延期和费用损失,并通过协商给予承包单位工期和费用方面补偿,所以项目监理机构应如实记录所发生的实际情况以备查。

(8)由于承包单位原因导致工程暂停时,承包单位申请复工,除填报工程复工申请表外,还应报送针对导致停工原因而进行的整改工作报告等有关材料。

表7-1 TB3 工程暂停令

工程项目名称: 　　　　　施工合同段: 　　　　　编号:

致_____(承包单位): 　　由于_____的原因,现通知你方必须于_____年___月___日时起对_____(工程项目名称及里程)工程暂停施工。
停工主要内容:
停工原因:
整改要求:
总监理工程师_____ 项目监理机构(章)_____　　年　月　日　时

注:本表一式4份,承包单位2份,监理单位、建设单位各1份。

第七章 合同管理

表 7-2　TB4 工程复工令

工程项目名称：　　　　　　　施工合同段：　　　　　　　编号：

致＿＿＿＿＿＿＿＿＿＿＿＿＿＿（承包单位）： 　　鉴于＿＿＿＿＿＿＿＿工程暂停通知所述工程暂停的原因已经消除，现通知你方于＿＿＿＿年＿＿月＿＿日＿＿时起对＿＿＿＿＿＿＿＿＿＿＿＿＿＿＿＿＿＿＿＿＿＿＿＿＿工程恢复施工。   　　　　　　　　　　　　　　　　　　　　　　项目监理机构（章）＿＿＿＿＿＿ 　　　　　　　　　　　　　　　　　　　　　　　　总监理工程师＿＿＿＿＿＿ 　　　　　　　　　　　　　　　　　　　　　　　　日　　　　期＿＿＿＿＿＿

注：本表一式 4 份，承包单位 2 份，监理单位、建设单位各 1 份。

三、变更设计合同管理

(1)项目监理机构应依据下列文件处理变更设计：
1)铁道部发布的《铁路基本建设变更设计管理办法》；
2)施工承包合同和委托监理合同、设计文件。

(2)项目监理机构应按下列程序处理变更设计：

1)Ⅰ类变更设计由提议单位提出变更理由和有关资料，经其主管部门审查同意后提交原设计单位研究。总监理工程师和专业监理工程师应参加设计单位组织的有关会议，并按批准的变更设计文件组织实施。

2)Ⅱ、Ⅲ类变更设计由提议单位提出变更理由和有关资料，经建设单位审定，原设计单位负责变更设计。总监理工程师及专业监理工程师应参加建设单位组织的有关会议，由总监理工程师在工程变更单上会签。

工程变更单格式见表 7-3。

(3)在总监理工程师签发工程变更单之前，承包单位不得实施变更设计。

(4)未经总监理工程师审查同意而实施的变更设计，项目监理机构不得予以计量。

表7-3 TC2工程变更单

工程项目名称：　　　　　　　施工合同段：　　　　　　　编号：

致_____（项目监理机构）： 　　由于_____的原因，兹提出 _____工程变更(内容见附件)， 请予审批。 　　附件：	提议单位(章)_____ 负责人_____ 日　期_____
设计单位意见：	设计单位(章)_____ 负责人_____ 日　期_____
承包单位：	承包单位(章)_____ 负责人_____ 日　期_____
监理单位意见：	项目监理机构(章)_____ 总监理工程师_____ 日　期_____
建设单位意见：	建设单位(章)_____ 负责人_____ 日　期_____

注：本表一式5份，承包单位2份，建设单位、监理单位、设计单位各1份。

四、费用索赔处理

(1)费用索赔处理的依据：

1)国家有关法律、法规和铁道部有关规定；

2)铁道部发布的现行标准、规范和定额；

3)本工程的施工承包合同；

4)承包合同履行过程中与索赔事件有关的原始凭证。

(2)当承包单位提出费用索赔的理由同时满足以下条件时，项目监理机构应予以受理：

1)索赔事件已造成承包单位的直接经济损失；

2)索赔事件是由于非承包单位的责任发生的;

3)承包单位已按照承包合同规定的期限和程序提出索赔申请表,并附有索赔凭证材料。

索赔申请表格式见表7-4。

表7-4 TA12 索赔申请表

工程项目名称: 施工合同段: 编号:

致＿＿＿＿＿＿＿＿＿＿＿＿＿(项目监理机构):

根据＿＿＿＿合同第＿＿＿＿条规定,由于＿＿＿＿＿＿＿＿＿＿＿＿＿原因,我方要求索赔金额(大写)＿＿＿＿＿＿＿＿＿＿,请予审查批准。

索赔的详细理由及经过:

索赔金额计算:

附:证明材料。

索赔单位(章)＿＿＿＿＿＿

负责人＿＿＿＿＿＿

日 期＿＿＿＿＿＿

注:本表一式4份,索赔单位2份,监理单位、建设单位各1份。

(3)承包单位向建设单位提出费用索赔,项目监理机构应按下列程序处理:

1)承包单位在施工承包合同约定的期限内向项目监理机构提交费用索赔报告及经监理工程师签认的原始凭证资料。

2)总监理工程师初步审查费用索赔报告,符合上述(2)所规定的条件时予以受理。

3)总监理工程师指定专业监理工程师收集与索赔有关的资料。

4)总监理工程师依据合同约定进行审查,并在初步确定索赔数额后,与承包单位和建设单位进行协商。

5)总监理工程师应在施工承包合同规定的期限内做出费用索赔的批准决定,或在施工承包合同规定的期限内通知承包单位补充提交有关索赔报告的详细资料。在收到承包单位提交的详细资料后,按本条1)、2)、3)款进行处理。

(4)当承包单位的费用索赔要求与工程延期要求相关联时,总监理工程师应综合考虑费用索赔与工程延期问题,做出费用索赔和工程延期的决定。

(5)由于承包单位的原因造成建设单位的经济损失时,建设单位向承包单位提出费用索赔时,总监理工程师在审查索赔报告后,应公正地与建设单位和承包单位进行协商,并及时作出答复。

索赔审批表格式见表7-5。

表7-5 TB6 索赔审批表

工程项目名称：_____ 施工合同段：_____ 编号：_____

致_____（承包单位）：
　　根据施工合同条款_____的规定，你方提出的_____费用索赔申请（编号_____），索赔（大写）_____经我方审核：
　　□不同意索赔。
　　□同意索赔，金额为（大写）_____。
　　同意/不同意索赔理由：

　　　　　　　　　　　　　　　　　　　　　　　项目监理机构（章）_____
　　　　　　　　　　　　　　　　　　　　　　　总监理工程师_____
　　　　　　　　　　　　　　　　　　　　　　　日　　期_____

建设单位意见：

　　　　　　　　　　　　　　　　　　　　　　　建设单位（章）_____
　　　　　　　　　　　　　　　　　　　　　　　负责人_____
　　　　　　　　　　　　　　　　　　　　　　　日　　期_____

注：本表一式4份，承包单位2份，监理单位、建设单位各1份。

五、工程延期及工程延误的处理

（1）项目监理机构只有在承包单位提出工程延期要求后，且符合施工承包合同的规定条件时才予以受理。

工程延期报审表格式见表7-6。

（2）当影响工期的事件具有持续性时，承包单位应向项目监理机构提交阶段性工期延期报告。总监理工程师审查阶段性工期延期报告并与建设单位协商后，作出工程临时延期批准。

（3）当承包单位向项目监理机构提交工程最终延期（工期索赔）申请报告后，总监理工程师应复查工程延期的全部情况并与建设单位协商后，作出工程最终延期批准。

（4）项目监理机构审查和批准工程临时延期或工程最终延期的程序与费用索赔的处理程序相同。

（5）项目监理机构在审查工程延期时，应依下列情况确定批准工程延期时间：

1）施工承包合同中有关工程延期的约定；

2）工期拖延和影响工期事件的事实和程度；

3）影响工期事件对工期影响的量化程度。

（6）工程延期造成承包单位提出费用索赔时，项目监理机构应按本书第七章的规定进行处理。

（7）当承包单位未能按照施工承包合同要求的工期竣工交付而造成工期延误时，应按合同约定处理。

表 7－6　TA13 工程延期报审表

工程项目名称：　　　　　　　　施工合同段：　　　　　　　　编号：

致＿＿＿＿＿＿＿＿＿＿＿＿＿＿(项目监理机构)：
　　根据合同条款＿＿＿＿＿＿＿＿的规定，由于＿＿＿＿＿＿＿＿＿＿＿＿
＿＿＿＿＿＿＿＿＿＿＿＿＿＿＿＿＿＿＿＿＿＿＿＿＿＿＿＿＿＿原因，我方申请工程延期，请予审查批准。
　　附件：
　　1、工程延期的依据及工期计算

　　合同竣工日期：

　　申请延长竣工日期：
　　2、证明材料

承包单位(章)＿＿＿＿＿＿
负责人＿＿＿＿＿＿
日　期＿＿＿＿＿＿

总监理工程师意见：

总监理工程师＿＿＿＿＿＿
日　期＿＿＿＿＿＿

注：本表一式 4 份，承包单位 2 份，监理单位、建设单位各 1 份。

六、合同争议的调解

(1)项目监理机构接到合同争议调解要求后应进行以下工作：
1)及时了解合同争议的全部情况，包括进行调查和取证；
2)及时与合同争议双方进行磋商；
3)在项目监理机构提出调解方案后，由总监理工程师进行争议调解；
4)当调解未能达成一致意见时，总监理工程师应在合同约定的期限内提出处理合同争议的意见；
5)在争议调解过程中，除已达到施工承包合同约定的暂停履行合同的条件外，项目监理机构应要求施工承包合同的双方继续履行合同。

(2)在总监理工程师签发合同争议处理意见后，建设单位或承包单位在施工承包合同规定的期限内未对合同争议处理决定提出异议，在符合施工承包合同的前提下，此意见应成为最后的决定，双方必须执行。

(3)若进入仲裁或诉讼程序，在合同争议的仲裁或诉讼过程中，项目监理机构接到仲裁机关或法院要求提供有关证据的通知后，应公正地向仲裁机关或法院提供与争议有关的证据。

七、解除合同

(1)施工承包合同的解除必须符合法律程序。

(2)当建设单位违约导致施工承包合同最终解除时,项目监理机构应与建设单位和承包单位进行协商,在下列款项中确定承包单位应得款项,书面通知建设单位和承包单位:

1)承包单位已完成的工程量中所应计的款项;

2)按批准采购计划订购工程材料、设备、构配件的款项;

3)承包单位撤离施工设备至原基地或其他目的地的合理费;

4)承包单位有关人员的合理遣返费用;

5)合理的利润补偿;

6)施工承包合同规定的建设单位应支付的违约金。

(3)由于承包单位违约导致施工承包合同终止时,项目监理机构应按下列程序清理承包单位的应得款项,或偿还建设单位的相关款项,并书面通知建设单位和承包单位:

1)当施工承包合同终止时,清理承包单位按施工承包合同实际完成的工作所应得款项和已得款项;

2)清理施工现场预留的材料、设备及临时工程的价值;

3)对已完工程进行检查和验收,移交工程资料,该部分工程的清理、质量缺陷修复等所需的费用;

4)施工承包合同规定的承包单位应支付的违约金;总监理工程师应按照施工承包合同的规定,在与建设单位和承包单位协商后,书面提交承包单位应得款项或偿还建设单位款项的证明。

(4)由于不可抗力或非建设单位、承包单位原因导致施工承包合同依法终止时,项目监理机构应按施工承包合同规定处理施工承包合同解除后的有关事宜。

第三节 索赔管理

索赔是当事人在合同实施过程中,根据法律、合同规定及惯例,对并非由于自己的过错,而是由于应该由合同对方承担责任的情况造成的,且实际发生了损失,向对方提出给予补偿要求。在工程建设的各个阶段,都有可能发生索赔,但在施工阶段索赔发生较多。

对施工合同的双方来说,索赔是维护双方合法利益的权利。它与合同条件中双方的合同责任一样,构成严密的合同制约关系。承包商可以向业主提出索赔,业主也可以向承包商提出索赔。

1. 索赔费用的组成

(1)人工费。

1)完成合同之外的额外工作所花费的人工费用。

2)由于非承包商责任的工效降低所增加的人工费用。

3)法定的人工费增加以及非承包商责任造成的工程延误导致的人员窝工费和工资上涨费等。

(2)材料费。

1)由于索赔事件使材料实际用量超过计划用量而增加的材料费。

2)由于客观原因造成材料价格大幅度上涨。

3)由于非承包商责任造成工程延误导致的材料价格上涨和超期储存费用。

(3)施工机械使用费。

1) 由于完成额外工作增加的机械使用费。
2) 非承包商责任工效降低增加的机械使用费。
3) 由于业主或工程师原因导致机械停工的窝工费。
(4) 分包费用。
1) 分包费用索赔指的是分包商索赔费。
2) 分包商的索赔应如数列入总承包商的索赔款总额以内。
(5) 工地管理费。
1) 由于承包商完成额外工程，索赔事项工作以及工期延长期间的工地管理费，包括管理人员的工资、办公费等。
2) 当对部分人工窝工损失索赔时，因其他工程仍然进行，可能不予计算工地管理费索赔。
(6) 利息。
1) 拖期付款的利息。
2) 由于工程变更和工程延期增加投资的利息。
3) 索赔款的利息。
4) 错误扣款的利息。
(7) 总部管理费。
总部管理费主要指工程延误期间所增加的管理费。
(8) 利润。
1) 由于工程范围的变更，文件有缺漏或技术性错误，业主未能提供现场等引起的索赔，承包商可以列入利润。
2) 由于工程暂停的索赔，一般监理工程师很难同意在工程暂停的费用索赔中加进利润损失，因为利润通常是包括在每项实施的工程内容的价格之内的。

2. 索赔费用的计算
(1) 实际费用法。
以承包商为某项索赔工作所支付的实际开支为依据，在直接费的额外费用部分的基础上，再加上应得的间接费和利润，即是承包商应得的索赔金额。该计算方法要求在施工过程中，应系统而准确地积累记录资料。
(2) 总费用法。
当发生多次索赔事件以后，重新计算该工程的实际总费用，实际总费用减去投标报价时的估算总费用，即为索赔金额。该方法可能会隐含承包商组织不善而增加的费用，所以只有在难以采用实际费用法时才应用。
(3) 修正的总费用法。
在总费用计算的基础上，去掉一些不合理的因素后进行修正确定的索赔额度，使其更合理。修正的内容如下：
1) 只计算索赔时间影响的时段，而不是整个施工期。
2) 只计算受影响时段内受影响的工作的损失，而不是该时段内所有施工工作所受的损失。
3) 与该项工作无关的费用不列入总费用中。
4) 对投标报价费用重新进行核算，得出调整后的报价费用。

3. 费用索赔的处理
(1) 项目监理机构处理费用索赔的依据。
1) 国家有关的法律、法规和工程项目所在地的地方法规。

2)本工程施工合同文件。
3)国家、部门和地方有关的标准、规范和定额。
4)施工合同履行过程中与索赔事件有关的凭证。
(2)承包单位提出费用索赔理由满足项目监理机构予以受理的条件。
1)索赔事件造成了承包单位直接经济损失。
2)索赔事件是由于非承包单位的责任发生的。
3)承包单位已按照施工合同规定的期限和程序提出费用索赔申请表,并附有索赔凭证材料。
(3)项目监理机构处理承包单位向建设单位提出费用索赔的程序。
1)承包单位在施工合同规定的期限内向项目监理机构提交对建设单位的费用索赔意向通知书。
2)监理工程师收集与索赔有关的资料。
3)承包单位在规定的时间内向项目监理机构提交对建设单位的费用索赔申请表。
4)总监理工程师初步审查申请表,符合监理规定的应予以受理。
5)总监理工程师进行费用索赔审查,并在初步确定一个额度后,与承包单位和建设单位进行协商。
6)总监理工程师应在施工合同规定的期限内签署费用审批表,或发出要求承包单位提交有关索赔报告的进一步详细资料的通知。

当承包单位的费用索赔要求与工程延期要求相关联时,总监理工程师在作出费用索赔的批准决定时,应与工程延期的批准联系起来,综合作出费用索赔和工程延期的决定。

由于承包单位的原因造成建设单位的额外损失,建设单位向承包单位提出费用索赔时,总监理工程师在审查索赔报告后,公正地与有关单位协商,并及时作出答复。

4. 索赔的资料和文件要求

索赔事件处理的过程是项目建设工程施工合同继续完善的过程。索赔的资料和文件是合同的组成部分,应列入竣工资料中。因此,在索赔事件处理的过程中,应注意收集文件、资料,索赔事件处理完成后,应将有关文件、资料整理,装订成册后存档。其相关资料、文件主要包括以下内容:

(1)提出索赔的意向报告(或通知)。
(2)提交费用索赔申请表及附件。
(3)监理工程师调查核实的材料、处理意见、报送业主审定的函件。
(4)监理工程师对费用索赔的审批意见。
(5)业主的审定意见。
(6)仲裁机关或人民法院裁决文件及附件等。

第四节 设备采购监理

一、设备采购监理

(1)监理单位应依据与建设单位签订的设备采购阶段的委托监理合同,成立由总监理工程师和专业监理工程师组成的项目监理机构。
(2)总监理工程师应组织监理人员熟悉和掌握设计文件对拟采购设备的各项要求、技术说明和有关标准。

(3)项目监理机构可根据委托合同编制设备采购方案,确定设备采购的原则、范围、内容、程序、方式和方法,并报建设单位批准。

(4)项目监理机构应根据批准的设备采购方案编制设备采购计划,并报建设单位批准。采购计划的主要内容应包括采购设备明细表、采购进度安排、估价表、采购资金使用计划等。

(5)项目监理机构应根据建设单位批准的设备采购计划组织或参加市场调查,并应协助建设单位选择设备供应单位。

(6)当采用招标方式进行设备采购时,项目监理机构应协助建设单位按照有关规定组织设备采购招标。

(7)当采用非招标方式进行设备采购时,项目监理机构应协助建设单位进行设备采购的技术及商务谈判。

(8)项目监理机构应在确定设备供应单位后,参与设备采购订货合同谈判,协助建设单位起草及签订设备采购订货合同。

(9)在设备采购监理工作结束后,总监理工程师应组织编写监理工作总结。

二、设备监造

(1)监理单位依据与建设单位的设备监造阶段的委托监理合同,成立由总监理工程师和专业监理工程师组成的项目监理机构。项目监理机构应进驻设备制造现场。

(2)总监理工程师应组织专业监理工程师熟悉设备制造图纸及有关技术说明和标准,掌握设计意图和各项设备制造的工艺规程以及设备采购订货合同中的各项规定,参加由建设单位组织的设备制造图纸的设计交底。

(3)总监理工程师应组织专业监理工程师编制设备监造规划,经监理单位技术负责人审核批准后,在设备制造开始前10天内报送建设单位。

(4)总监理工程师应审查设备制造单位报送的设备制造生产计划和工艺方案,提出审查意见,符合要求后予以批准,并报建设单位。

(5)总监理工程师应审核设备制造分包单位的资质情况、实际生产能力和质量管理体系,符合要求后予以确认。

(6)专业监理工程师应审查设备制造单位的检验计划和检验要求,确认各阶段的检验时间、内容、方法、标准以及检测手段、检测设备和仪器。

(7)专业监理工程师必须对设备制造过程中拟采用的新技术、新材料、新工艺的鉴定书和试验报告进行审核,并签署意见。

(8)专业监理工程师应审查主要及关键零件的生产工艺设备、操作规程和相关生产人员的上岗资格,并对设备制造和装配场所的环境进行检查。

(9)专业监理工程师应审查设备制造的原材料、外购配套件、元器件、标准件以及坯料的质量证明文件及检验报告,检查设备制造单位对外购器件、对外协作加工件和材料的质量验收,并由专业监理工程师审查制造单位提交的报验资料,符合规定要求时予以签认。

(10)专业监理工程师应对设备制造过程进行监督和检查,对主要及关键零部件的制造工序应进行抽检或全检。

(11)专业监理工程师应要求设备制造单位按批准的检验计划和检验要求进行设备制造过程的检验工作,做好检验记录,并对检验结果进行审核。专业监理工程师认为不符合质量要求时,指令设备制造单位进行整改、返修或返工。当发生质量失控或重大质量事故时,必须由总监理工程师下达暂停制造指令，提出处理意见，并及时报告建设单位。

(12)专业监理工程师应检查和监督设备的装配过程，符合要求后予以签认。

(13)在设备制造过程中如需要对设备的原设计进行变更，专业监理工程师应审核设计变更，并审查因变更引起的费用增减和制造工期的变化。

(14)总监理工程师应组织专业监理工程师参加设备制造过程中的调试、整机性能检测和验证，符合要求后予以签认。

(15)在设备运往安装现场前，专业监理工程师应检查设备制造单位对待运设备采取的防护和包装措施是否符合运输、装卸、储存、安装的规定，以及相关的随机文件、装箱单和附件是否齐全。

(16)设备全部运到现场后，总监理工程师和专业监理工程师应参加设备制造单位与安装单位的交接工作，开箱清点、检查、验收、移交。

(17)专业监理工程师应按设备制造合同的约定审核设备制造单位提交的进度付款单，提出审核意见，由总监理工程师签发支付证书。

(18)专业监理工程师应审查建设单位或设备制造单位提出的索赔文件，提出意见后报总监理工程师。由总监理工程师与建设单位、设备制造单位进行协商，并提出审核报告。

(19)专业监理工程师应审核设备制造单位报送的设备制造结算文件，并提出审查意见，报总监理工程师审核。由总监理工程师与建设单位、设备制造单位协商，并提出审核报告。

(20)在设备监造工作结束后，总监理工程师应组织编写设备监造工作总结。

三、设备采购监理资料

(1)设备采购监理的资料应包括以下内容：
1)委托监理合同；
2)设备采购方案及采购计划；
3)设计图纸和技术文件；
4)市场调查、考察报告；
5)设备采购招标投标文件；
6)设备采购订货合同；
7)设备采购监理工作总结。

(2)设备采购监理工作结束时，监理单位应向建设单位提交设备采购监理工作总结。

(3)设备监造的监理资料应包括以下内容：
1)设备制造合同及委托监理合同；
2)设备监造规划；
3)设备制造的生产计划和工艺方案；
4)设备制造的检验计划和检验要求；
5)分包单位资格报审表；
6)原材料、零配件等的质量证明文件和检验报告；
7)开工/复工报审表、暂停令；
8)检验记录及试验报告；
9)报验申请表；
10)变更设计文件；
11)会议纪要；

12)来往文件;
13)监理日记;
14)监理工程师通知单;
15)监理工作联系单;
16)监理月报;
17)质量事故处理文件;
18)设备制造索赔文件;
19)设备验收文件;
20)设备交接文件;
21)支付证书和设备制造结算审核文件;
22)设备监造工作总结。
(4)设备监造工作结束时,监理单位应向建设单位提交设备监造工作总结。

四、工程质量保修期的监理工作

(1)项目监理机构应依据委托监理合同约定的工程质量保修期监理工作的时间、范围和内容开展工作。

(2)在工程质量保修期内,项目监理机构应监督承包单位对验收委员会提出的工程质量缺陷或需返工处理的工程项目实施整改。承包单位整改完毕后,项目监理机构应对承包单位返修工程的质量进行验收,合格后予以签认。

(3)总监理工程师应对造成工程质量缺陷的原因进行调查分析,确定责任方。对于非承包单位责任造成的工程质量缺陷返修,专业监理工程师应审核返修工程数量和费用,由总监理工程师签署返修工程验工计价单,报建设单位审定。

(4)项目监理机构收到承包单位提交的工程质量保修终止申请后,经确认符合下列要求后,由总监理工程师会同建设单位、接管单位共同签发工程质量保修终止书:
1)合同文件规定的工程质量保修期已到期;
2)工程质量缺陷或需返工处理的工程项目已全部返修完毕;
3)工程竣工文件已全部完成,经审查合格,并办理交接手续;
4)承包单位承担的全部工程已经国家或铁道部验收委员会验收合格。

第五节 监理信息的特点、分类及构成

1. 监理信息特点

(1)因为监理的工程项目管理涉及多部门、多专业、多环节、多渠道,而且工程建设中的情况多变化,处理的方式又多样化,因此信息量也特别大。

(2)由于工程项目往往是一次性(或单件性),即使是同类型的项目,也往往因为地点、施工单位或其他情况的变化而变化,因此虽然信息量大,但却都集中于所管理的项目对象上,信息系统性强,这就为信息系统的建立和应用创造了条件。

(3)信息传递的障碍多。传递中的障碍来自于地区的间隔、部门的分散、专业的隔阂,或传递的手段落后,或对信息的重视与理解能力、经验、知识的限制。

(4)信息滞后。信息往往是在项目建设和管理过程中产生的,信息反馈一般要经过加工、整理、传递以后才能到达决策者手中,因此是滞后的。倘若信息反馈不及时,容易影响信息的

发挥而造成失误。

2.监理信息分类

为了有效地管理和应用工程建设监理信息,需将信息进行分类。按照不同的分类标准,可交工程建设监理信息分为不同的类型,具体分类见表7-7。

表7-7 监理信息分类

序号	分类标准	类 型	内 容
1	按照工程建设监理职能划分	投资控制信息	如各种投资估算指标,类似工程造价,物价指数概(预)算定额,建设项目投资估算,设计概预算,合同价,工程进度款支付单,竣工结算与决算,原材料价格,机械台班费,人工费,运杂费,投资控制的风险分析等
		质量控制信息	如国家有关的质量政策及质量标准,项目建设标准,质量目标的分解结果,质量控制工作流程,质量控制工作制度,质量控制的风险分析,质量抽样检查结果等
		进度控制信息	如工期定额,项目总进度计划,进度目标分解结果,进度控制工作流程,进度控制工作制度,进度控制的风险分析,某段时间的施工进度记录等
		合同管理信息	如国家有关法律规定,建设工程招标投标管理办法,建设工程施工合同管理办法,工程建设监理合同,建设工程勘察设计合同,建设工程施工承包合同,土木工程施工合同条件,合同变更协议,建设工程中标通知书、投标书和招标文件等
		行政事物管理信息	如上级主管部门、设计单位、承包商、业主的来函文件,有关技术资料等
2	按照工程建设监理信息来源划分	工程建设内部信息	内部信息取自建设项目本身。如工程概况,可行性研究报告,设计文件,施工组织设计,施工方案,合同文件,信息资料的编码系统,会议制度,监理组织机构,监理工作制度,监理委托合同,监理规划,项目的投资目标,项目的质量目标,项目的进度目标等
		工程建设外部信息	来自建设项目外部环境的信息称为外部信息。如国家有关的政策及法规,国内及国际市场上原材料及设备价格,物价指数,类似工程的造价,类似工程进度,投标单位的实力,投标单位的信誉,毗邻单位的有关情况等
3	按照工程建设监理划分	固定信息	固定信息是指那些具有相对稳定性的信息,或者在一段时间内可以在各项监理工作中重复使用而不发生质的变化的信息,它是工程建设监理工作的重要依据。这类信息如下述: (1)定额标准信息。这类信息内容很广,主要是指各类定额和标准。如概预算定额,施工定额,原材料消耗定额,投资估算指标,生产作业计划标准,监理工作制度等; (2)计划合同信息。指计划指标体系,合同文件等; (3)查询信息。指国家标准,行业标准,部门标准,设计规范,施工规范,监理工程师的人事卡片等

续上表

序号	分类标准	类型	内容
3	按照工程建设监理划分	流动信息	流动信息即作业统计信息,它是反映工程项目建设实际进程和实际状态的信息,它随着工程项目的进展而不断更新。这类信息时间性较强,一般只有一次使用价值。如项目实施阶段的质量、投资及进度统计信息,就是反映在某一时刻项目建设的实际进程及计划完成情况。再如,项目实施阶段的原材料消耗量、机械台班数、人工工日数等。及时收集这类信息,并与计划信息进行对比分析是实施项目目标控制的重要依据,是不失时机地发现、克服薄弱环节的重要手段。在工程建设监理过程中,这类信息的主要表现形式是统计报表
4	按照工程建设监理活动层次划分	总监理工程师所需信息	如有关工程建设监理的程序和制度,监理目标和范围,监理组织机构的设置状况,承包商提交的施工组织设计和施工技术方案,建设监理委托合同,施工承包合同等
		各专业监理工程师所需信息	如工程建设的计划信息,实际进展信息,实际进展与计划的对比分析结果等。监理工程师通过掌握这些信息可以及时了解工程建设是否达到预期目标并指导其采取必要措施,以实现预定目标
		监理检查员所需信息	主要是工程建设实际进展信息,如工程项目的日进展情况。这类信息较具体、详细,精度较高,使用频率也高
5	按照工程建设监理阶段划分	设计阶段	如可行性研究报告及设计任务书,工程地质和水文地质勘察报告
		施工招标阶段	如国家批准的概算,有关施工图纸及技术资料,国家规定的技术经济标准、定额及规范,投标单位的实力,投标单位的信誉,国家和地方颁布的招投标管理办法等
		施工阶段	如施工承包合同,施工组织设计、施工技术方案和施工进度计划,工程技术标准,工程建设实际进展情况报告,工程进度款支付申清,施工图纸及技术资料。工程质量检查验收报告,工程建设监理合同,国家和地方的监理法规等

3.监理信息构成

监理信息的构成,见表7—8。

表7—8 监理信息的构成

序号	信息构成形式	内容
1	文字图形信息	勘察、测绘、设计图纸及说明书、计算书、合同、工作条例及规定、施工组织设计、情况报告、原始记录、统计图表、报表、信函等
2	语言信息	口头分配任务、指示、汇报、工作检查、介绍情况、谈判交涉、建议、工作讨论和研究、会议等
3	新技术信息	通过网络、电话、电报、电传、计算机、电视、录像、录音、广播等现代化手段传播及处理的信息

第六节 信息管理

一、收集信息

1. 信息作用

(1)信息是监理决策的依据。

决策是建设监理的首要职能,它的正确与否,直接影响到工程项目总目标的实现及监理单位的信誉。建设监理决策正确与否,又取决于各种因素,其中最重要的因素之一就是信息。没有可靠的、充分的、系统的信息作为依据,就不可能作出正确的决策。

(2)信息是监理工程师实施控制的基础。

控制的主要任务是指计划执行情况与计划目标进行比较,找出差异,对比较的结果进行分析,排除和预防产生差异的原因,使总体目标得以实现。为了进行有效的控制,监理工程师必须得到充分的、可靠的信息。为了进行比较分析及采取措施来控制工程项目投资目标、质量目标及进度目标,监理工程师首先应掌握有关项目三大目标的计划值,它们是控制的依据;再者,监理工程师还应了解三大目标的执行情况。只有这两个方面的信息都充分掌握了,监理工程师才能正确实施控制工作。

(3)信息是监理工程师进行工程项目协调的重要媒介。

工程项目的协调工作是监理工程师的重要任务。项目协调包括人际关系的协调。

2. 收集信息

收集监理原始信息是很重要的基础工作。监理信息管理工作的质量优劣,很大程度上取决于原始资料的全面性和可靠性。

施工阶段的信息收集,可从施工准备期、施工期、竣工保修期三个子阶段分别进行。

(1)施工准备期。

施工准备期是指从建筑工程合同签订到项目开工阶段,在施工招投标阶段监理未介入时,本阶段是施工阶段监理信息收集的关键阶段。临理人员应该从如下几点入手收集信息:

1)监理大纲,施工图设计及施工图预算,特别要掌握结构特点,掌握工程难点、要点,掌握工业工程的工艺流程特点、设备特点,了解工程预算体系(按单位工程、分部工程、分项工程分解),了解施工合同。

2)施工单位项目经理部组成,进场人员资质,进厂设备的规格型号、保修记录,施工场地的准备情况,施工单位质量保证体系及施工单位的施工组织设计,特殊工程的技术方案,施工进度网络计划图表,进场材料、构件管理制度,安全保安措施,数据和信息管理制度,检测和检验、试验程序和设备,承包单位和分包单位的资质等施工单位信息。

3)建筑工程场地的地质、水文、测量、气象数据;地上、地下管线,地下洞室,地上原有建筑物及周围建筑物、树木、道路;建筑红线、标高、坐标;水、电、气管道的引入标志;地质勘察报告,地形测量图及标桩等环境信息。

4)施工图的会审和交底记录;开工前监理交底记录,对施工单位提交的施工组织设计按照项目监理部要求进行修改的情况,施工单位提交的开工报告及实际准备情况。

5)本工程需遵循的相关建筑法律、法规、规范和规程,有关质量检验、控制的技术法规和质量验收标准。

(2)施工实施期。

施工实施期收集的信息应该分类并由专门的部门或专人分级管理,项目监理工程师可从以下方面收集信息:

1)施工单位人员,设备,水、电、气等能源的动态信息。

2)施工期气象情况的中长期趋势及同期历史数据,每天不同时段动态信息,特别是在气候对施工质量影响较大的情况下,更要加强收集气象数据。

3)建筑原材料、半成品、成品、构配件等工程物资的进场、加工、保管、使用等信息。

4)项目经理部管理程序。质量、进度、投资的事前、事中、事后控制措施,数据采集来源及采集、处理、存储、传递方式,工序间交接制度,事故处理制度,施工组织设计及技术方案执行的情况,工地文明施工及安全措施等。

5)施工中需要执行的国家和地方规范、规程、标准;施工合同执行情况。

6)施工中发生的工程数据,如地基验槽及处理记录、工序间交接记录、隐蔽工程检查记录等。

7)建筑材料测试项目有关信息,如水泥、砖、砂石、钢筋、外加剂、混凝土、防水材料、回填土、饰面板、玻璃幕墙等。

8)设备安装的试运行和测试项目有关的信息,如电气接地电阻,绝缘电阻测试,管道通水、通气、通风试验,电梯施工试验,消防报警、自动喷淋系统联动试验等。

9)施工索赔相关信息,如索赔程序、索赔依据、索赔证据、索赔处理意见等。

(3)竣工保修期。

竣工保修期阶段要收集的信息如下:

1)工程准备阶段文件如立项文件,建设用地、征地、拆迁文件,开工审批文件等。

2)监理文件,如监理规划、监理实施细则、有关质量问题和质量事故的相关记录、监理工作总结以及监理过程中各种控制和审批文件等。

3)施工资料,分为建筑安装工程和市政基础设施工程两大类,分别收集。

4)竣工图,分建筑安装工程和市政基础设施工程两大类,分别收集。

5)竣工验收资料,如工程竣工总结、竣工验收备案表、电子档案等。

在竣工保修期,监理单位按照现行《建设工程文件归档整理规范》(GB/T 50328—2001)收集监理文件,并协助建设单位督促施工单位完善全部资料的收集、汇总和归类整理。

二、处理信息

1. 建立信息管理系统

信息管理系统是指对信息的收集、整理、处理、储存、传递与应用等一系列工作的总称。信息管理的目的就是根据信息的特点,有计划地组织信息沟通,以保持决策者能及时、准确地获得相应的信息。为了达到信息管理的目的,必须把握信息管理的各个环节,正确运用信息管理手段,掌握好信息处理过程中每个环节,包括收集、加工、传递、存储、提供等,这就构成了信息管理系统。

信息管理系统包括设计信息沟通渠道、建立信息管理组织和信息管理制度等。

设计信息沟通渠道的目的是保证信息畅通无阻,信息管理组织和管理制度是系统管理所必须的条件。信息管理组织有人工管理信息系统和计算机管理信息系统。

2.搞好信息加工整理和储存

对于收集到的资料、数据要经过鉴别、分析、汇总、归类,作出推测、判断、演绎,这是一个逻辑判断推理的过程,现在往往借助于电子计算机进行工作。

有价值的原始资料、数据及经过加工整理的信息,要长期积累,以备查阅。

建立监理信息的编码系统、采用电子计算机数据库或其他微缩系统,可以提高数据处理的效率、节省存储的时间和空间。

3.监理信息的处理

(1)处理的要求。

要使信息能有效地发挥作用,就要求信息处理必须符合及时、准确、适用、经济的原则。

及时即信息的传递速度要快,准确即要求信息能反映实际情况,适用即信息符合实际工作的需要,经济指信息处理方式符合经济效果的要求。

(2)处理的内容。

信息处理一般包括收集、加工、传输、存储、检索和输出等六项内容。

1)收集是指对原始息的收集,是很重要的基础工作。

2)加工是信息处理的基本内容,其目的是通过加工为监理工程师提供有用的信息。

3)传输是指信息借助一定的载体在监理工作的各参加部门、各单位之间的传输。通过传输,形成各种信息流,畅通的信息流是监理工作顺利进行的重要保证。

4)存储是指对处理后的信息的存储。

5)检索是在监理工作中既然存储了大量的信息,为了查找方便,就需要拟定一套科学的、迅速查找的办法和手段,这就称之为信息的检索。

6)输出是指将信息按照需要编印成各类报表和文件,以供监理工作使用。

(3)处理的方式。

信息处理的方式有手工处理、计算机处理等方式。

1)手工处理方式。在信息的处理过程中,主要依靠人工收集、填写原始资料。

人工用笔、珠算、计算器等进行计算,计算结果由人工编制文件、报表,并由档案室保存和存储资料。信息的输出也依靠电话、传真机或信函发出文件、通知、报表等。

2)计算机处理方式。计算机处理方式是利用电子计算机进行数据处理,它可以接受资料、处理和加工资料、提供处理结果。

由于监理工作中不仅有大量的信息,而且对信息的正确性、及时性等也有较高的质量要求,倘若仅依靠手工处理方式是很难完成的。必须发挥电子计算机存储量大、可集中存储有关的信息、能高速准确地处理监理工作所需要的信息、能方便地形成各种监理工作需要的报表等特点,因此,要优先选用计算机处理方式。

第八章　工程质量缺陷责任期与竣工验收监理工作

第一节　工程质量缺陷责任期

项目监理机构应依据委托监理合同中所约定工程质量缺陷责任期内监理工作的时间、范围和内容开展工作。

在工程质量缺陷责任期内，项目监理机构应检查承包单位对验收委员会提出的工程质量缺陷或需返工处理的工程项目实施整改。承包单位整改完毕后，项目监理机构应对承包单位返修的工程施工质量进行验收，合格后予以签认。

总监理工程师应对造成工程质量缺陷的原因进行调查分析，确定责任方。对于非承包单位责任造成的工程质量缺陷返修，专业监理工程师应审核返修工程数量和费用，由总监理工程师签署返修工程验工计价单，报建设单位。

第二节　竣 工 验 收

一、工程验收依据

工程项目按照批准的设计图纸和文件的内容全部建成，达到使用的要求，经过验收合格，正式移交给建设单位叫工程竣工。

建筑工程竣工是针对单项工程而言。单项工程的含义是具有独立的设计文件，可以独立施工，建成后能独立发挥生产能力或收益的工程。单项工程的人工费、材料费、各种加工预制品费、施工机械费以及其他费用，都应分别进行核算，工程完成后，单独进行工程质量的评定，并专门组织竣工验收。

一个工程项目，既可能是一个单项工程，也可能是由几个单项工程组成的一个建设项目。一个工程项目如果已经全部完成，但由于外部原因不能投产使用或不能全部投产使用，也应该视为竣工，并要及时组织竣工验收。

工程项目的竣工验收是建设全过程的最后一道程序。它是建设投资成果转入生产或使用的标志，是全面考核投资效益、检验设计和施工质量的重要环节。竣工验收的主要依据是：

(1)上级主管部门的有关工程竣工的文件和规定；
(2)工程设计文件。包括施工图纸、设计说明书、设计变更洽商记录、各种设备说明书等；
(3)招标投标文件和工程合同；
(4)施工技术验收标准及规范；
(5)工程统计规定。

从国外引进的新技术或进口成套设备的项目，还应按照签订的合同和国外提供的设计文件等资料进行验收。

二、工程验收标准

工程项目竣工验收、交付使用,一般应达到下列标准:
(1)生产性工程和辅助公用设施,已按设计要求建完,能满足生产要求;
(2)主要工艺设备已安装配套,经联动负荷试车合格,安全生产和环境保护符合要求,已形成生产能力,能够生产出设计文件中所规定的产品;
(3)职工宿舍和其他必要的生活福利设施,能适应投产初期的需要;
(4)生产准备工作能适应投产初期的需要;
(5)非生产性建设项目,具备正常使用条件。

有些工程项目符合上述基本条件,但由于少数非主要设备及某些特殊材料短期内不能解决,或工程虽未按设计文件规定的内容全部建完,但对生产影响不大,也可办理竣工验收手续。在对这类项目验收时,要将所缺设备、材料和未完工程列出项目清单,注明原因,报监理工程师以确定解决的办法,并在验收鉴定书中说明。

三、竣工文件编制

(1)工程项目竣工后,项目监理机构应督促承包单位按国家和铁道部的有关规定编制工程竣工文件和交验资料。
(2)工程竣工文件按以下原则组织编制:
1)承包单位的项目负责人要组织工程竣工文件编制工作;
2)承包单位要组成竣工文件编制机构,并保持编制人员的相对稳定;
3)按谁施工谁负责编制竣工文件的原则编制分段工程竣工文件,由总承包单位按竣工文件编制要求编制全段工程竣工文件;
4)现场施工技术管理的主要人员必须参加竣工文件编制工作。
(3)在施工过程中项目监理机构应督促承包单位按专业和工点建立单位工程的施工技术档案,并确定收集资料的内容,逐一收集,整理归档。

四、竣工验收

(1)单位工程竣工预验收按以下程序进行:
1)承包单位对已竣工的单位工程进行自检,工程质量、结构尺寸、使用功能符合设计要求和工程质量检验评定标准,竣工文件按规定编制完成后,向项目监理机构报送工程竣工初验报审表及有关资料;
2)总监理工程师组织专业监理工程师对承包单位提交的竣工文件进行审查,竣工文件应做到完整、真实,并具有可追溯性;
3)总监理工程师组织专业监理工程师会同承包单位到现场对单位工程实物进行检查;
4)对检查过程中发现的问题,项目监理机构应要求承包单位限期整改。整改完毕后由总监理工程师组织复查,认可后签发工程竣工初验报审表。

工程竣工初验报审表格式见表8-1。
(2)承包单位按施工承包合同将工程全部竣工,并经项目监理机构预验收合格后,方可申请竣工验收。

(3)铁路大、中型建设项目的竣工验收交接程序为初验、正式验收、移交固定资产。项目监理机构在竣工验收交接中的主要工作是：

1)总监理工程师应组织专业监理工程师参加建设单位组织的对本标段的工程检查，督促承包单位及时完成整改，达到初验的有关要求。

2)总监理工程师应参加由建设单位、接管单位、设计单位、承包单位和项目监理机构组成的初验委员会。

3)专业监理工程师参与对本专业工程的检验或检查。

4)项目监理机构应提交本标段工程质量评估初步意见。

5)总监理工程师应参与对竣工验收交接中重要问题的讨论。对存在的问题和处理意见，项目监理机构应督促承包单位及时提出整改措施。

6)总监理工程师应参与验收委员会对本标段工程进行的验收，会签工程竣工验收报告。

表8—1　TA9 工程竣工初验报审表

工程项目名称：　　　　　　　　施工合同段：　　　　　　　　编号：

致_____(项目监理机构)： 　　我方已按合同要求完成_____工程，经自检合格，请予以检查。 　　附件：   　　　　　　　　　　　　　　　　　　　承包单位(章)_____ 　　　　　　　　　　　　　　　　　　　负责人_____ 　　　　　　　　　　　　　　　　　　　日　期_____
审查意见： 　　经检查验收，该工程 　　1.符合/不符合设计文件要求； 　　2.符合/不符合我国现行工程建设验收标准； 　　3.符合/不符合合同文件要求。 　　综上所述，该工程初步验收合格/不合格，可以/不可以组织正式验收。 　　　　　　　　　　　　　　　　　　　项目监理机构(章)_____ 　　　　　　　　　　　　　　　　　　　总监理工程师_____ 　　　　　　　　　　　　　　　　　　　日　期_____

注本表一式4份，承包单位2份，监理单位、建设单位各1份。

五、竣工验收资料的审核

总监理工程师在同意竣工验收前，应对施工单位提交的全竣工验收资料进行审核。施工单位提交的竣工验收资料主要有：

(1)工程项目开工报告；

(2)工程项目竣工报告；

(3)图纸会审和设计交底记录；
(4)设计变更通知单；
(5)技术变更核实单；
(6)施工组织设计；
(7)工程质量事故发生后调查和处理资料；
(8)水准点位置、定位测量记录、沉降及位移观测记录；
(9)材料、设备、构件的质量合格证明资料；
(10)试验、检验报告；
(11)隐蔽工程验收记录及施工日志；
(12)打桩记录、试桩报告；
(13)材料代用表；
(14)竣工图；
(15)质量评定资料；
(16)工程竣工验收资料。

监理工程师在审查竣工验收资料时，应把重点放在以下几个方面：

(1)材料、设备、构配件的质量合格证明材料。这些材料应真实可靠，不得擅自修改、伪造和事后补做。

(2)试验、检验资料。各种材料试验、检验资料，必须根据规范要求制作试件或取样，进行规定数量的试验。试验、检验的结论只有符合设计要求后才能用于工程施工。

(3)核查隐蔽工程记录及施工记录。

(4)竣工图的审查。建设项目竣工图是真实记录各种地下、地上建筑物等详细技术文件，是进行工程交工验收、使用维护、改建扩建的依据，也是使用单位长期保存的技术资料。对竣工图审查的主要内容有：

1)竣工图是否符合"编制基本建设工程竣工图的几项暂行规定"：

①在施工过程中未发生设计变更，按图施工的建筑工程，可在原施工图纸（须是新图纸）上注明"竣工图"标志，即可作为竣工图使用；

②在施工中虽然有一般性的设计变更，但没有较大的结构性的或重要管线等方面的设计变更，而且可以在原施工图纸上修改或补充，也可以不再绘制新图纸，可由施工单位在原施工图纸（须是新图纸）上，清楚地注明修改后的实际情况，并附以设计变更通知书、设计变更记录及施工说明，然后注明"竣工图"标志，即作为竣工图；

③建筑工程的结构形式、标高、施工工艺、平面布置等重大变更，原施工图已不再适用，应重新绘制改变后的竣工图。由于设计原因造成的，由设计单位负责重新绘图；由于施工原因造成的，由施工单位负责重新绘图；由于其他原因造成的，由建设单位自行绘图或委托设计单位绘图，施工单位负责在新图上加盖"竣工图"标志，并附以有关记录和说明，作为竣工图；

④各项基本建设工程，特别是基础、地下建筑物、管线、结构、井巷、洞室、桥梁、隧道、港口、水坝以及设备安装等隐蔽部位都要绘制竣工图。

2)竣工图是否与竣工工程的实际情况相符。

3)竣工图是否保证绘制质量，做到规格统一、字迹清晰，符合技术档案的各种要求。

4)竣工图是否已经过施工单位主要技术负责人审核、签认。

六、建设工程价款结算

1. 总则

(1)为加强和规范建设工程价款结算,维护建设市场正常秩序,根据《中华人民共和国合同法》、《中华人民共和国建筑法》、《中华人民共和国招标投标法》、《中华人民共和国预算法》、《中华人民共和国政府采购法》、《中华人民共和国预算法实施条例》等有关法律、行政法规制订本办法。

(2)凡在中华人民共和国境内的建设工程价款结算活动,均适用本办法。国家法律法规另有规定的,从其规定。

(3)本办法所称建设工程价款结算(以下简称"工程价款结算"),是指对建设工程的发承包合同价款进行约定和依据合同约定进行工程预付款、工程进度款、工程竣工价款结算的活动。

(4)国务院财政部门、各级地方政府财政部门和国务院建设行政主管部门、各级地方政府建设行政主管部门在各自职责范围内负责工程价款结算的监督管理。

(5)从事工程价款结算活动,应当遵循合法、平等、诚信的原则,并符合国家有关法律、法规和政策。

2. 工程合同价款的约定与调整

(1)招标工程的合同价款应当在规定时间内,依据招标文件、中标人的投标文件,由发包人与承包人(以下简称"发、承包人")订立书面合同约定。

非招标工程的合同价款依据审定的工程预(概)算书由发、承包人在合同中约定。

合同价款在合同中约定后,任何一方不得擅自改变。

(2)发包人、承包人应当在合同条款中对涉及工程价款结算的下列事项进行约定:

1)预付工程款的数额、支付时限及抵扣方式;

2)工程进度款的支付方式、数额及时限;

3)工程施工中发生变更时,工程价款的调整方法、索赔方式、时限要求及金额支付方式;

4)发生工程价款纠纷的解决方法;

5)约定承担风险的范围及幅度以及超出约定范围和幅度的调整办法;

6)工程竣工价款的结算与支付方式、数额及时限;

7)工程质量保证(保修)金的数额、预扣方式及时限;

8)安全措施和意外伤害保险费用;

9)工期及工期提前或延后的奖惩办法;

10)与履行合同、支付价款相关的担保事项。

(3)发、承包人在签订合同时对于工程价款的约定,可选用下列一种约定方式:

1)固定总价。合同工期较短且工程合同总价较低的工程,可以采用固定总价合同方式。

2)固定单价。双方在合同中约定综合单价包含的风险范围和风险费用的计算方法,在约定的风险范围内,综合单价不再调整。风险范围以外的综合单价调整方法,应当在合同中约定。

3)可调价格。可调价格包括可调综合单价和措施费等,双方应在合同中约定综合单价和措施费的调整方法,调整因素包括:

①法律、行政法规和国家有关政策变化影响合同价款;

②工程造价管理机构的价格调整;

③经批准的设计变更；

④发包人更改经审定批准的施工组织设计(修正错误除外)造成费用增加；

⑤双方约定的其他因素。

(4)承包人应当在合同规定的调整情况发生后14天内,将调整原因、金额以书面形式通知发包人,发包人确认调整金额后将其作为追加合同价款,与工程进度款同期支付。发包人收到承包人通知后14天内不予确认也不提出修改意见,视为已经同意该项调整。

当合同规定的调整合同价款的调整情况发生后,承包人未在规定时间内通知发包人,或者未在规定时间内提出调整报告,发包人可以根据有关资料,决定是否调整和调整的金额,并书面通知承包人。

(5)工程设计变更价款调整。

1)施工中发生工程变更,承包人按照经发包人认可的变更设计文件,进行变更施工,其中,政府投资项目重大变更,需按基本建设程序报批后方可施工。

2)在工程设计变更确定后14天内,设计变更涉及工程价款调整的,由承包人向发包人提出,经发包人审核同意后调整合同价款。变更合同价款按下列方法进行：

①合同中已有适用于变更工程的价格,按合同已有的价格变更合同价款；

②合同中只有类似于变更工程的价格,可以参照类似价格变更合同价款；

③合同中没有适用或类似于变更工程的价格,由承包人或发包人提出适当的变更价格,经对方确认后执行。如双方不能达成一致的,双方可提请工程所在地工程造价管理机构进行咨询或按合同约定的争议或纠纷解决程序办理。

3)工程设计变更确定后14天内,如承包人未提出变更工程价款报告,则发包人可根据所掌握的资料决定是否调整合同价款和调整的具体金额。重大工程变更涉及工程价款变更报告和确认的时限由发承包双方协商确定。

收到变更工程价款报告一方,应在收到之日起14天内予以确认或提出协商意见,自变更工程价款报告送达之日起14天内,对方未确认也未提出协商意见时,视为变更工程价款报告已被确认。

确认增(减)的工程变更价款作为追加(减)合同价款与工程进度款同期支付。

3. 工程价款结算

(1)工程价款结算应按合同约定办理,合同未作约定或约定不明的,发、承包双方应依照下列规定与文件协商处理：

1)国家有关法律、法规和规章制度；

2)国务院建设行政主管部门、省、自治区、直辖市或有关部门发布的工程造价计价标准、计价办法等有关规定；

3)建设项目的合同、补充协议、变更签证和现场签证,以及经发、承包人认可的其他有效文件；

4)其他可依据的材料。

(2)工程预付款结算应符合下列规定：

1)包工包料工程的预付款按合同约定拨付,原则上预付比例不低于合同金额的10%,不高于合同金额的30%,对重大工程项目,按年度工程计划逐年预付。计价执行《建设工程工程量清单计价规范》(GB 50500—2008)的工程,实体性消耗和非实体性消耗部分应在合同中分别约定预付款比例。

2)在具备施工条件的前提下,发包人应在双方签订合同后的一个月内或不迟于约定的开工日期前的7天内预付工程款,发包人不按约定预付,承包人应在预付时间到期后10天内向发包人发出要求预付的通知,发包人收到通知后仍不按要求预付,承包人可在发出通知14天后停止施工,发包人应从约定应付之日起向承包人支付应付款的利息(利率按同期银行贷款利率计),并承担违约责任。

3)预付的工程款必须在合同中约定抵扣方式,并在工程进度款中进行抵扣。

4)凡是没有签订合同或不具备施工条件的工程,发包人不得预付工程款,不得以预付款为名转移资金。

(3)工程进度款结算与支付应当符合下列规定:

1)工程进度款结算方式。

①按月结算与支付。即实行按月支付进度款,竣工后清算的办法。合同工期在两个年度以上的工程,在年终进行工程盘点,办理年度结算。

②分段结算与支付。即当年开工、当年不能竣工的工程按照工程形象进度,划分不同阶段支付工程进度款。具体划分在合同中明确。

2)工程量计算。

①承包人应当按照合同约定的方法和时间,向发包人提交已完工程量的报告。发包人接到报告后14天内核实已完工程量,并在核实前1天通知承包人,承包人应提供条件并派人参加核实,承包人收到通知后不参加核实,以发包人核实的工程量作为工程价款支付的依据。发包人不按约定时间通知承包人,致使承包人未能参加核实,核实结果无效。

②发包人收到承包人报告后14天内未核实完工程量,从第15天起,承包人报告的工程量即视为被确认,作为工程价款支付的依据,双方合同另有约定的,按合同执行。

③对承包人超出设计图纸(含设计变更)范围和因承包人原因造成返工的工程量,发包人不予计量。

3)工程进度款支付。

①根据确定的工程计量结果,承包人向发包人提出支付工程进度款申请,14天内,发包人应按不低于工程价款的60%,不高于工程价款的90%向承包人支付工程进度款。按约定时间发包人应扣回的预付款,与工程进度款同期结算抵扣。

②发包人超过约定的支付时间不支付工程进度款,承包人应及时向发包人发出要求付款的通知,发包人收到承包人通知后仍不能按要求付款,可与承包人协商签订延期付款协议,经承包人同意后可延期支付,协议应明确延期支付的时间和从工程计量结果确认后第15天起计算应付款的利息(利率按同期银行贷款利率计)。

③发包人不按合同约定支付工程进度款,双方又未达成延期付款协议,导致施工无法进行,承包人可停止施工,由发包人承担违约责任。

(4)工程完工后,双方应按照约定的合同价款及合同价款调整内容以及索赔事项,进行工程竣工结算。

1)工程竣工结算方式。

工程竣工结算分为单位工程竣工结算、单项工程竣工结算和建设项目竣工总结算。

2)工程竣工结算编审。

①单位工程竣工结算由承包人编制,发包人审查;实行总承包的工程,由具体承包人编制,在总包人审查的基础上,发包人审查。

②单项工程竣工结算或建设项目竣工总结算由总(承)包人编制,发包人可直接进行审查,也可以委托具有相应资质的工程造价咨询机构进行审查。政府投资项目,由同级财政部门审查。单项工程竣工结算或建设项目竣工总结算经发、承包人签字盖章后有效。承包人应在合同约定期限内完成项目竣工结算编制工作,未在规定期限内完成的并且提不出正当理由延期的,责任自负。

3)工程竣工结算审查期限。

单项工程竣工后,承包人应在提交竣工验收报告的同时,向发包人递交竣工结算报告及完整的结算资料,发包人应按以下规定时限进行核对(审查)并提出审查意见。工程竣工结算报告金额审查时间:

①500万元以下从接到竣工结算报告和完整的竣工结算资料之日起20天;

②500万元~2000万元从接到竣工结算报告和完整的竣工结算资料之日起30天;

③2000万元~5000万元从接到竣工结算报告和完整的竣工结算资料之日起45天;

④5000万元以上从接到竣工结算报告和完整的竣工结算资料之日起60天。

建设项目竣工总结算在最后一个单项工程竣工结算审查确认后15天内汇总,送发后30天内审查完成。

4)工程竣工价款结算。

发包人收到承包人递交的竣工结算报告及完整的结算资料后,应按本办法规定的期限(合同约定有期限的,从其约定)进行核实,给予确认或者提出修改意见。发包人根据确认的竣工结算报告向承包人支付工程竣工结算价款,保留5%左右的质量保证(保修)金,待工程交付使用一年质保期到期后清算(合同另有约定的,从其约定),质保期内如有返修,发生费用应在质量保证(保修)金内扣除。

5)索赔价款结算。

发、承包人未能按合同约定履行自己的各项义务或发生错误,给另一方造成经济损失的,由受损方按合同约定提出索赔,索赔金额按合同约定支付。

6)合同以外零星项目工程价款结算。

发包人要求承包人完成合同以外零星项目,承包人应在接受发包人要求的7天内就用工数量和单价、机械台班数量和单价、使用材料和金额等向发包人提出施工签证,发包人签证后施工,如发包人未签证,承包人施工后发生争议的,责任由承包人自负。

(5)发包人和承包人要加强施工现场的造价控制,及时对工程合同外的事项如实记录并履行书面手续。凡由发、承包双方授权的现场代表签字的现场签证以及发、承包双方协商确定的索赔等费用,应在工程竣工结算中如实办理,不得因发、承包双方现场代表的中途变更改变其有效性。

(6)发包人收到竣工结算报告及完整的结算资料后,在本办法规定或合同约定期限内,对结算报告及资料没有提出意见,则视同认可。承包人如未在规定时间内提供完整的工程竣工结算资料,经发包人催促后14天内仍未提供或没有明确答复,发包人有权根据已有资料进行审查,责任由承包人自负。

根据确认的竣工结算报告,承包人向发包人申请支付工程竣工结算款。发包人应在收到申请后15天内支付结算款,到期没有支付的应承担违约责任。承包人可以催告发包人支付结算价款,如达成延期支付协议,承包人应按同期银行贷款利率支付拖欠工程价款的利息。如未达成延期支付协议,承包人可以与发包人协商将该工程折价,或申请人民法院将该工程依法拍卖,承包人就该工程折价或者拍卖的价款优先受偿。

(7)工程竣工结算以合同工期为准,实际施工工期比合同工期提前或延后,发、承包双方应按合同约定的奖惩办法执行。

4. 工程价款结算争议处理

(1)工程造价咨询机构接受发包人或承包人委托,编审工程竣工结算,应按合同约定和实际履约事项认真办理,出具的竣工结算报告经发、承包双方签字后生效。当事人一方对报告有异议的,可对工程结算中有异议部分,向有关部门申请咨询后协商处理,若不能达成一致的,双方可按合同约定的争议或纠纷解决程序办理。

(2)发包人对工程质量有异议,已竣工验收或已竣工未验收但实际投入使用的工程,其质量争议按该工程保修合同执行;已竣工未验收且未实际投入使用的工程以及停工、停建工程的质量争议,应当就有争议部分的竣工结算暂缓办理,双方可就有争议的工程委托有资质的检测鉴定机构进行检测,根据检测结果确定解决方案,或按工程质量监督机构的处理决定执行,其余部分的竣工结算依照约定办理。

(3)当事人对工程造价发生合同纠纷时,可通过下列办法解决:

1)双方协商确定;

2)按合同条款约定的办法提请调解;

3)向有关仲裁机构申请仲裁或向人民法院起诉。

5. 工程价款结算管理

(1)工程竣工后,发、承包双方应及时办清工程竣工结算;否则,工程不得交付使用,有关部门不予办理权属登记。

(2)发包人与中标的承包人不按照招标文件和中标的承包人的投标文件订立合同的,或者发包人、中标的承包人背离合同实质性内容另行订立协议,造成工程价款结算纠纷的,另行订立的协议无效,由建设行政主管部门责令改正,并按《中华人民共和国招标投标法》第五十九条进行处罚。

(3)接受委托承接有关工程结算咨询业务的工程造价咨询机构应具有工程造价咨询单位资质,其出具的办理拨付工程价款和工程结算的文件,应当由造价工程师签字,并应加盖执业专用章和单位公章。

6. 附　则

(1)建设工程施工专业分包或劳务分包,总(承)包人与分包人必须依法订立专业分包或劳务分包合同,按照本办法的规定在合同中约定工程价款及其结算办法。

(2)政府投资项目除执行本办法有关规定外,地方政府或地方政府财政部门对政府投资项目合同价款约定与调整、工程价款结算、工程价款结算争议处理等事项,如另有特殊规定的,从其规定。

(3)凡实行监理的工程项目,工程价款结算过程中涉及监理工程师签证事项,应按工程监理合同约定执行。

(4)有关主管部门、地方政府财政部门和地方政府建设行政主管部门可参照本办法,结合本部门、本地区实际情况,另行制订具体办法,并报财政部、建设部备案。

(5)合同示范文本内容如与本办法不一致,以本办法为准。

(6)本办法自公布之日起施行。

第九章 工地会议

第一节 第一次工地例会

第一次工地会议是在中标通知书发出后,监理工程师准备发出开工通知前召开。目的是检查工程的准备情况(含各方机构、人员),以确定开工日期,发出开工令。第一次工地会议对顺利实施工程建设监理起重要的作用,总监理工程师应十分重视。为了开好第一次工地会议,总监理工程师应在做好充分准备的基础上,在正式开会之前用书面形式将会议议程有关事项以及应准备的内容通知业主和承包商,使各方都做好充分的准备。

(1)在工程正式开工之前的适当时间,由建设单位主持,承包单位、项目监理机构、设计单位参加,召开第一次工地例会。

(2)各单位准备的工作内容。

1)监理单位准备工作的内容包括:现场监理组织的机构框图及各专业监理工程师、监理人员名单及职责范围;监理工作的例行程序及有关表达说明。

2)业主准备工作的内容包括:派驻工地的代表名单以及业主的组织机构;工程占地、临时用地、临时道路、拆迁以及其他与工程开工有关的条件;施工许可证、执照的办理情况;资金筹集情况;施工图纸及其交底情况。

3)承包商准备工作的内容包括:工地组织机构图表,参与工程的主要人员名单以及各种技术工人和劳动力进场计划表;用于工程的材料、机械的来源及落实情况;材料供应计划清单;各种临时设施的准备情况,临时工程建设计划;试验室的建立或委托试验室的资质、地点等情况;工程保险的办理情况,有关已办手续的副本;现场的自然条件、图纸、水准基点及主要控制点的测量复核情况;为监理工程师提供的设备准备情况;施工组织总设计及施工进度计划;与开工有关的其他事项。

(3)会议内容及程序。

1)建设单位宣布总监理工程师、承包单位项目经理及其职责、权力。

2)总监理工程师介绍项目监理机构的机构设置、人员配备及其职责、权力,监理规划和工作程序,以及其他需要说明的内容。

3)承包单位项目经理介绍项目管理机构的机构设置、人员配备及其职责、权力,各项施工准备工作的进展情况。

4)建设单位介绍建设单位的机构设置、主要人员、职责范围、征地拆迁等外部条件的落实情况。

5)与会各方商定召开工地例会的时间、议程及参加人员。

6)承包商施工准备情况的检查。在承包商介绍完施工准备情况后,监理工程师对照开工前准备工作的内容提出质疑和建议。对于影响开工的有关问题与业主协商解决办法。

7)业主介绍开工条件。检查业主的开工条件。

8)检查业主对合同的履行情况。如业主提供的材料设备是否已经落实等。

9)明确监理工作程序。总监理工程师向业主和承包商介绍监理工作的各项程序和各项规章制度。

10)与会者对上述情况进行讨论和补充。

监理工程师对会议全部内容整理成纪要文件。纪要文件应包括:参加会议人员名单;承包商、业主和监理工程师对开工准备工作的详情;与会者讨论时发表的意见及补充说明;监理工程师的结论意见。会议纪要应由与会各方会签。

第二节 工地例会

工地例会应按商定的时间定期召开,并形成会议纪要。当建设单位、承包单位或项目监理机构中任何一方认为有必要或出现亟待解决的重大问题时应召开专题会议研究处理。工地例会应由总监理工程师或授权的专业监理工程师主持召开。参加工地例会的人员主要包括项目监理机构的监理人员和承包单位项目经理部的主要人员(包括项目经理、技术负责人及其他有关人员),必要时应邀请业主、设计单位参加。

工地例会的内容主要是研究施工过程中质量、进度、投资及合同方面存在的问题,分析原因,制定措施,寻求解决办法;互相通报近期工作重点和安排,以便各方协调配合;与工程有关的其他事项。

会议签到表格见表 9—1。

表 9—1 TC4 会议签到表

工程项目名称: 编号:

时 间		地 点		主持人	
议题					
单 位	姓 名	单 位 名 称		职 务	联系电话
建设单位					
项目监理机构					
设计单位					
承包单位					

注:本表一式 5 份,承包单位 2 份,建设单位、监理单位、设计单位各 1 份。

(1)会议资料的准备。

会议资料的准备是开好经常性工地会议的重要环节,参会者务必提前做好准备。

1)监理工程师应准备以下资料:上次工地会议的记录;承包商对监理程序执行情况的分析资料;施工进度的分析资料;工程质量情况及有关技术问题的资料;合同履行情况的分析资料;其他相关资料。

2)承包商应准备以下主要资料:工程进度图表;气象观测资料;实验数据资料;观测数据资料;人员及设备清单;现场材料的种类、数量及质量;有关事项说明资料,如进度和质量分析、安全问题分析、技术方案问题、财务支付问题、其他需要说明的问题。

(2)会议内容。

1)确认上次工地会议记录。对上次会议的记录若有争议,就确认各方同意的上次会议记录。

2)工程进度情况。审核主要工程部分的进度情况;影响进度的主要问题;对所采取的措施进行分析。

3)工程进度的预测。介绍下期的进度计划、主要措施。

4)承包商投入人力的情况。提供到场人员清单。

5)机械设备到场情况。提供现场施工机械设备清单。

6)材料进场情况。提供进场材料清单,讨论现场材料的质量及其适用性。

7)有关技术事宜。讨论相关的技术问题。

8)财务事宜。讨论有关计量与支付的任何问题。

9)行政管理事宜。工地试验情况;各单位间的协调;与公共设施部门的关系;监理工作程序;安全状况等。

10)合同事宜。未决定的工程变更问题;延期和索赔问题;工程保险等。

11)其他方面的问题。

12)下次会议的时间与地点、主要内容等。

(3)会议记录。

经常性工地会议应有专人做好记录。记录的主要内容一般包括:会议时间、地点及会议序号;出席会议人员的姓名、职务及单位;会议提交的资料;会议中发言者的姓名及发言内容;会议的有关决定。

会议记录要真实、准确,同时必须得到监理工程师及承包商的同意。同意的方式可以是在会议记录上签字,也可以在下次工地会议上对记录取得口头上认可。

第十章 监理资料管理

第一节 监理日记

监理日记应记录以下内容：
(1)时间、地点、气候；
(2)施工进展情况，包括施工机械进出场情况，施工人员动态，进场材料、构配件的数量及质量状况等；
(3)巡视检查及旁站过程中发现的问题及处理情况；
(4)工程试验或监测记录；
(5)发生索赔、合同争议及纠纷时承包单位的实际情形和处理意见；
(6)向承包单位发出的通知或口头指示，承包单位提出的问题及答复意见；
(7)上级指示或指令，建设单位的有关要求，质量监督机构的检查意见；
(8)尚需解决的问题。
监理人员离开岗位时应将监理日记交项目监理机构登记归档。

1. 监理员日记

监理员日记一般按固定格式填写，并送交驻地监理工程师审阅，驻地监理工程师如果对监理员的处理决定有不同意见，可以及时进行纠正。通过审阅监理员日记，驻地监理工程师可以掌握更多的信息。监理员日记的主要内容包括：
(1)工程施工部位及施工内容；
(2)现场施工人员、管理人员及设备的使用情况；
(3)完成的工作量及工程进度；
(4)工程质量情况；
(5)施工中存在的问题及处理经过；
(6)材料进场情况；
(7)当天的综合评价；
(8)其他方面有关情况。

2. 驻地监理工程师日记

驻地监理工程师日记一般不采用固定格式，驻地监理工程师根据日记记载的重大问题向总监理工程师提出报告。驻地监理工程师日记一般包括以下主要内容：
(1)总监理工程师的指示以及与总监理工程师的口头协议；
(2)对承包商的主要指示；
(3)与承包商达成的协议；
(4)对监理员的指示；
(5)工程中发生的重大事件及处理过程；

(6)现场发生纠纷的解决办法;
(7)与工程有关的其他方面问题。

第二节 监理月报

监理月报应由总监理工程师主持编制,并在规定的时限内报送建设单位。
施工阶段的监理月报应包括以下内容:
(1)本月工程概况。
(2)本月工程形象进度。
(3)工程进度。
1)本月实际完成情况与计划进度比较。
2)对进度完成情况及采取措施效果的分析。
(4)工程质量。
1)本月工程质量情况分析。
2)本月采取的工程质量措施及效果。
(5)工程计量与工程款支付。
1)工程量审核情况。
2)工程款审批情况及月支付情况。
3)工程款支付情况分析。
4)本月采取的措施及效果。
(6)合同其他事项的处理情况。
1)工程变更。
2)工程延期。
3)费用索赔。
(7)本月监理工作小结。
1)对本月进度、质量、工程款方面情况的综合评价。
2)本月监理工作情况。
3)有关本工程的意见和建议。
4)下月监理工作的重点。

第三节 监理工作总结

工程完工后,项目监理机构应在总监理工程师主持下编制项目监理工作总结,报送建设单位和监理单位。项目监理工作总结应包含以下内容:
工程概况,项目监理机构组成,工程质量、进度、投资的控制和合同管理的执行情况,工程投资分析和工程质量评估,施工中存在问题的处理,监理工作的经验和教训,有关建议,工程照片及录像等。
监理工作的最后环节是进行监理工作总结。总监理工程师应带领全体项目监理人员对监理工作进行全面、认真地总结,总结工作应坚持实事求是的原则。监理工作总结应包括两部分:一是向业主提交的监理工作总结;二是向监理单位提交的监理工作总结。这两部分总结的作用不同,内容也不相同。

(1)向业主提交的监理工作总结。

项目监理组向业主提交的监理工作总结主要包括以下主要内容:

1)工程基本概况;

2)监理组织机构及进场、退场时间;

3)监理委托合同履行情况概述;

4)监理目标或监理任务完成情况的评价;

5)工程质量的评价;

6)对工程建设中存在问题的处理意见或建议;

7)质量保修期的监理工作;

8)由业主提供的供监理活动使用的办公用房、车辆、试验设施等清单;

9)表明监理工作终结的说明等;

10)监理资料清单及工程照片等资料。

(2)向监理单位提供的监理工作总结。

项目监理组向监理单位提交的工作总结应包括以下主要内容:

1)监理组织机构情况;

2 监理规划及其执行情况;

3)监理组各项规章制度执行情况;

4)监理工作的经验和教训。如采取某种监理技术和方法的经验;采用某种经济、组织措施的经验;如何处理好与业主和承包商关系的经验;监理中存在的主要问题等;

5)监理工作的建议;

6)质量保修期监理工作;

7)监理资料清单及工程照片等资料。

第四节 监 理 记 录

监理记录是监理人员工作的各项活动、决定、问题以及环境条件等的全面记录。这是监理工作的重要基础工作,它标志着工程监理的深度与质量。

监理记录可以用来作为对工程评估判断的重要依据,解决承包商与业主的各种纠纷和索赔,给承包商定出公平合理的支付,并有助于为设计人员及工程验收提供详细的资料。

1. 历史性记录

这是根据工程计划以及实际完成的工程,逐渐随时间进程来说明工程的进展史实,其主要内容有如下几方面:

(1)工程量计划与实际完成情况。

(2)所使用的人力、材料、施工机械设备、施工操作工艺与方法采用等的记录。

(3)工程事项的讨论与决议记录。

(4)影响工程进展的主要事项记录。

(5)会议记录,日、月、季监理报表,巡视记录等。

(6)天气记录。

2. 工程计量与财务支付记录

工程计量与财务支付记录主要包括所有的工程计量与付款记录,如变更工程的计量、价格调整、索赔、计日工、月付款证书等方面的基础性资料。

3. 质量记录

质量记录主要有材料检验记录、施工记录、工序验收记录、试验记录、隐蔽工程检查记录等。质量记录按性质可以分为如下几方面:

(1)试件、试样、样品抽样记录。

(2)试验、检验结果与分析记录。

(3)各种质量验收记录。

4. 竣工记录

竣工记录主要包括全部工程的验收资料和竣工图。工程施工全过程的验收记录,应将每一道工序的完工质量控制结果验收资料汇总。

竣工图应取自成套的测量图,包括修正的合同图与现场绘制的实际实物形态图。

监理记录的形式,除书面记录外,还应采用照片、音像记录等,力求完整、清楚、确切。

5. 勘察监理记录

(1)监理人员在工作过程中应按下列规定及时填写监理记录:

1)对勘察全过程的检查,应填写《工程地质勘察监理日志》;巡视或抽检应填写表10-1《工程地质勘察检查记录表》;与勘察单位之间有书面通知事项时,应填写表10-2《工程地质勘察监理工程师通知单》或《工程地质勘察监理工作联系单》;每月应编制《工程地质勘察监理月报》;

表10-1 B1 工程地质勘察检查记录表

工程项目名称:				编号:	
工程地点:		日期:		气候:	
检查部位或工序					
检查开始时间:			检查结束时间:		
勘察情况:					
监理情况:					
发现的问题:					
处理过程:					
备注:					
现场勘察机构(章):			现场监理机构(章):		
技术人员(签字):			监理人员(签字):		
日期:			日期:		

注:本表一式3份,勘察单位、监理单位、建设单位各1份。

2)旁站监理过程应填写表10-3《工程地质勘察旁站记录表》;

3)出现质量问题应根据质量问题的级别填写表10-2《工程地质勘察监理工程师通知单》、表3-122《工程地质勘察质量问题通知单》或表3-8《工程地质勘察暂停通知单》;

4)发生重大质量问题后,经相关程序批准复工时,应填写表3-9《工程地质勘察复工通知单》。

(2)勘察单位应按规定要求填写表3-7《工程地质勘察开工报告》、表10-4《工程地质勘察主要进场机械、设备报验表》、表10-5《工程地质勘察主要进场人员报审表》、表10-6《工程地质勘察分包单位资格报审表》、表10-7《工程地质勘察段(点)资料报检表》、表10-8《工程地质勘察成果资料报审表》、表10-9《已完成工程地质勘察工作量月报检表》、表3-123《工程地质勘察监理工程师通知回复单》、表3-124《工程地质勘察质量问题调查报告单》、表10-10《工程地质勘察复工申请表》等文件报监理单位。

(3)监理单位、建设单位、勘察单位之间有联系事项时,应填写表10-11~表11-12《工程地质勘察监理工作联系单》、《工程地质勘察变更通知单》等。

表10-2　B2　工程地质勘察监理工程师通知单

工程项目名称：　　　　　　　　　　　　　　　　　　　　编号：

致＿＿＿＿＿＿＿＿＿＿(勘察单位):
此表应填写事由、具体通知内容等(包括"一般质量问题"、"一般安全问题"各需提请注意的其他事项)。
现场勘察机构(章)： 监理工程师：　　　　　日期：
勘察单位收件人：　　　　　日期：

注:本表一式2份,勘察单位、监理单位各1份。

表 10-3　B6 工程地质勘察旁站记录表

工程项目名称：　　　　　　　　　　　　　　　　　　　　　　　　　　　　　　　　编号：

工程地点：	日期：　　　　气候：
旁站监理部位或工序：	
旁站监理开始时间：	旁站监理结束时间：
勘察情况：	
监理情况：	
发现的主要问题：	
处理过程和结果：	
备注：	
现场勘察机构（章）： 　　技术人员（签字）： 　　日期：	现场监理机构（章）： 　　旁站监理人员（签字）： 　　日期：

注：本表一式3份，建设单位、勘察单位、监理单位各1份。

表 10-4 A2 工程地质勘察主要进场机械、设备报验表

工程项目名称：　　　　　　　　　　　　　　　　　　　　　　　　　　　　　编号：

致＿＿＿＿＿＿＿＿＿＿＿＿＿＿（现场监理单位）：
　　根据工程地质勘察的需要，我单位已将下列机械、设备准备完毕，请审查、签证，并准予使用。

　　　　　　　　　　　　　　　　　　　　　　　技术负责人：　　　　　日期：

序号	机械设备名称	规格、型号	数量	技术状况	拟进场日期	拟用何处	审查意见

致（勘察单位）：

　　　　　　　　　　　　　　　　　　　　　　　　　　　　　总监理工程师：
　　　　　　　　　　　　　　　　　　　　　　　　　　　　　日　　　　期：

注：(1)此表一式3份，勘察单位、建设单位、监理单位各1份。
　　(2)此表写不下时可另附。

表 10-5 A3 工程地质勘察主要进场人员报审表

工程项目名称：　　　　　　　　　　　　　　　　　　　　　　　　　　　　　编号：

致＿＿＿＿＿＿＿＿＿＿＿＿＿＿（现场监理单位）：
　　根据工程地质勘察的需要，我单位已将下列主要技术(管理)人员参加本项目的勘察工作，请予审查。
　　附：报审人员资格证明复印件

　　　　　　　　　　　　　　　　　　　　　　　现场勘察机构(章)：
　　　　　　　　　　　　　　　　　　　　　　　负责人：　　　　　　日期：

序号	姓名	姓别	出生年月	拟任职务	学历	专业	职称	专业年限	审查意见

致（勘察单位）：

　　　　　　　　　　　　　　　　　　　　　　　　　　　　　现场监理机构(章)：
　　　　　　　　　　　　　　　　　　　　　　　总监理工程师：　　　　日期：

注：此表一式3份，勘察单位、监理单位、建设单位各1份。

表10—6 A4 工程地质勘察分包单位资格报审表

工程项目名称： 　　　　　　　　　　　　　　　　　　　　　编号：

致＿＿＿＿＿＿＿＿＿＿＿＿（现场监理单位）：

　　根据工作需要，拟将本勘察项目中的××段的部分工程地质勘察工作分包给××单位，经我单位对其资质和业绩的考核，认为该单位可胜任此项工作。请予以审查、批准。

　　附：1.××单位资质证书复印件

　　　　2.××单位主要工程地质勘察工作业绩

　　　　3.参加本项目工作主要技术(管理)人员名单及其资质

　　　　　　　　　　　　　　　　　　　　现场勘察机构(章)：

　　　　　　　　　　　　　　　　　负责人：　　　　日期：

现场监理单位意见：

　　　　　　　　　　　　　　　　　　　　现场勘察机构(章)：

　　　　　　　　　　　　　　　　总监理工程师：　　　　日期：

注：本表一式3份，建设单位、勘察单位、监理单位各1份。

表10—7 A5 工程地质勘察段(点)资料报检表

工程项目名称： 　　　　　　　　　　　　　　　　　　　　　编号：

致＿＿＿＿＿＿＿＿＿＿＿＿（现场监理单位）：

　　我单位已完成××段(点)的工程地质勘察工作，并通过自检，认为符合勘察合同、技术要求与相关规范，现报请检查。

　　附：1.勘察工作自检报告

　　　　2.××段(点)工程地质勘察资料报检清单

　　　　　　　　　　　　　　　　　　　　现场勘察机构(章)：

　　　　　　　　　　　　　　　　　负责人：　　　　日期：

监理单位意见：

　　　　　　　　　　　　　　　　　　　　监理站站长：
　　　　　　　　　　　　　　　　　　　　（或总监理工程师）

　　　　　　　　　　　　　　　　监理工程师：　　　　日期：

注：此表一式2份，勘察单位、监理单位各1份。

表 10-8 A6 工程地质勘察成果资料报审表

工程项目名称：   编号：

致_____(现场监理单位)：
我单位已全面完成××段的工程地质勘察工作，地质勘察资料已整理完毕，并通过自检，认为符合勘察合同、技术要求与相关规范。现报请审查。 附：1. 勘察工作自检报告 　　2. ××段工程地质勘察资料报审清单   　　　　　　　　　　　　　　　　　　　　　　　　　现场勘察机构(章)： 　　　　　　　　　　　　　　　　　　　负责人：　　　　　　日期：
监理单位审查意见：   　　　　　　　　　　　　　　　　　　　　　　　　　现场监理机构(章)： 　　　　　　　　　　　　　　　　　　总监理工程师：　　　　日期：

注：此表在一段或全部地质勘察工作完成后填报，一式3份，建设单位、勘察单位、监理单位各1份。

表 10-9 A7 已完成工程地质勘察工作量月报检表

工程项目名称：   编号：
日期：　　　年　　月　　日到　　　　　年　　月　　日

序号	工程地质勘察项目	勘察单位	本月完成数量	累计完成数量	备注

现场勘察机构： 填表人： 负责人： 日期：	现场监理机构： 监理工程师： 监理站站长： 日期：

注：此表一式3份，勘察单位、监理单位、建设单位各1份。

表10—10 A10 工程地质勘察复工申请表

工程项目名称：　　　　　　　　　　　　　　　　　　　　　　　　　　　　　　　　　　　编号：

致＿＿＿＿＿＿＿＿＿＿＿＿＿＿（现场监理单位）：

  我单位已按照你方×年×月×日签发的《工程地质勘察暂停通知单》(编号：×××)的要求,对××进行了整改和纠正,"暂停地质勘察"的原因已消除,现申请复工。

  表中就简要填写所采取的纠正措施及今后不发生类似质量问题的保证措施。

现场勘察机构(章):

负责人:　　　　　　　　　日期:

监理单位审批意见:

现场监理机构(章):

总监理工程师:　　　　　　　日期:

注:此表一式3份,勘察单位、建设单位、监理单位各1份。

第十章 监理资料管理

表 10—11　C1 工程地质勘察监理工作联系单

工程项目名称：　　　　　　　　　　　　　　　　　　　　　　编号：

致	
事由：	
内容：	
	单位(章)：
	负责人：
	日期：
	签收人：　　　　　日期：

注：此表相关单位各 1 份。

表10—12　C2工程地质勘察变更通知单

工程项目名称：　　　　　　　　　　　　　　　　　　　　　　　　　　　编号：

工程勘察项目名称	
变更地段里程/工点名称	
工程勘察变更的主要内容：	
工程地质勘察的主要技术要求：	
通知单位(章)： 负责人： 日期：	接收单位(章)： 接收人： 日期：

注：此表相关单位各1份。

第五节　监理报告

1. 监理报告的编制要求

监理报告的编制应符合下列基本要求：

(1)实事求是。工程质量监理人员在起草工程质量监理报告时，要真实地反映监督实施情况，监督报告的所有附件，如检测资料、鉴定资料、取证材料、实验资料、见证资料等必须是真实公正的，决不允许监督人员编写虚假资料，有意歪曲事实，对各方行为质量或工程实体质量作出不公正的判断。所有判断必须是依据证明材料、资料作出的客观判断，不能凭空作结论。

(2)内容全面、准确而简练。工程质量监理报告应准确、简练、全面地叙述监督的过程、依据和结论。措辞严厉、表达准确、结论明确。附件齐全，有充分的说服力和法律效率，应尽可能提供原始资料，资料签署手续齐全。

(3)报告要及时。工程质量监理报告应在有关方面提供完整的工程竣工验收资料后的半个月内完成并提供给委托方。

2. 监理报告的内容

工程质量监理报告书包括正文和附件两部分，其内容主要是报告监督评价的结论，阐述评价结论的原因，说明主要监督过程、方法和依据，并附必要的文件和证明资料。

(1)监理报告正文的基本内容。

1)工程质量监理机构:写明监督机构名称。

2)委托方:名称、委托时间及有关情况简介。

3)设计单位、施工单位、建设单位、监理单位名称及其他情况介绍。

4)工程名称及工程概况介绍。

5)监督依据,概括写明质量监理及质量评价的主要法规、标准和规范。

6)监督过程,写明监督起止时间、主要步骤,做了哪些方面的检查工作,查阅了哪些资料文件,进行了哪些检测、鉴定审查工作,发现了哪些方面的问题、如何处理、复验结果如何。

7)质量评价结论,分对行为质量的评价和对工程实体质量的评价两部分来说明。特别要说明是否可以投入使用。

8)其他需要说明的问题。

9)监督机构负责人、负责本项工程具体监督任务的质量监理人员或质量监理工程师签名,监督机构盖章。

(2)监理报告附件的内容。

1)工程质量监理阶段评价表及其复核记录。

2)材料或工程设备及工程质量鉴定、证明、见证等文件资料。

3)工程质量事故调查及处理报告。

4)建设、施工、设计、监理单位的资格证明文件复印件。

5)证明工程建设过程中有关各方遵守国家工程质量管理规定的相关证明文件或记录。

6)其他必要的文件资料。

(3)监理报告的编制方法。

监理报告是完成工程质量监理工作的最后一道工序,也是质量监理工作中的一个重要环节。监督人员通过质量监理报告不仅要真实准确的反映监督工作的情况,而且是对一项工程能否投入使用的结论性证明文件,是工程备案的重要材料之一。同时,也表明监督执行者及监督机构要在工程的有效使用期内对质量评价结果及其有关的附加材料承担一定的法律责任。这就要求监督人员编写监督报告时一定要采取慎重的态度和实事求是的态度,材料和数据一定要客观公正、准确可靠,思路清晰、文字简练。为此,监督人员编写监督报告时必须遵守以下几点:

1)编写前必须对在监督过程中形成的资料进行认真的复核,确保资料准确无误。

2)对监督形成的证明资料进行分析,对提法不妥、评价不合理等问题进行再次核实,并依据核实情况进行调整,但必须保留原有资料。保证资料的可追溯性。

3)监督报告应由被监督工程项目的质量监理项目负责人编写,项目负责人必须是持有监理人员证书或质量监理工程师证书的有资格人员。大型工程建设项目应设总监督负责人,监督报告由各分工负责的监督人员(监理人员或质量监理工程师)分头编纂后,交由总监督负责人汇总编排,所有参与该工程监督的监理人员或监督工程师都应在报告上署名,但助理人员不必署名。

4)监督报告必须由监督机构负责人审核签发。

第六节　监理资料分类

1. 监理资料内容
施工阶段监理资料应包括下列内容：
(1)施工合同文件及委托监理合同；
(2)勘察设计文件；
(3)监理规划；
(4)监理实施细则；
(5)分包单位资格报审表；
(6)设计交底与图纸会审会议纪要；
(7)施工组织设计(方案)报审表；
(8)工程开工/复工报审表及工程暂停令；
(9)测量核验资料；
(10)工程进度计划；
(11)工程材料、构配件、设备的质量证明文件；
(12)检查试验资料；
(13)工程变更资料；
(14)隐蔽工程验收资料；
(15)工程计量单和工程款支付证书；
(16)监理工程师通知单；
(17)监理工作联系单；
(18)报验申请表；
(19)会议纪要；
(20)来往函件；
(21)监理日记；
(22)监理月报；
(23)质量缺陷与事故的处理文件；
(24)分部工程、单位工程等验收资料；
(25)索赔文件资料；
(26)竣工结算审核意见书；
(27)工程项目施工阶段质量评估报告等专题报告；
(28)监理工作总结。
2. 监理资料分类
(1)报送建设单位的资料应包括：
1)监理工作总结(专题、阶段和竣工总结报告)；
2)质量事故处理资料；
3)竣工报验单及验收记录；
4)竣工结算审批表；
5)年、季验工计价汇总表；

6)监理月报;
7)工程质量评估报告。
(2)发送承包单位的资料应包括:
1)施工组织设计及单项施工方案审批资料;
2)开工申请报告及批复;
3)分项、分部和单位工程质量评定表;
4)监理工程师检查签认记录;
5)变更设计、洽商费用审批资料;
6)监理工程师通知单;
7)索赔、合同纠纷、争议调解的有关资料。
(3)监理工作依据的资料应包括:
1)上级部门下发的文件;
2)与建设单位、承包单位之间来往函件,会议纪要;
3)委托监理合同、施工承包合同;
4)设计文件技术交底纪要,图纸会审资料,变更设计资料;
5)监理规划及监理实施细则。
(4)监理工作内部资料应包括:
1)监理单位内部来往的函件、请示报告及批复;
2)见证试验、平行检验结果统计表;
3)各种管理台账(如工程数量清单、验工计价台账等);
4)监理日记。

第七节 监理资料日常管理

1.监理材料整理
把平常质监活动中所积累的材料进行整理,形成系统化。
(1)组织保管单位
保管单位是一组有机联系的、价值大体相同的质监材料的集合体。在组织保管单位时,要充分考虑质监材料的成套性特点,维护质监材料的内部有机联系。例如:对监理单位内部的质量体系,就应把质量文件、质量手册、质量运行、质量职责、制度等组成一个保管单位;再如对单位工程的质量监理,应以一个单位工程组成一个保管单位,把质量委托合同、质监计划、施工图纸、检查记录、材料试验报告及竣工后的认证书等组织起来。当一个保管单位形成后,应用档案袋、册、盒、卷形式进行组织保管。组织保管单位的方法各站可结合本单位的实际情况进行。
(2)保管单位的编目
质监材料组成保管单位并进行系统排列后,就要对保管单位进行编目。通过编目来固定保管单位内质监材料的位置,便于日后的查找和利用。保管单位编目的内容如下:
1)编张号。就是每张质监材料在保管单位内的排列次序。张号一般标在每张的右上角。如果保管单位内的材料已有统一连贯的顺序号可不再编。
2)编制保管单位内目录。目录的主要内容有:顺序号、质监材料名称、所在张号代号、编制单位和日期、备注。

3)填写备考表。备考表是用来记录和说明归档前后保管单位内质监材料基本情况和变化情况的显示工具。备考表的内容主要包括两个部分：一是对图样材料、文字材料、胶片等的数量记录和说明；另一部分属质监档案部门负责填写，主要是归档后对保管单位变化的记载与说明。

4)填制保管单位封面。以一定的格式概要介绍保管单位内质监材料内容；同时它又对保管单位内的质监材料起着保护作用。

(5)总监理工程师应指定项目监理机构中的专门人员负责监理资料的收集、整理、归档及管理工作。

(6)监理资料的组卷、规格、装订应执行铁道部档案管理的统一规定。

(7)监理资料必须真实完整，整理及时，分类有序。

2.监理材料归档

根据《建设工程文件归档整理规范》(GB/T 50328—2001)的规定，对与工程建设有关的重要活动、记载工程建设主要过程和现状、具有保存价值的各种载体的文件，均应收集齐全，整理立卷后归档。

归档文件必须完整、准确、系统，能够反映工程建设活动的全过程。并须经过分类整理，按要求组成案卷。其中，监理文件的保管期限见表10—13。

表10—13 建设工程监理文件归档范围和保管期限表

序号	归档文件	保存单位和保管期限				
		建设单位	施工单位	设计单位	监理单位	城建档案馆
	监 理 文 件					
1	监理规划					
(1)	监理规划	长期			短期	√
(2)	监理实施细则	长期			短期	√
(3)	监理部总控制计划等	长期			短期	
2	监理月报中的有关质量问题	长期			长期	√
3	监理会议纪要中的有关质量问题	长期			长期	√
4	进度控制					
(1)	工程开工/复工审批表	长期			长期	√
(2)	工程开工/复工暂停令	长期			长期	√
5	质量控制					
(1)	不合格项目通知	长期			长期	√
(2)	质量事故报告及处理意见	长期			长期	√
6	造价控制					
(1)	预付款报审与支付	短期				
(2)	月付款报审与支付	短期				
(3)	设计变更、洽商费用报审与签认	长期				
(4)	工程竣工决算审核意见书	长期				√
7	分包资质					
(1)	分包单位资质材料	长期				
(2)	供货单位资质材料	长期				
(3)	试验等单位资质材料	长期				
8	监理通知					
(1)	有关进度控制的监理通知	长期			长期	
(2)	有关质量控制的监理通知	长期			长期	
(3)	有关造价控制的监理通知	长期			长期	

续上表

序号	归档文件	保存单位和保管期限					
		建设单位	施工单位	设计单位	监理单位	城建档案馆
监理文件						
9	合同与其他事项管理					
(1)	工程延期报告及审批	永久			长期	√
(2)	费用索赔报告及审批	长期			长期	
(3)	合同争议、违约报告及处理意见	永久			长期	√
(4)	合同变更材料	长期			长期	√
10	监理工作总结					
(1)	专题总结	短期			长期	
(2)	月报总结	短期			长期	
(3)	工程竣工总结	长期			长期	√
(4)	质量评价意见报告	长期			长期	√

参 考 文 献

[1]. 西南交通大学. 铁路建设工程监理规范(TB 10402—2003)[S]. 北京:中国铁道出版社,2003.

[2]. 中华人民共和国铁道部. 铁路工程地质勘察监理规程(TB/T 10403—2004)[S]. 北京:中国铁道出版社,2005.

[3]. 中华人民共和国建设部. 建设工程文件归档整理规范(GB/T 50328—2001)[S]. 北京:中国建筑工业出版社,2002.

[4]. 中国工程监理协会. 建设工程监理规范(GB 50319—2000)[S]. 北京:中国建筑工业出版社,2001.

[5]. 苏振明. 工程建设百问[M]. 北京:中国建筑工业出版社,2001.

[6]. 曹力. 建筑工程现场监理工程师手册[M]. 北京:中国计划出版社,2005.

[7]. 王华生等. 怎样当好现场监理工程师[M]. 北京:中国建筑工业出版社,2002.